中等职业学校规划教材·化工中级技工教材

获中国石油和化学工业优秀出版物奖（教材奖）一等奖

化工安全与环保

第二版

智恒平　主编

魏葆婷　主审

·北京·

本书是学习和掌握化工安全技术和责任关怀知识的实用教材，内容包括化工生产防火防爆技术，电气、静电及雷电安全防护技术，工业毒物的危害及防护，危险化学品的安全储运，劳动保护技术常识，压力容器的安全技术，化工设备的腐蚀与防护，化工设备的安全检修，责任关怀概述，责任关怀的六项实施准则，环境保护概述，化工“三废”的污染与治理，安全与环保管理等内容。本书编写注重理论与实践相结合，突出重点，并结合典型事例进行分析，具有较强的针对性和实用性。

本书可作为中等职业学校化工类专业的教材，也可作为实施责任关怀的企业管理人员的培训教材。

图书在版编目（CIP）数据

化工安全与环保/智恒平主编．—2版．—北京：化学工业出版社，2016.1（2024.8重印）
中等职业学校规划教材　化工中级技工教材
ISBN 978-7-122-25755-0

Ⅰ.①化…　Ⅱ.①智…　Ⅲ.①化工安全-中等专业学校-教材②化学工业-环境保护-中等专业学校-教材　Ⅳ.①TQ086②X78

中国版本图书馆CIP数据核字（2015）第282488号

责任编辑：旷英姿　　装帧设计：王晓宇
责任校对：王素芹

出版发行：化学工业出版社（北京市东城区青年湖南街13号　邮政编码100011）
印　　装：中煤（北京）印务有限公司
787mm×1092mm　1/16　印张13　字数296千字　2024年8月北京第2版第12次印刷

购书咨询：010-64518888　　售后服务：010-64518899
网　　址：http://www.cip.com.cn
凡购买本书，如有缺损质量问题，本社销售中心负责调换。

定　　价：35.00元

前　言 FOREWORD

本教材自2008年出版以来，已在多所中等职业院校中使用，受到广大师生的好评与欢迎。近年来，倡导责任关怀成为石油和化学工业为落实科学发展观、构建社会主义和谐社会所开展的一项重要工作，同时化工安全与环保的知识和要求，课程的教学内容等都在不断更新和完善。因此，我们根据学科发展特点，并针对中职院校培养对象，在听取各相关院校老师对教材修改的建议后，对本教材进行修订。

修订后的第二版增加了责任关怀概述和责任关怀的六项实施准则两章内容，并在原来第一版的基础上完善了部分章节内容。如第一章增加了符合当前标准下的火灾分类和粉尘爆炸内容；第二章增加了危险化学品安全标签和安全技术说明书等内容。在知识内容上力求更加全面、更加适应时代和社会的发展。

本书由山西省工贸学校智恒平主编并统稿，河南化工技师学院魏葆婷主审。书中绪论、第一～第五章、第八～第十章由智恒平编写，第十一章、第十二章由河南化工技师学院穆晨霞编写，第六章、第七章、第十三章由广西石化高级技工学校陆江春编写。为方便教学，本书配有电子课件。

山西省工贸学校董树清、陈勇、薛新科、郗向前对本书的修订提出了很多好的建议；化学工业出版社及相关院校的同行对本书的修订也提出了宝贵意见和建议，在此一并表示衷心的感谢。

由于编者水平所限，教材中不妥之处在所难免，敬请读者和同行们批评指正。

编者

2015年10月

第一版前言 FOREWORD

本书是根据中国化工教育协会批准颁布的《全国化工中级技工教学计划》，由全国化工高级技工教育教学指导委员会领导组织编写的全国化工中级技工教材，也可作为化工企业工人培训教材使用。

本书主要介绍化工生产防火防爆技术、工业毒物的危害及防护、危险化学品的安全储运、劳动保护技术常识、压力容器的安全技术、化工设备的安全检修、化工设备的腐蚀与防护、环境保护概论、化工“三废”污染与治理、化工安全与环保管理等内容。本书整体内容注重理论与实践相结合，重点突出，并结合典型事例进行分析，具有较强的针对性和实用性。

为了体现中级技工的培训特点，本教材内容力求通俗易懂、涉及面宽，突出实际技能训练。本书按“掌握”、“理解”和“了解”三个层次编写，在每章开头的“学习目标”中均有明确的说明以分清主次。每章末的阅读材料内容丰富、趣味性强，是对教材内容的补充，以提高学生的学习兴趣。

本书在处理量和单位问题时执行国家标准（GB 3100～3102—93），统一使用我国法定计量单位。本书为满足不同类型专业的需要，增添了教学大纲中未作要求的一些新知识和新技能。教学中各校可根据需要选用教学内容，以体现灵活性。

本书由山西省工贸学校智恒平主编，河南化工高级技校魏葆婷主审。全书共分十一章。绪论、第一至第五、第八章由智恒平编写；第六、第七、第十一章由广西石化高级技校陆江春编写；第九、第十章由河南化工高级技校穆晨霞编写；全书由智恒平统稿。

本教材在编写过程中得到了中国化工教育协会、全国化工高级技工教育教学指导委员会、化学工业出版社、山西省工贸学校及相关学校的领导和同行们的大力支持和帮助，太原化学工业集团有限公司教授级高级工程师智北超同志提出了许多宝贵的建议和意见，在此一并表示感谢。

由于编者水平有限，不完善之处在所难免，敬请读者和同行们批评指正。

编者

2008 年 1 月

目　录 CONTENTS

绪 论

当今世界，人们日常生活中的衣、食、住、行、医已经离不开化学工业的产品，同时，化学工业已经渗透到国民经济各个领域，成为国民经济的支柱产业，并得到迅速发展。但必须认识到化工生产过程中存在着潜在的不安全因素较多、危险性和危害性较大的特点。因此，对从事化学工业工作的人员来说，必须认真贯彻执行“安全第一、预防为主、综合治理”的方针政策，必须重视环境保护的方针政策，通晓并贯彻安全环保技术与管理制度，确保安全生产，保护环境，促进化学工业持续发展，为创建和谐社会而努力。

一、安全生产和环境保护工作在化工生产过程中的地位和作用

安全生产和环境保护是按照社会化大生产的客观要求、人与自然生态平衡的要求、科学发展观的要求而从事的化工生产经营活动。

1. 安全生产和环境保护是化工生产的首要任务

由于化工生产中具有易燃、易爆、有毒、有腐蚀性的物质多，高温、低温、高压设备多，工艺过程复杂、操作控制严格，如果管理不细，操作失误，就可能发生火灾、爆炸、中毒等事故以及废气、废水、废渣超标排放等，影响生产的正常进行。轻则导致产品质量不合格、产量波动、成本加大以及生产环境污染，重则造成人员伤亡、设备损坏、建筑物倒塌以及生态环境严重污染等事故。

2. 安全生产和环境保护是化工生产的保障

设备规模的大型化，生产过程的连续化，过程控制自动化，是现代化工生产的发展方向，但要充分发挥现代化工生产的优势，必须做好安全生产和环境保护的保证工作，确保生产设备长期、连续、安全运行，实现节能降耗，减少“三废”排放量。

3. 安全生产和环境保护是化工生产的关键

我国要求化工新产品的研究开发项目，化工建设的新建、改建、扩建的基本建设工程项目，技术改造的工程项目，技术引进的工程项目等的安全生产措施和防治污染环境的技术措施应符合我国规定的标准，并做到与主体工程同时设计、同时施工、同时投产使用。这是管理单位、设计单位、监督检查单位和建设单位的共同责任，也是企业职工和安全、环保专业工作者的重要使命。

二、化工安全技术和环境保护的发展趋势

化工安全生产技术和环境保护是一门涉及范围很广、内容极为丰富的综合性学科，它涉

及数学、物理、化学、生物、天文、地理、地质等基础科学，涉及电工学、材料学、劳动保护和劳动卫生学等应用科学，以及化工、机械、电力、冶金、建筑、交通运输等工程技术科学。在过去几十年中，化工安全与环保的理论、技术和管理随着化学工业的发展和各学科知识的不断深化，取得了较大进步，同时对火灾、爆炸、雷电、静电、辐射、噪声、中毒和职业病等防范的研究也不断深入，安全系统工程学和环境保护与清洁生产的相关科研领域不断深入。我国21世纪实施的科学发展观及可持续发展战略，对有效推行安全生产和清洁生产起到指导作用。化工装置和控制技术的可靠性研究、化工设备故障诊断技术、化工安全与环境保护的评价技术、安全系统工程的开展和应用以及防火、防爆和防毒技术都有了很快的发展，化工生产安全程度进一步提高，化工生产中的废气、废水、废渣等有毒有害物质的危害及处理技术的研究开发都取得了进展，强化管理与监督工作更加严格，并且向着综合利用，进行循环经济生产方式发展，力争做到有毒有害物质达标排放，减少排放数量，直到零排放。

三、责任关怀在我国的推广历程

1995年,“责任关怀”理念进入我国。

此前,我国化工企业的健康、安全、环保工作,主要由地方政府根据国家颁布的相关法律法规进行监管。而“责任关怀”强调的是企业自愿、自发的自律行为,是以企业从转变观念入手,从源头上减少高危、高污事件的发生概率所采取的措施。

中国石油和化学工业联合会(简称石化联合会,过去称为中国石油和化学工业协会)作为我国石油和化学工业唯一的综合性协会,责无旁贷地担负起在石油和化工行业中推广“责任关怀”的重担。

从2002年起,石油和化学工业联合会全面开展“责任关怀”的推广工作,并与国际化学品制造商协会(AICM)签署《合作协议》,将共同合作在我国石油和化工行业开展“责任关怀”的具体活动和项目。

石化联合会在积极引导行业经济平稳运行、抓好节能减排、推进循环经济和强化安全生产的同时,要求企业更多地承担社会责任,从产品生命周期的各个阶段持续改进职业健康、安全、环保和品质控制。

2005年6月,石化联合会与AICM在北京成功举办了首次“中国责任关怀促进大会”,得到了国内外化工行业组织及企业的广泛关注,500多名代表参会,其中包括100多家国外协会及跨国公司的代表。

2005年12月石化联合会成立“责任关怀专家小组”,与AICM“责任关怀”专业委员会的专家们共同起草适合于中国化工行业实行的“责任关怀”实施准则。

2007年4月6日,中国石油和化学工业“责任关怀”试点启动会议在北京召开,石化联合会选定13家企业和4家化学工业园区进行试点。会议发布了中国石油和化学工业联合会与AICM共同起草的“责任关怀”实施准则(试行版),并向全行业发出推进“责任关怀”的倡议。

2008年,石化联合会完成了对《责任关怀实施准则》试行版的修改并形成了定稿,组织企业进行“责任关怀”自我评估工作,编制《石油和化工行业实施责任关怀的基本步骤和做法(讨论稿)》等一系列文件,使我国的“责任关怀”工作首次有了基础性参照文件,为化工企业自愿行为给出了样本。

2008 年 5 月 29 日，由 AICM 主办的“携手发展、共担责任：中国化工行业新形象——社会责任媒体圆桌会”在北京召开。会上，共有 24 家在中国有重大化工投资的 AICM 跨国会员企业在 53 家国内外媒体的见证下，共同签署了《“责任关怀”北京宣言》，向公众庄严宣告在中国履行“责任关怀”的承诺，携手共担化工行业应尽的社会责任。

2015 年 6 月 10 日，中国石油和化学工业联合会和 AICM 共同举办的中国责任关怀促进大会在北京召开。大会以“绿色化工，持续发展”为主题，邀请了政府部门的领导、化工园区以及国内外知名企业高层领导，就石化企业、化工园区如何通过开展责任关怀活动，加强自律，提升自身管理水平，促进行业可持续发展进行了广泛交流。2015 年中国责任关怀促进大会，是中国石油和化学工业联合会和 AICM 双方自 2005 年以来共同主办的第六届大会。

经过 20 多年的推广和实践，责任关怀的内容被逐渐丰富和完善，影响力也在不断加强。从 1992 年 6 个国家参与发展至目前全球 50 多个国家和地区加入到责任关怀的实践中。责任关怀的内涵已通过不同的语言进行传播，其标志“帮助之手”（“HelpingHand”）（如图 0-1 所示）成为全球化工行业注册的商标。其后国际化工协会理事会（ICCA）在欧洲、北美、日本等地的大型跨国化工企业中推行。

Responsible Care®

图 0-1 “帮助之手”

截至目前，我国已经有 300 多个组织和单位公开承诺实施责任关怀。

推进责任关怀是一项长期系统工程，涉及的领域宽、范围广，需要全行业共同努力。目前，要把责任关怀工作纳入到深化产业结构战略性调整中，纳入到建设资源节约型、环境友好型、本质安全型行业中，促进行业绿色、循环、低碳发展。

第一篇

化工安全

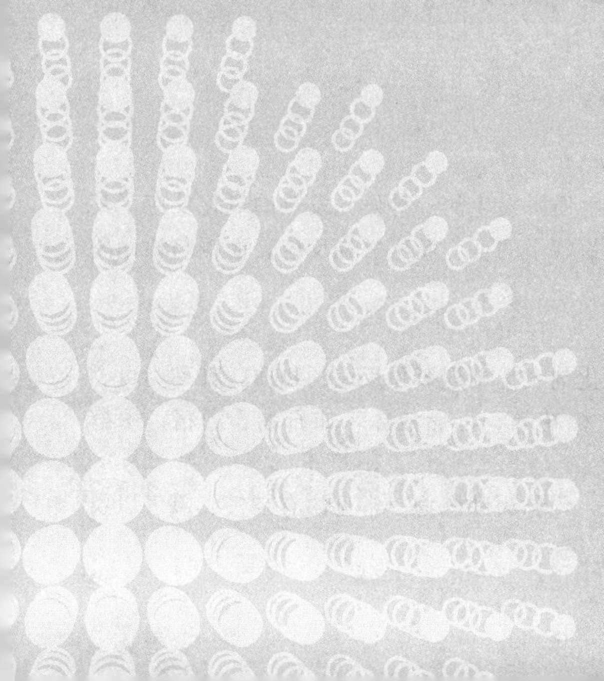

第一章

化工生产防火防爆技术

学习目标

1. 理解火灾爆炸事故产生的原因、影响因素、控制措施。

2. 掌握燃烧的必要条件和燃烧的本质；掌握燃烧类型及特征参数。

3. 了解爆炸类型；掌握爆炸极限及影响因素。

4. 理解化工企业所采取的防火防爆的安全技术措施；熟练掌握各种消防器材的结构、灭火原理、使用方法及维护知识并会运用；了解化工企业常见的火灾爆炸事故。

在化工整个生产过程中，原料、生产中的中间体和产品很多都是易燃、易爆的物质，而且一般都在高温、高压、高速、真空或低温等复杂的工艺条件下操作。在生产或储运中，若设计不合理、操作不当、管理不善、用火不慎，都有可能引起火灾或爆炸事故。一旦发生火灾爆炸事故，常会带来非常严重的后果，造成巨大的经济损失和人员伤亡。所以，防火防爆对于化工生产的安全运行是十分重要的。

第一节　燃烧与爆炸

一、燃烧

1. 燃烧及其条件

燃烧是可燃物质与助燃物质（氧或其他助燃物质）发生的一种发光发热的氧化反应，其特征是发光、发热、生成新物质。例如，氢气在氯气中的反应属于燃烧反应，而铜与稀硝酸反应生成硝酸铜、灯泡通电后灯丝发光发热则不属于燃烧。

燃烧发生必须同时具备以下三个条件。

（1）可燃物　凡是能与空气、氧气或其他氧化剂发生剧烈氧化反应的物质，都称为可燃物。可燃物包括可燃固体，如木材、煤、纸张、棉花等；可燃液体，如石油、酒精、甲醇等；可燃气体，如甲烷、氢气、一氧化碳等。

（2）助燃物　凡是能帮助和维持燃烧的物质，均称为助燃物。常见的有空气、氧气以及氯气和氯酸钾等氧化剂。

（3）点火源　凡是能引起可燃物质燃烧的热能源都叫点火源。如撞击、摩擦、明火、高温表面、发热自燃、电火花、光和射线、化学反应热等。

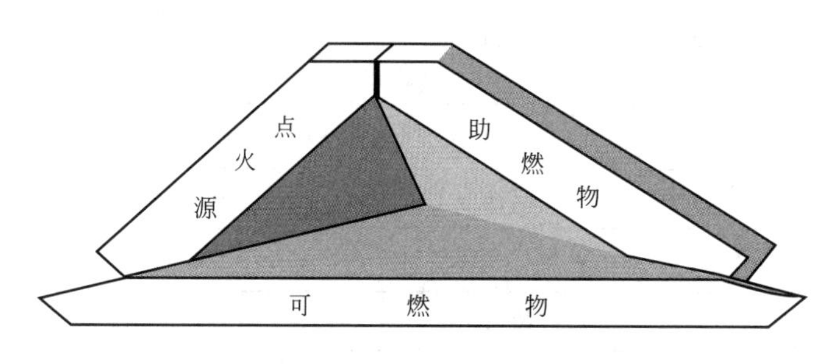

图 1-1　燃烧三要素

可燃物、助燃物和点火源是构成燃烧的三个要素，如图 1-1 所示。缺少其中任何一个燃烧便不能发生。然而，燃烧反应在温度、压力、组成和点火源等方面都存在着极限值。在某些情况下，比如可燃物没有达到一定的浓度、助燃物数量不足、点火源没有足够的热量或一定的温度，即使具备了三个条件，燃烧也不会发生。例如氢气在空气中体积分数低于 4%时便不能点燃，一般可燃物质在含氧量低于 14%的空气中不能燃烧，一根火柴燃烧时释放出来的热量不足以点燃一根木材或一堆煤。反过来，对于已经发生的燃烧，若消除其中的任何一个条件，燃烧便会终止。因此，一切防火和灭火的措施都是根据物质的性质和生产条件，阻止燃烧的三个条件同时存在、相互结合和相互作用。例如，降低厂房空气中可燃气体或粉尘的浓度，就是控制可燃物；把黄磷保存在水中，就是为了隔绝空气；有火灾危险的爆炸区严禁烟火等，就是为了消除点火源。

2. 燃烧过程

可燃物质的燃烧一般是在气相中进行的，由于可燃物质的状态不同，其燃烧过程也不相同。

可燃气体最易燃烧，只要达到其本身氧化分解所需要的热量便能燃烧，其燃烧速率很快。

液体燃烧物在火源作用下，首先发生蒸发，然后蒸气再氧化分解，进行燃烧。

固体燃烧物分为简单物质和复杂物质。简单物质，如硫、磷等，受热时首先熔化，而后蒸发为蒸气进行燃烧，无分解过程；复杂物质在受热时分解成气态和液态产物，然后气态产物和液态产物的蒸气着火燃烧。

各种物质的燃烧过程如图 1-2 所示。从中可知，任何可燃物的燃烧都经历氧化分解、着火、燃烧等阶段。

物质在燃烧时，其温度变化也是很复杂的。如图 1-3 所示，$T_{初}$ 为可燃物开始加热的温度。最初一段时间，加热的大部分热量用于熔化或分解、气化，故可燃物温度上升较缓慢。到达 $T_{氧}$，可燃物质开始氧化，由于温度较低，故氧化速率不快，还需外界供给热量，此时若停止加热，尚不会引起燃烧。如继续加热，至 $T_{自}$ 时，氧化产生的热量和系统向外界散失的热量相等，此时温度再稍有升高，超过平衡状态，即使停止加热，温度仍自行升高，到达 $T'_{自}$ 就着火燃烧起来。这里，$T_{自}$ 是理论上的自燃点；$T'_{自}$ 是开始出现火焰的温度，为实际测得的自燃点；$T_{燃}$ 为物质的燃烧温度；$T_{自}$ 到 $T'_{自}$ 间的时间间隔称为诱导期，在安全技

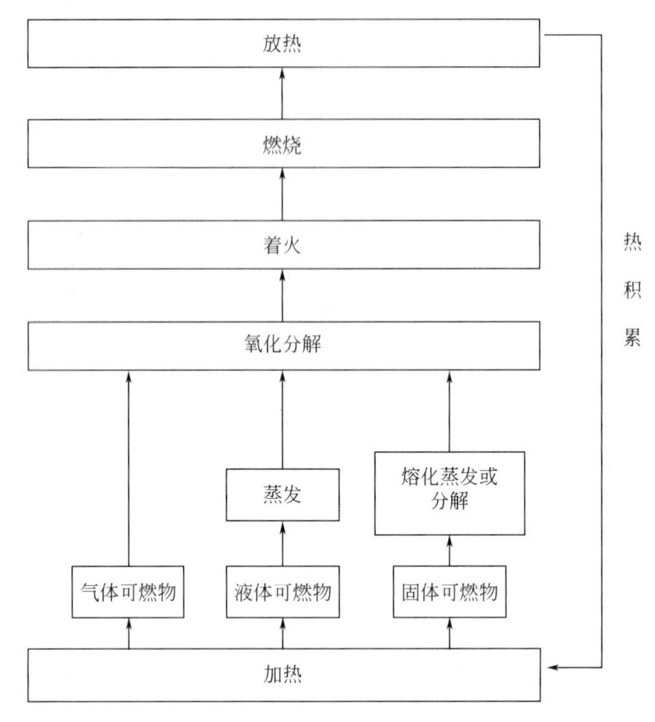

图 1-2 物质燃烧过程

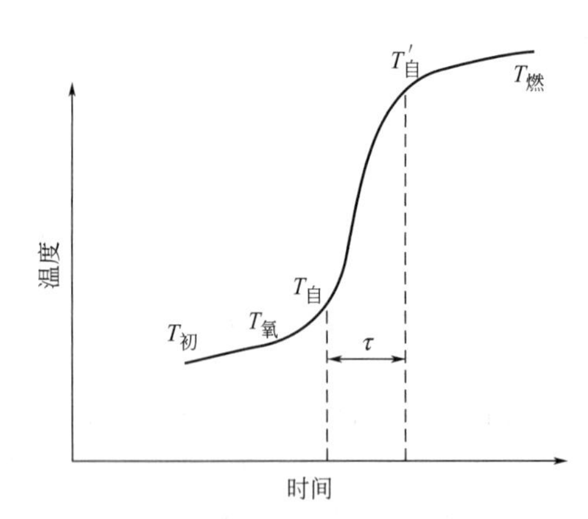

图 1-3 物质燃烧时的温度变化

术管理上有一定实际意义，诱导期越短，说明物质越易燃烧。

3. 燃烧类型

根据燃烧的起因不同，燃烧可分为闪燃、自燃和着火三种类型。

（1）闪燃和闪点　各种可燃液体的表面空间由于温度的影响，都有一定量的蒸气存在，这些蒸气与空气混合后，一旦遇到点火源就会出现瞬间火苗或闪光，这种现象称为闪燃。引起闪燃的最低温度称为闪点。可燃液体的温度高于其闪点时，随时都有被火点燃的危险。某些可燃液体的闪点列于表 1-1。

表 1-1　某些可燃液体的闪点

物质名称	闪点/℃	物质名称	闪点/℃	物质名称	闪点/℃
戊烷	−40	丙酮	−19	乙酸甲酯	−10
己烷	−21.7	乙醚	−45	乙酸乙酯	−4.4
庚烷	−4	苯	−11.1	氯苯	28
甲醇	11	甲苯	4.4	二氯苯	66
乙醇	11.1	二甲苯	30	二硫化碳	−30
丙醇	15	乙酸	40	氰化氢	−17.8
丁醇	29	乙酸酐	49	汽油	−42.8
乙酸丁酯	22	甲酸甲酯	−20		

（2）自燃和自燃点 自燃是可燃物质自发着火的现象。可燃物质在没有外界火源的直接作用下，常温中自行发热，或由于物质内部的物理（如辐射、吸附等）、化学（如分解、化合等）、生物（如细菌的腐蚀作用）反应过程所提供的热量聚积起来，使其达到自燃温度，从而发生自行燃烧。自燃的最低温度称为自燃点。表 1-2 列出了某些可燃物质的自燃点。

表 1-2 某些可燃物质的自燃点

物质名称	自燃点/℃	物质名称	自燃点/℃	物质名称	自燃点/℃
二硫化碳	102	苯	555	甲烷	537
乙醚	170	甲苯	535	乙烷	515
甲醇	455	乙苯	430	丙烷	466
乙醇	422	二甲苯	465	丁烷	365
丙醇	405	氯苯	590	水煤气	550～650
丁醇	340	萘	540	天然气	550～650
乙酸	485	汽油	280	一氧化碳	605
乙酸酐	315	煤油	380～425	硫化氢	260
乙酸甲酯	475	重油	380～420	焦炉气	640
丙酮	537	原油	380～530	氨	630
甲胺	430	乌洛托品	685	半水煤气	700

（3）着火和着火点 足够的可燃物质在有足够的助燃物质存在下，遇明火而引起持续燃烧的现象，称为着火。使可燃物发生持续燃烧的最低温度称为着火点，又叫燃点。表 1-3 列出某些可燃物质的燃点。

表 1-3 某些可燃物质的燃点

物质名称	燃点/℃	物质名称	燃点/℃	物质名称	燃点/℃
赤磷	160	聚丙烯	400	吡啶	482
石蜡	158～195	醋酸纤维	482	有机玻璃	260
硝酸纤维	180	聚乙烯	400	松香	216
硫黄	255	聚氯乙烯	400	樟脑	70

4. 火灾的分类

凡是在时间或空间上失去控制的燃烧所造成的灾害，都称为火灾。根据《火灾分类》（GB/T 4968—2008），按可燃物的类型和燃烧特性，火灾分为 A、B、C、D、E、F 六类。

（1）A 类火灾 指固体物质火灾。这种物质通常具有有机物质性质，一般在燃烧时能产生灼热的余烬。如木材、煤、棉、毛、麻、纸张等火灾。

（2）B 类火灾 指液体或可熔化的固体物质火灾。如煤油、柴油、原油，甲醇、乙醇、沥青、石蜡等火灾。

（3）C 类火灾 指气体火灾。如煤气、天然气、甲烷、乙烷、丙烷、氢气等火灾。

（4）D 类火灾 指金属火灾。如钾、钠、镁、铝镁合金等火灾。

（5）E 类火灾 带电火灾。物体带电燃烧的火灾。

（6）F 类火灾 烹饪器具内的烹饪物（如动物、植物油脂）火灾。

问题讨论

1. 可燃物、氧化剂、温度共同存在一定燃烧吗?

2. 物质在燃烧过程中，温度将发生什么样的变化? 人为控制燃烧的关键在什么时期?

二、爆炸

1. 爆炸及其分类

爆炸是物质发生急剧的物理、化学变化，在瞬间释放出大量的能量并伴有巨大声响的过程。

按爆炸的过程可将其分为物理爆炸、化学爆炸和核爆炸三类，前两者较常见。

(1) 物理爆炸　物理爆炸是指物质的物理状态发生急剧变化而引起的爆炸，如图 1-4 所示。例如蒸气锅炉、压缩气体、液化气体超压等引起的爆炸，都属于物理爆炸。物质的化学成分和化学性质在物理爆炸后均不发生变化。

图 1-4　物理爆炸

(2) 化学爆炸　化学爆炸是指物质发生急剧化学反应，产生高温、高压而引起的爆炸，如图 1-5 所示。物质的化学成分和化学性质在化学爆炸后均发生了质的变化。化学性爆炸时按所发生的化学变化的不同又可分为如下三类。

① 简单分解爆炸。引起简单分解的爆炸物在爆炸时并不一定发生燃烧反应，爆炸所需的热量是由爆炸物本身分解时产生的。属于这一类的物质有叠氮化铅 (PbN_6)、乙炔银 (Ag_2C_2)、碘化氮 (NI_3) 等，这类物质受到轻微震动即可引起爆炸。

② 复杂分解爆炸。所有炸药的爆炸都属于这一类。这类物质爆炸时伴有燃烧现象，燃烧所需的氧是由爆炸物质分解产生的。

图 1-5　化学爆炸

③ 爆炸性混合物的爆炸。这类爆炸发生在气相里，所有可燃气体、蒸气及粉尘同空气的混合物遇明火发生的爆炸均属此类。爆炸性混合物的爆炸需要一定的条件，如可燃物质的含量、氧气含量及明火源等，危险性较上两类低，但由这类物质爆炸造成的事故很多，损失很大。气相爆炸分类见表 1-4。

表 1-4　气相爆炸分类

类　别	爆　炸　原　因	举　　例
混合气体爆炸	可燃气体和助燃气体以适当的浓度混合，由于燃烧的迅速加剧转化成爆炸	空气和甲烷、汽油蒸气构成混合气的爆炸
气体的分解爆炸	单一气体由于分解反应产生大量分解热引起爆炸	乙炔、乙烯等气体在分解时引起爆炸
粉尘爆炸	分散在空气中的可燃粉尘由于快速地燃烧引起爆炸	空气中飘浮的面粉、亚麻纤维、镁粉等引起的爆炸
喷雾爆炸	可燃液体被喷成雾状分散在空气中，在剧烈燃烧时引起爆炸	液压机喷出的油雾、喷漆作业引起的爆炸

爆炸对化工生产具有很大的破坏力，其破坏性质主要包括震荡作用、冲击波、碎片冲击、造成火灾等。震荡作用在遍及破坏作用范围内，会造成物体的震荡和松散；爆炸产生的冲击波向四周扩散，会造成附近建筑物的破坏；爆炸后产生的热量会将由爆炸引起的泄漏可燃物点燃，引发火灾，加重危害。

案例 1-1

2004 年，某制药厂发生甲苯反应釜爆炸事故，造成两人死亡，一人受伤。事故的主要原因是某车间的液氨、甲苯等化工原料泄漏遇高温而引发爆炸。

2. 爆炸极限

(1) 爆炸极限　可燃气体、可燃液体的蒸气或可燃粉尘、纤维与空气形成的混合物遇火源会发生爆炸的极限浓度范围称为爆炸极限。通常用体积分数来表示，其中在空气中能引起爆炸的最低浓度称为爆炸下限，最高浓度称为爆炸上限。混合物中可燃物浓度低于爆炸下限时，因含有过量的空气，空气的冷却作用阻止了火焰的蔓延；混合物中可燃物浓度高于上限时由于空气量不足，火焰也不能蔓延。所以，浓度低于下限或高于上限时都不会发生爆炸，只有在这两个浓度之间才有爆炸危险。某些常见物质的爆炸极限见表1-5。

表1-5 某些常见物质的爆炸极限

物质名称	爆炸极限/%		物质名称	爆炸极限/%	
	下限	上限		下限	上限
氢气	4.0	75.6	丁醇	1.4	10.0
氨气	15.0	28.0	甲烷	5.0	15.0
一氧化碳	12.5	74.0	乙烷	3.0	15.5
二硫化碳	1.0	60.0	丙烷	2.1	9.5
乙炔	1.5	82.0	丁烷	1.5	8.5
氰化氢	5.6	41.0	甲醛	7.0	73.0
乙烯	2.7	34.0	乙醚	1.7	48.0
苯	1.2	8.0	丙酮	2.5	13.0
甲苯	1.2	7.0	汽油	1.4	7.6
邻二甲苯	1.0	7.6	煤油	0.7	5.0
氯苯	1.3	11.0	乙酸	4.0	17.0
甲醇	5.5	36.0	乙酸乙酯	2.1	11.5
乙醇	3.5	19.0	乙酸丁酯	1.2	7.6
丙醇	1.7	48.0	硫化氢	4.3	45.0

注：根据爆炸极限可以知道它们的危险程度。

① 爆炸极限范围越大，其危险性越大。

② 爆炸下限越低，危险性越大，稍有泄漏即容易进入下限，应特别防止物料的跑、冒、滴、漏。

③ 某些爆炸上限较高的可燃气体，只需不多的空气进入设备和管道中就能达到爆炸范围，所以应特别注意设备的密闭和保持正压，严防空气进入。

案例1-2

2005年，某高速公路隧道工程右线隧道特大瓦斯爆炸事故的直接原因是：由于掌子面处塌方，瓦斯异常涌出，致使模板台车附近瓦斯浓度达到爆炸极限，模板台车的配电箱附近悬挂的三芯插头短路产生火花，引起正在施工的隧道右洞发生瓦斯爆炸事故，共造成44人死亡，11人受伤。

（2）爆炸极限的影响因素　爆炸极限不是固定的数值，而是受一系列因素的影响而变化。影响爆炸极限的因素主要有以下几点。

① 初始温度。混合物初始温度越高，爆炸极限范围增大。

② 初始压力。系统初始压力增高，爆炸极限范围也扩大。

③ 惰性气体含量。爆炸性混合物中惰性气体含量增加，其爆炸极限范围缩小。当惰性气体含量增加到某一值时，混合系不再发生爆炸。

④ 容器。容器的材质和尺寸对物质爆炸极限均有影响。若容器材质的传热性能好，则由于器壁的热损失大，混合气体的热量难于积累，而导致爆炸范围变小。容器或管道直径越小，爆炸极限范围越小。

⑤ 能源。火花能量、热表面的面积、火源与混合物的接触时间等对爆炸极限均有影响。

另外，光对爆炸极限也有影响。在黑暗中，氢与氯的反应十分缓慢，在光照下则会发生连锁反应引起爆炸。

3. 粉尘爆炸

案例 1-3

2014 年 8 月 2 日上午 7 时 37 分许，江苏昆山市开发区某金属制品有限公司汽车轮毂抛光车间在生产过程中发生特别重大铝粉尘爆炸事故，事故的直接原因系因粉尘遇到明火引发的安全事故。爆炸事故导致 75 人遇难，185 人受伤，直接经济损失 3.51 亿元。

（1）粉尘爆炸　粉尘在爆炸极限范围内，遇到热源（明火或温度），火焰瞬间传播于整个混合粉尘空间，化学反应速率极快，同时释放大量的热，形成很高的温度和很大的压力，系统的能量转化为机械功以及光和热的辐射，具有很强的破坏力。

（2）粉尘爆炸的过程　粉尘的爆炸是因其粒子表面氧化而发生的。其过程是悬浮的粉尘在热源作用下迅速地干馏或气化而产生出可燃气体；可燃气体与空气混合而燃烧；粉尘燃烧放出的热量，以热传导和火焰辐射的方式传给附近悬浮的或被吹扬起来的粉尘，这些粉尘受热气化后使燃烧循环地进行下去。随着每个循环的逐次进行，其反应速率逐渐加快，通过剧烈的燃烧，最后形成爆炸。这种爆炸反应以及爆炸火焰速率、爆炸波速率、爆炸压力等将持续加快和升高，并呈跳跃式的发展。

（3）粉尘爆炸的特点

① 具有二次爆炸的可能。粉尘初始爆炸的气浪可能将沉积的粉尘扬起，形成爆炸性尘云，在新的空间再次产生爆炸，这叫二次爆炸。这种连续爆炸会造成严重的破坏。

② 与可燃性气体爆炸相比，粉尘爆炸压力上升较缓慢，较高压力持续时间长，释放的能量大，破坏力强。

③ 粉尘爆炸可能产生两种有毒气体，一种是一氧化碳，另一种是爆炸物质（如塑料等）自身分解产生的毒性气体。

（4）粉尘爆炸的影响因素　粉尘爆炸的影响主要包括以下几点。

① 物化性质　物质的燃烧热越大，则其粉尘的爆炸危险性也越大。例如，煤、碳、硫的粉尘等；越易氧化的物质，其粉尘越易爆炸。例如，镁、氧化亚铁、染料等；越易带电的粉尘越易引起爆炸。粉尘在生产过程中，由于互相碰撞、摩擦等作用，产生的静电不易散失，造成静电积累，当达到某一数值后，便出现静电放电。静电放电火花能引起火灾和爆炸事故。粉尘爆炸还与其所含挥发物有关。如煤粉中当挥发物低于 10%时，就不再发生爆炸，因而焦炭粉尘没有爆炸危险。

② 颗粒大小　粉尘的表面吸附空气中的氧，颗粒越细，吸附的氧就越多，因而越易发生爆炸；而且发火点越低，爆炸下限也越低。随着粉尘颗粒的直径的减小，不仅化学活性增加，而且还容易带上静电。

③ 粉尘的浮游性　粉尘在空气中停留的时间越长，危险越大。

④ 粉尘的浓度　粉尘与空气的混合跟可燃气体、蒸气与空气的混合一样，粉尘爆炸也有一定的浓度范围，也有上下限之分。粉尘混合物达到爆炸上限时，粉尘量已相当多，像云一样存在，这样大的浓度通常只是在设备内部或在扬尘点附近才能达到，故一般以爆炸下限

表示。注意！造成粉尘爆炸并不一定要在场所的整个空间都形成有爆炸危险的浓度。一般只要粉尘在房屋中成层地附着于墙壁、屋顶、设备上就可能引起爆炸。表 1-6 列出了某些粉尘的爆炸下限。

表 1-6 某些粉尘的爆炸下限

粉尘种类	粉尘	爆炸下限/(g/m³)	起火点/℃
金属	锌	500	680
	铁	120	316
	镁	20	520
	镁铝合金	50	535
	锰	210	450
热固性塑料	绝缘胶木	30	460
	环氧树脂	20	540
	乙基纤维素	20	340
	合成橡胶	30	320
	醋酸纤维素	35	420
	尼龙	30	500
	聚丙烯腈	25	500
	聚乙烯	20	410
	木质素	65	510
	松香	55	440
塑料一次原料	己二酸	35	550
	酪蛋白	45	520
	多聚甲醛	40	410
塑料填充剂	软木	35	470
	纤维素絮凝物	55	420
	棉花絮凝物	50	470
	木屑	40	430
农产品及其他	玉米及淀粉	45	470
	大豆	40	560
	小麦	60	470
	花生壳	85	570
	砂糖	19	410
	煤炭(沥青)	35	610
	肥皂	45	430
	干浆纸	60	480

问题讨论

1. 何谓爆炸极限？ 爆炸时会发生哪些现象？ 为何具有破坏作用？
2. 爆炸性混合物的爆炸条件是什么？

第二节 防火防爆技术

一、火灾爆炸危险性分析

1. 物料的火灾危险性的评价

（1）气体 爆炸极限和自燃点是评价气体火灾爆炸危险的主要指标。气体的爆炸极限范围越大，爆炸下限越低，火灾爆炸的危险性越大。气体的自燃点越低，越容易起火，火灾爆炸的危险性也越大。另外，气体的化学活泼性、扩散、压缩和膨胀等特性都影响其危险性。气体化学活泼性越强，火灾爆炸的危险性越大。可燃气体或蒸气在空气中的扩散速度越快，火焰蔓延的越快，火灾爆炸的危险性就越大。相对密度大的气体易聚集不散，遇明火容易造成火灾爆炸事故。易压缩液化的气体遇热后体积膨胀，压力增大，容易发生火灾爆炸事故。

（2）液体　闪点和爆炸极限是评价液体火灾爆炸危险性的主要指标。闪点越低，越容易起火燃烧。爆炸极限范围越大，危险性越大。爆炸的温度极限越宽，温度下限越低，危险性越大。另外，饱和蒸气压、膨胀性、流动扩散性、相对密度、沸点等特征也影响其危险性。液体的饱和蒸气压越大，越易挥发，闪点也就越低，火灾爆炸的危险性就越大。液体受热膨胀系数越大，危险性就越大。液体流动扩散快，会加快其蒸发速度，易于起火蔓延。液体相对密度越小，蒸发速度越快，发生火灾的危险性就越大。液体沸点越低，火灾爆炸危险性就越大。

液体的化学结构和相对分子质量对火灾爆炸危险性也有一定的影响。在有机化合物中，醚、醛、酮、酯、醇、羧酸等火灾危险性依次降低。不饱和有机化合物比饱和有机化合物的火灾危险性大。有机化合物的异构体比正构体的闪点低，火灾危险性大。同一类有机化合物，相对分子质量越大，沸点越高，闪点也越高，火灾危险性越小。但是相对分子质量大的液体，一般发热量高，蓄热条件好，自燃点低，受热容易自燃。

（3）固体　固体的火灾爆炸危险性评价主要指标取决于固体的熔点、着火点、自燃点、比表面积及热分解性能等。固体燃烧一般要在气化状态下进行。熔点低的固体物质容易蒸发或气化，着火点低的固体则容易起火。自燃点越低，越容易着火。同样的固体，比表面积越大，和空气中氧的接触机会越多，燃烧的危险性越大。物质的热分解温度越低，其火灾爆炸危险性就越大。

2. 工艺装置的火灾爆炸危险

化工装置的火灾和爆炸事故主要原因可以归纳为以下五项，各项中都包含一些小的条目。

（1）装置有隐患

① 高压装置中高温、低温部分材料选型不适当；

② 接头结构和材料选型不适当；

③ 有易使可燃物着火的电热装置；

④ 防静电措施不够完善；

⑤ 装置开始运转时无法预料的影响。

（2）操作失误

① 阀门的误开或误关；

② 燃烧装置点火不当；

③ 违规使用明火。

（3）装置故障

① 储罐容器、配管的破损；

② 泵和机械的故障；

③ 测量和控制仪表的故障。

（4）不停产检修设备

① 带压力切断配管连接部位时发生无法控制的泄漏；

②破损配管没有修复即在压力下降的条件下恢复运转，升压后物料泄漏；

③ 不知装置中有压力，而误将配管从装置上断开；

④ 在加压条件下，某一物体掉到装置的脆弱部分而发生破裂。

（5）异常化学反应

① 反应物质匹配不当；

② 不正常的聚合、分解等；

③ 安全装置配备不合理或不齐全。

在工艺装置危险性评价中，物料评价占有很重要的位置。火灾和爆炸事故的蔓延和扩大，问题往往出在平时操作中并无危险但一旦遭遇紧急情况时却无应急措施。所以，目前装置危险性评价的重点是放在由于事故而爆发火灾并转而使事故扩大的危险性上。

二、防火防爆的技术措施

防火防爆措施的着眼点，是防止可燃物、助燃物形成燃烧系统，消除和严格控制一切足以导致着火爆炸的点火源。

案例 1-4

2004 年，某商厦发生特大火灾，造成 54 人死亡、70 余人受伤。火灾是由商厦某电器行雇员于某在仓库吸烟引发。一个小小的烟头上演了一场特大火灾事故，致使 54 条生命葬于火海。由此可见，禁止和控制点火源对于防止燃烧必要条件的形成是万分重要的。

1. 点火源的安全控制

化工生产中，引起火灾爆炸的点火源主要有明火、电火花、静电火花、雷电反应热、光线及射线等。这些火源是引起易燃易爆物质着火爆炸的原因。为此，控制这类火源的使用范围对防火防爆是极为重要的。

（1）明火　化工生产中的明火主要是指加热用火、维修用火及其他火源。加热易燃液体时，应尽量避免采用明火，而采用蒸汽、过热水或其他热载体加热。

在禁火区域要严禁吸烟。吸烟是一种流动性大、涉及面广的危险明火源。火柴的着火温度为 750～850℃，燃着的烟头温度为 700～800℃，这些温度远远超过可燃物质的燃点。

在有易燃易爆物质的工艺加工区，应该尽量避免切割和焊接作业，最好将需要动火的设备和管段拆卸到安全地点维修。进行切割和焊接作业时，应严格执行动火安全规定。

（2）摩擦与撞击产生的高温与火花　物体摩擦能产生高温，毛衣和化纤衣服摩擦产生静电放电火花，撞击能引起火花，也是引起火灾和爆炸的火源之一。

运转设备的轴承要保证润滑良好，不能缺油，否则容易发热起火，在有可燃气体泄漏时容易引起火灾爆炸。凡是摩擦或撞击的两部分应采用不同的金属制造，例如铜与钢、铝等，摩擦或撞击时便不会产生火花。

搬运盛装易燃物质的金属容器时，不要抛掷、拖拉、震动，防止互相撞击，以免产生火花。防火区严禁穿带铁钉的鞋，地面应铺设不发生火花的软质材料。

（3）高温热表面　对于加热装置、高温物料输送管道和机泵等，应防止可燃物落于其上而着火。可燃物的排放口应远离高温热表面。如果高温设备和管道与可燃物装置比较接近，高温热表面应该有隔热措施。而对于加热温度高于物料自燃点的工艺过程，应严防物料外泄或空气进入系统。

（4）电气火花　电器设备引起的火灾爆炸事故多由电弧、电火花、电热或漏电造成。因此，电气动力设备、仪器、仪表、照明装置等应符合防火防爆要求。接用的临时电源要经过批准，绝缘要良好和严禁带电连接电线。

2. 化工工艺参数的控制技术

在化学工艺生产中，工艺参数主要是指温度、压力、流量、物料配比等。严格控制工艺参数在安全限度以内，是实现安全生产的基本保证。

（1）温度控制　温度是化工生产过程中的主要控制参数。准确控制反应温度不但对保证产品的质量、降低能耗有重要意义，也是防火防爆所必需的。温度过高，可能引起反应失控发生冲料或爆炸，也可能引起反应物分解燃烧、爆炸；温度过低，则有时会因反应速率减慢或停滞造成反应物积聚，一旦温度正常时，往往会因未反应物料过多而发生剧烈反应引起爆炸。温度过低还可能使某些物料冻结，造成管路堵塞或破裂，致使易燃物料泄漏引起燃烧、爆炸。为严格控制温度，必须正确选用传热介质，有效除去反应热，并要防止搅拌中断。

（2）压力控制　压力是化工生产的基本参数之一。正确控制压力，防止设备管道接口泄漏。若物料冲出或吸入空气，容易引起火灾爆炸。在生产过程中，要根据设备、管道耐压情况，严密注意压力变化并合理调整。

（3）进料控制　进料控制主要是控制进料速度、配比、顺序、原料纯度和数量。

① 控制进料速度。对于放热反应，进料速度不能超过设备的散热能力，否则物料温度将会急剧升高，引起物料的分解，有可能造成爆炸事故。进料速度过低，部分物料可能因温度过低，反应不完全而积聚，一旦达到反应温度时，就有可能使反应加剧进行，以致因温度、压力急剧升高而产生爆炸。

② 控制进料配比。反应物料的配比要严格控制。对反应物料的浓度、含量、流量等都要准确地分析和计量。对连续化温度较高、危险性较大的生产，在开车时要特别注意进料的配比。对于能形成爆炸性混合物的生产，物料配比应严格控制在爆炸极限以外。如果工艺条件允许，可以添加水蒸气、氮气等惰性气体稀释。

③ 控制进料顺序。进料顺序如果颠倒，也会引起爆炸事故。如：油气化炉开车时，应先加油和蒸气，后加氧气；加量时，应先加油，后加蒸气和氧气；减量时，则先减氧气后减油。这样才能保证安全可靠。

④ 控制原料纯度。许多化学反应，由于反应物料中危险杂质的增加会导致副反应或过反应，引发燃烧或爆炸事故，所以对所用原料必须取样进行化验分析。反应原料气中的有害成分应清除干净或控制一定的排放量，防止系统中有害成分的积累而影响生产的正常进行甚至发生危险。

⑤ 控制进料量。进料过多，往往会引起溢料或超压。进料过少，使温度计接触不到料面，温度计显示出的不是物料的真实温度，导致判断错误，引起事故。

3. 火灾爆炸危险物质的控制

（1）根据物质的物理化学性质采取措施　在生产过程中，必须了解各种物质的物理化学性质，根据不同的性质采取相应的防火防爆和防止火灾扩大蔓延的措施。

① 改进工艺，尽量不使用或少使用可燃物料，以不燃物料或难燃物料代替易燃物料；

② 对自燃性物质及遇水燃爆物质，应采取隔绝空气、防水防潮等措施；

③ 对遇酸碱有分解、爆炸燃烧的物质，应避免与酸碱接触；

④ 对易燃、可燃气体和液体蒸气，应采取相应的耐压容器和密封手段以及保温、降温措施；

⑤ 对易产生静电的物质，应采取接地等防静电措施。

（2）防爆惰化技术　防爆惰化技术或称惰性介质保护，既可通过对爆炸反应条件的控制实现预防爆炸的目的，同时也可限制爆炸发展过程，避免、控制爆炸破坏作用。

在化工生产实践中，经常使用惰化介质如氮气、二氧化碳等，对可燃气体（蒸气）与空气混合物进行惰化处理，用以防止可燃物质在储存与加工等过程中发生的爆炸事故。采用惰化介质作为控制爆炸事故的技术手段时，主要作用在于防止封闭空间内（或具有相对封闭特征的空间）形成爆炸性气体。

防爆惰化技术实施中使用的惰化介质，除了经常使用氮气、二氧化碳、氩气、氦气等惰性气体外，还有水蒸气、卤代烃、化学干粉及矿岩粉等介质。这些惰化介质按物态可分为气体和固体粉状惰化介质；按化学性质可分为无机和有机惰化介质；按惰化作用机制又可分为降温缓燃型和化学抑制型惰化介质。

惰性介质作为保护性介质，可以阻止可燃物质形成爆炸条件。常应用于以下范围。

① 对于易燃固体物质的粉碎、筛选处理及粉体输送，采用惰性气体隔离保护；

② 在可燃气体或蒸气物料系统中充入惰性气体，使系统保持正压，防止形成爆炸性混合物；

③ 将惰性气体管路与有爆炸危险的生产设备、储罐等连接起来，以便在发生爆炸危险时用惰性气体保护；

④ 易燃液体利用惰性气体进行充压输送；

⑤ 在有爆炸危险场所中，对有引起火花危险的电器、仪表等采用充氮气正压保护；

⑥ 在有爆炸危险性的化工生产装置上动火检修前，用惰性气体吹除，置换出系统中的可燃气体或蒸气，安全合格后方可上人或进入设备内部进行检查、检修及动火；

⑦ 在化工生产装置中发生物料泄漏时，用惰性气体稀释可燃气体。

（3）限制火灾爆炸的扩散和蔓延　化工生产中限制火灾扩散和蔓延采取的主要措施有安全液封、水封井、阻火器、单向阀、阻火闸门、火星熄灭器、消防设施和器材等。

除上述设施外，危险性较大的还可采用分区隔离、爆炸抑制、泄压技术、设备露天安装等方法。

（4）自动控制与安全保险装置　自动控制系统主要有：自动检测系统；自动调节系统；自动操纵系统；自动信号连锁和保护系统。

安全保险装置主要有：信号报警；保险装置；安全联锁等。

问题讨论

防止化工火灾与爆炸的控制内容主要有哪些?

第三节　消防灭火技术

一、灭火原理

根据燃烧三要素，可以采取除去可燃物、隔绝助燃物（氧气）、将可燃物冷却到燃点以下温度等灭火措施。

1. 窒息法

用不燃（或难燃）物质覆盖、包围燃烧物，阻碍空气（或其他氧化剂）与燃烧物接触，使燃烧因缺少助燃物质而停止。如喷射二氧化碳泡沫覆盖在油的燃烧面上；油桶着火用湿棉被盖在桶口；用砂、土、石棉布等覆盖在燃烧物上；封闭起火的船舱、建筑物、地下室的门窗、孔洞；气体着火，向设备、容器里通氮气或水蒸气等。

2. 冷却法

将灭火剂直接喷洒在燃烧着的物体上，将可燃物质的温度降到燃点以下以终止燃烧。也可用灭火剂喷洒在火场附近未燃的可燃物上起冷却作用，防止其受火焰辐射热影响而升温起火。如用喷射水喷在储存可燃气体或液体的槽、罐上，以降低其温度，防止发生燃烧或变形爆裂、扩大火灾。

3. 隔离法

将火源与火源附近的可燃物隔开，中断可燃物质的供给，控制火势蔓延。如关闭阀门，切断可燃物气体、液体的来源；迅速疏散、搬走可燃物，必要时拆除与火源毗邻的易燃物。

4. 化学抑制灭火法

使用窒息、冷却、隔离灭火法，其灭火剂不参加燃烧反应，属于物理灭火方法。而化学抑制灭火法则是使灭火剂参与到燃烧反应中去，以抑制燃烧连锁反应进行，使燃烧中断而灭火。用于化学抑制灭火法的灭火剂有干粉、卤代烷烃等。

二、灭火剂及其应用

灭火剂是能够有效地破坏燃烧条件而中止燃烧的物质。常用的灭火剂有水、泡沫、干粉、卤代烷烃、二氧化碳、电气设备灭火用四氯化碳等。

1. 灭火剂

（1）水　水是最常用的灭火剂，对火源具有冷却、稀释、冲击等作用。需特别注意的是，禁水性物质如碱金属和一些轻金属以及电石、熔融状金属的火灾不能用水扑救。非水溶性，特别是相对密度比水小的可燃、易燃液体的火灾，原则上也不能用水扑救。直流水不能用于扑救电器设备的火灾、浓硫酸和浓硝酸场所的火灾以及可燃粉尘的火灾。原油、重油的火灾以及浓硫酸、浓硝酸场所的火灾必要时可用雾状水扑救。

（2）泡沫灭火剂　泡沫灭火剂是扑救可燃易燃液体的有效灭火剂，它主要是在液体表面形成凝聚的泡沫漂浮层，起窒息和冷却作用。多数泡沫灭火装置都是小型手提式的，对于小面积火焰覆盖极为有效。常用的有化学泡沫灭火剂、蛋白泡沫灭火剂、水成膜泡沫灭火剂、抗溶性泡沫灭火剂、高倍数泡沫灭火剂等。

（3）干粉灭火剂　干粉灭火剂是一种干燥易于流动的粉末，又称粉末灭火剂。干粉灭火剂由能灭火的基料以及防潮剂、流动促进剂、结块防止剂等添加剂组成。一般借助于一定的压力喷出，以粉雾形式灭火。

（4）卤代烷烃灭火剂　利用低级烷烃的卤代物具有灭火作用而制成的灭火剂。常用的有1211（二氟一氯一溴甲烷）、1301（三氟一溴甲烷）、CCl_4（四氯化碳）等。由于卤代烷灭火剂对大气臭氧层有破坏作用，其应用受到了限制。我国已经决定除必要场所外禁止生产和使用卤代烷灭火器。

（5）二氧化碳灭火剂　利用二氧化碳不燃也不助燃、易于液化等特性制成的灭火剂。二氧化碳灭火剂制造方便，便于装罐和储存。

2. 灭火剂应用范围

当发生火灾时，要根据火灾类别和具体情况，参照表1-7选用适当的灭火剂，以求最好的灭火效果。

表1-7　各类灭火剂适用范围

灭火剂		火灾种类				
		木材等一般火灾	易燃液体火灾		电气火灾	金属火灾
			非水溶性	水溶性		
水	直流	适用	不适用	不适用	不适用	不适用
	喷雾	适用	一般不用	适用	适用	一般不用
泡沫	化学泡沫	适用	适用	一般不用	不适用	不适用
	蛋白泡沫	适用	适用	不适用	不适用	不适用
	氟蛋白泡沫	适用	适用	不适用	不适用	不适用
	水成膜泡沫	适用	适用	不适用	不适用	不适用
	抗溶性泡沫	适用	一般不用	适用	不适用	不适用
	高倍数泡沫	适用	适用	不适用	不适用	不适用
	合成泡沫	适用	适用	不适用	不适用	不适用
卤代烷烃	1211	一般不用	适用	适用	适用	不适用
	1301	一般不用	适用	适用	适用	不适用
	CCl_4	一般不用	适用	适用	适用	不适用
不燃气体	二氧化碳	一般不用	适用	适用	适用	不适用
	氮气	一般不用	适用	适用	适用	不适用
干粉	钠盐干粉	一般不用	适用	适用	适用	不适用
	磷酸盐干粉	适用	适用	适用	适用	不适用
	金属用干粉	不适用	不适用	不适用	不适用	适用

三、灭火器及其应用

化工企业常备的灭火器材有泡沫灭火器、二氧化碳灭火器、干粉灭火器和1211灭火器等几种类型。常用灭火器的类型和使用见表1-8。

表1-8　常用灭火器的类型及性能和使用

项　目	泡沫灭火器	二氧化碳灭火器	干粉灭火器	1211灭火器
规格	0.01m^3;0.065～0.13m^3	2kg;2～3kg;5～7kg	8kg;50kg	1kg;2kg;3kg
药剂	碳酸氢钠、发泡剂和硫酸铝溶液	压缩成液体的二氧化碳	钾盐或钠盐干粉备有盛装压缩气体的小钢瓶	二氟一氯一溴甲烷，并充填压缩氮气

续表

项　　目	泡沫灭火器	二氧化碳灭火器	干粉灭火器	1211 灭火器
用途	扑救固体物质或其他易燃液体火灾，不能扑救忌水和带电设备火灾	甲类物质的火灾	扑救石油、石油产品、油漆、有机溶剂、天然气设备火灾	扑救油类、电器设备、化工纤维原料等初期火灾
性能	$0.01m^3$ 喷射时间 60s，射程 8m；$0.065m^3$ 喷射 170s，射程 13.5m	接近着火地点，保持 3m 远	8kg 喷射时间 14～18s，射程 4.5m；50kg 喷射时间 50～55s，射程 6～8m	1kg 喷射时间 6～8s，射程 2～3m；2kg 喷射时间≥8s，射程≥3.5m；3kg 有效喷射时间≥8s，射程≥4.0m
使用方法	倒过来稍加摇动或打开开关，药剂即可喷出	一手拿着喇叭筒对准火源，另一手打开开关即可喷出	提起圈环，干粉即可喷出	拔下铅封或横销，用力压下压把即可喷出
保养与检查	①放在方便处； ②注意使用期限； ③防止喷嘴堵塞； ④冬季防冻、夏季防晒； ⑤一年检查一次，泡沫低于 4 倍时应换药	每月测量一次，当质量小于原量 1/10 时应充气	置于干燥通风处，防潮防晒。一年检查一次气压，若质量减少 1/10 时应充气	置于干燥处，勿碰撞。每年检查一次

灭火器的使用方法如图 1-6 所示。

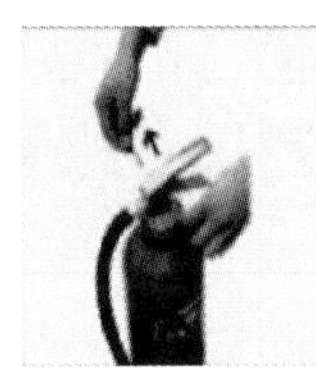
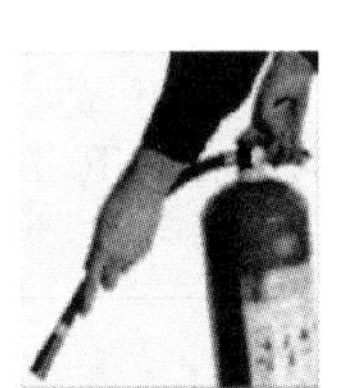
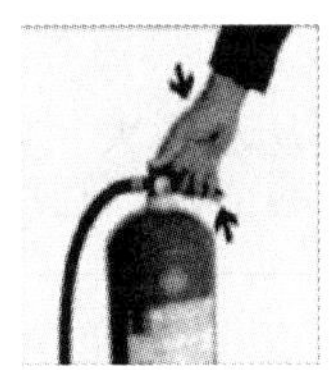

1.拔出保险销　2.对准火源根部　3.按下压把喷射灭火　4.禁止倒立使用

图 1-6　灭火器的使用方法

四、消防设施

1. 消防站

大中型化工企业应设立消防站。消防站的服务范围按行车距离计，不得大于 2.5km，且应确保在接到火警后，消防车到达火场的时间不超过 5min，超过服务范围的场所应建立消防分站或设置其他消防设施，如泡沫发生站、手提式灭火器等。

2. 消防给水设施

消防给水设施是指专门为消防灭火而设置的给水设施，主要有消防给水管道和消火栓两种。

（1）消防给水管道　简称消防管道，是一种能保证消防所需用水量的给水管道，一般可与生活用水或生产用水的上水管道合用，并应设加压水泵。

（2）消火栓　可供消防车吸水，也可直接连接水带放水灭火，是消防供水的基本设备。消防栓分为室内和室外两类。室外消火栓又分为地上与地下两种。消火栓如图 1-7 所示。

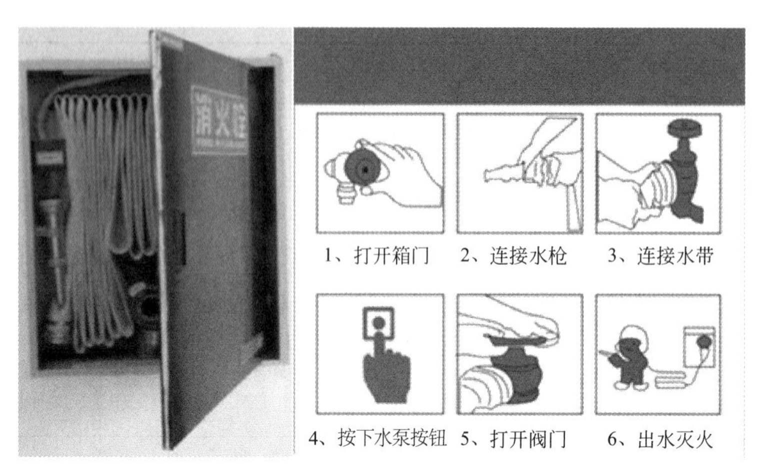

图 1-7 消火栓

3. 化工生产装置区的消防给水设施

① 消防供水竖管。

② 冷却喷淋设备。

③ 消防水雾。

④ 带架水枪。

五、火灾的扑救原则

实践证明，大多数火灾都是从小到大、由弱到强。在生产中，及时地发现和扑救火灾对安全生产有着重要的意义。

1. 报警要早，损失就小

由于火灾的发展很快，当发现初起火时，在积极组织扑救的同时立即报警。报警要沉着冷静，及时准确，说清楚起火的单位和具体部位、燃烧的物质、火势大小，以便消防人员根据火场情况制定相应救火措施。

2. 边报警，边扑救

在报警的同时要及时扑灭初起之火。火灾通常要经过初起阶段、发展阶段，最后到熄灭阶段的发展过程。在火灾的初起阶段，由于燃烧面积小，燃烧强度弱，放出的辐射热量少，是扑救的最有利时机。这种初起火一经发现，只要不错过时机，可以用很少的灭火器材，如一桶黄砂、一只灭火器或少量水就可能扑灭。所以就地取材、不失时机地扑灭初起火是极其重要的。

3. 先控制，后灭火

在扑救可燃气体、液体火灾时，可燃气体、液体如果从容器、管道中源源不断地喷洒出来，应首先切断可燃物的来源，争取灭火一次成功。如果在未切断可燃气体、液体来源的情况下，急于求成，盲目灭火，则是一种十分危险的做法。因为火焰一旦被扑灭，而可燃物继续向外喷散，特别是比空气重的气体外溢，易沉积在低洼处，不易很快消散，遇明火或炽热物体等着火源还会引起复燃。如果气体浓度达到爆炸极限，甚至还能引起爆炸，很容易导致严重伤害事故。因此，在气体、液体着火后可燃物来源未切断之前扑救应以冷却保护为主，积极设法切断可燃物来源，然后集中力量把火灾扑灭。

4. 先救人，后救物

在发生火灾时，如果人员受到火灾的危险，应贯彻执行救人重于灭火的原则，先救人后疏散物质。要首先组织人力和工具，尽早、尽快地将被困人员抢救出来，在组织主要力量抢救人员的同时，部署一定的力量疏散物质，扑救火灾。

5. 防中毒，防窒息

许多化学物品燃烧时会产生有毒烟雾，大量烟雾或使用二氧化碳等窒息法灭火时，火场附近空气中氧含量降低可能引起窒息，所以在扑救火灾时人应尽可能站在上风向，必要时要佩戴防毒面具，以防发生中毒或窒息。

6. 听指挥，不惊慌

发生火灾时一定要保持镇静，采取迅速正确措施扑灭初起火。这就要求平时要组织演练，加强防火灭火知识学习，会使用灭火器材，才能做到一旦发生火灾时不会惊慌失措。此外，当由于各种因素，发生的火灾在消防队赶到后还未被扑灭时，为了卓有成效地扑救火灾，必须听从火场指挥员的指挥，互相配合，扑灭火灾。

案例 1-5

1998 年 9 月第一个星期六中午，某（集团）石化厂减压车间的值班人员刚刚巡检完毕，突然，车间渣油泵上的焊口开缝，随着油泵的高速旋转，甩出油花，落在 380℃高温的泵体上立刻起火。车间所在员工立即行动起来，1 人报警，1 人开启干粉灭火器，另外 2 人关掉进出口阀门，掐断油料供应，火被窒息、扑灭。整个过程不到 2min。这只是该集团一起突发小火的扑救现场，而集团员工曾多次成功处理了类似的初起火灾。

问题讨论

1. 水的灭火原理是什么？ 它能扑救什么样的火灾？ 哪些物质着火不能用水灭火？
2. 常用灭火器如何使用？ 使用时应注意些什么问题？ 如何保养？

防火防爆十大禁令

① 严禁在厂内吸烟及携带火种和易燃易爆、有毒、易腐蚀物品入厂。
② 严禁未按规定办理用火手续即在厂内进行施工用火或生活用火。
③ 严禁穿带易产生静电的服装进入油气区工作。
④ 严禁穿带铁钉的鞋进入油气区及易燃易爆装置。
⑤ 严禁用汽油、易挥发溶剂擦洗设备、衣物、工具及地面等。
⑥ 严禁未经批准的各种机动车辆进生产装置、罐区及易燃易爆区。
⑦ 严禁就地排放易燃易爆物料及危险化学品。

⑧ 严禁在油气区内用黑色金属或易产生火花的工具敲打、撞击和作业。

⑨ 严禁堵塞消防通道及随意挪用或损坏消防设施。

⑩ 严禁损坏厂内各类的防火灾和防爆设施。

本章小结

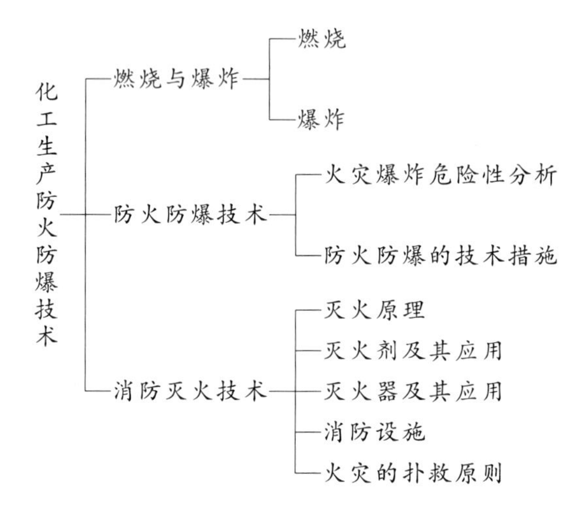

第二章

电气、静电及雷电安全防护技术

学习目标

1. 掌握触电方式、触电原因与雷电现象的基本知识,理解电流对人体的作用及危害。

2. 掌握工业防触电、防雷击等安全技术措施，并学会触电的急救方法。

3. 了解静电产生的原因，掌握静电的危害及防护措施。

4. 了解防雷装置分类及用途，掌握人体防雷电措施。

电能的开发和利用给人类的生产和生活带来巨大变革，极大地促进了社会进步和文明。在当今社会中，电能已经广泛应用于工业生产、农业生产和社会生活等各个领域。与此同时，在电能传输和转换过程中，人员操作、设备运行、检修及调整试验等工作中，都可能发生不同安全事故，造成人身伤亡和财产损失。因此，电气安全是化工生产安全工作的重要组成部分，应予重视。

第一节　电气安全技术

一、电气安全基本知识

电气安全是指电气设备和线路在安装、运行、维修和操作过程中不发生人身和设备事故。人身安全是指人在从事电气工作过程中不发生事故。设备安全是指电气设备、线路及相关设备建筑物不发生事故。电气安全事故是电能失控所造成的事故。人身触电（或电击）伤残、死亡事故，电气设备、线路损坏，由于电热及电火花引起的火灾爆炸事故，这些都属于电气安全事故。

案例 2-1

某石油厂，违反操作规程在××号油罐上带电安装电子液面计，产生火花，引起柴油气体爆炸着火。2 人死亡。

某炼油厂，在使用汽油清理厂房时，因电瓶车火花引起爆炸，死亡 14 人，伤 40 人。

某县粮库，因皮带机电线绝缘损坏着火，直接损失达 3600 万元。

通过上述案例可以看出，电气安全技术在化工生产中占有相当重要的地位。

1. 触电事故的原因

（1）缺乏电气安全知识　如向有人正在工作的电气线路或电气设备上误送高、低压电，造成工人触电事故；用手触摸已经破坏了的电线绝缘和电气机具保护外壳形成触电事故等。

（2）违反操作规程　如在高低压电线附近施工或运输大型设备，施工工具和货物碰击损坏高低压电线，形成接地或短路事故；带电连接临时照明电线及临时电源线，形成电火花；火线误接在电动工具外壳上，导致接地及触电事故等。

（3）维护不良　如大风刮断的高低压电线未能及时修理；胶盖开关破损长期不予修理等造成事故。

（4）电气设备存在事故隐患　如电气设备和电气线路上的绝缘保护层损坏而漏电；电气设备外壳没有接地而带电；闸刀开关或磁力启动器缺少护壳而触电等。

2. 触电方式

按人体触及带电体的方式及电流通过的途径，触电有以下几种情况。

（1）高压电击　是指发生在1000V以上的高压电气设备上的电击事故。当人体即将接触高压带电体时，高电压将空气击穿，使空气成为导体，进而使电流通过人体形成电击。这种电击不仅对人体造成内部伤害，其产生的高温电弧还会烧伤人体。

（2）单线电击　当人体站立地面，手部或其他部位触及带电导体造成的电击，如图2-1(a)所示。化工生产中大多数触电事故是单线电击事故，一般都是由于开关、灯头、导线及电动机有缺陷而造成的。

（3）双线电击　当人体不同部位同时触及对地电压不同的两相带电体造成的电击，如图2-1(b)所示。这类事故的危险性大于单线电击，常出现于工作中操作不慎的场合。

（4）跨步电压电击　当带电体发生接地故障时，在接地点附近会形成电位分布，当人体在接地点附近，两脚间所处不同电位而产生的电位差，称为跨步电压。当高压接地或大电流流过接地装置处时，均可出现较高的跨步电压，并将会危及人身安全。如图2-1(c)所示。

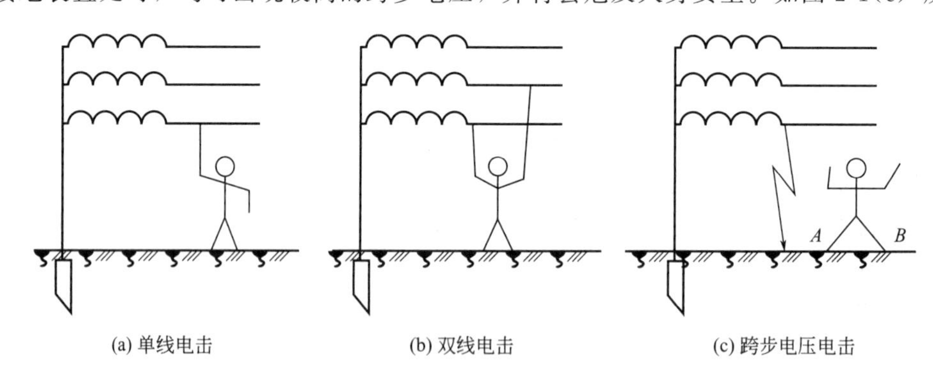

(a) 单线电击　(b) 双线电击　(c) 跨步电压电击

图2-1　电击形成方式示意图

3. 电流对人体的伤害

电流对人体的伤害有电击、电伤和电磁场生理伤害三种形式。

（1）电击　电击是指电流通过人体，破坏人的心脏、肺及神经系统的正常功能。电流对人体造成死亡的原因主要是电击。在1000V以下的低压系统中，电流会引起人的心室颤动，使心脏由原来正常跳动变为每分钟数百次以上的细微颤动。这种颤动足以使心脏不能再压送血液，导致血液终止循环和大脑缺氧发生窒息死亡。

（2）电伤　电伤是电流转变成其他形式的能量造成的人体伤害，包括电能转化成热能造成的电弧烧伤、灼伤和电能转化成化学能或机械能造成的电印记、皮肤金属化及机械损伤、电光眼等。电伤不会引起人触电死亡，但可造成局部伤害致残或造成二次事故发生。

电击和电伤有时可能同时发生，尤其是在高压触电事故中。

（3）电磁场生理伤害　在高频电磁场的作用下，使人出现头晕、乏力、记忆力减退、失眠等神经系统的症状。

4. 电流对人体伤害程度的影响因素

电流通过人体内部时，其对人体伤害的严重程度与电流通过人体时的大小、持续时间、途径和人体电阻、电流种类及人体状况等多种因素有关，而各因素之间又有着十分密切的联系。

（1）电流强度　通入人体的电流越大，人体的生理反应越明显，人体感觉越强烈，致命的危险性就越大。

（2）通电时间　电流通过人体的持续时间越长，人体电阻因紧张出汗等因素而降低电阻，电击的危险性越大。

（3）电流途径　电流流经人体的途径不同，所产生的危险程度也不同。从手到脚的途径最危险，这条途径电流将通过心脏、肺部和脊髓等重要器官。从手到手或脚到脚的途径虽然伤害程度较轻，但在摔倒后，能够造成电流通过全身的严重情况。

（4）电流种类　电流种类对电击伤害程度有很大影响。在各种不同的电流频率中，工频电流对人体的伤害高于直流电流和高频电流。50Hz 的工频交流电对设计电气设备比较合理，但是这种频率的电流对人体触电伤害程度也最严重。

（5）电压　在人体电阻一定时，作用于人体的电压愈高，则通过人体的电流就愈大，电击的危险性就增加。

（6）人体的健康状况　人体的健康状况和精神状况是否正常，对于触电伤害的程度是不同的。患有心脏病、结核病、精神病、内分泌器官疾病及酒醉的人触电引起的伤害程度都比较重。

（7）人体阻抗　人体触电时，当接触的电压一定时，流过人体的电流大小就决定于人体电阻的大小。人体电阻越小，流过人体的电流就越大，也就越危险。

人体阻抗包括体内阻抗和皮肤阻抗。前者与接触电压等外界条件无关，一般在 500Ω 左右，而后者随皮肤表面的干湿程度、有无破伤以及接触电压的大小而变化。不同情况的人，皮肤表面的电阻差异很大，因而使人体电阻差异也很大。一般情况下，在进行电气安全设计或评价电气安全性时，人体电阻按 1000Ω 考虑。

此外，接触电压增加，人体阻抗明显下降，致使电流增大，对人体的伤害加剧。随着电压而变化的人体电阻，见表 2-1。

表 2-1　随电压而变化的人体电阻

电压 U/V	12.5	31.3	62.5	125	220	250	380	500	1000
人体电阻 R/Ω	16500	11000	6240	3530	2222	2000	1417	1130	640
电流 I/mA	0.8	2.84	10	35.2	99	125	268	1430	1560

人体阻抗是确定和限制人体电流的参数之一。因此，它是处理很多电气安全问题必须考虑的基本因素。

案例 2-2

1985 年，某化工厂在吊卸水泥预制板时，发生一起触电事故，死亡 1 人。事故的主要原因是该厂运输科起重工在吊卸水泥预制板时，因将吊车停在 10000V 高压线下进行操作，结果在移动吊杆时不慎碰在高压线上，造成触电死亡。

问题讨论

1. 人体触电的原因有哪些？ 触电方式有几种？
2. 电流对人体有何伤害？ 什么是电击、电伤？

二、电气安全防护技术措施

1. 触电防护技术措施

触电事故尽管各种各样，但最常见的情况是偶然触及那些正常情况下不带电而意外带电的导体。触电事故虽然具有突发性，但具有一定的规律性，针对其规律性采取相应的安全技术措施，很多事故是可以避免的。预防触电事故的主要技术措施如下。

（1）认真做好绝缘　绝缘是用绝缘物把带电体封闭起来。绝缘材料分为气体、液体和固体三大类。

① 气体。通常采用空气、氮、氢、二氧化碳和六氟化硫等。

② 液体。通常采用矿物油（变压器油、开关油、电容器油和电缆油等）、硅油和蓖麻油等。

③ 固体。通常采用陶瓷、橡胶、塑料、云母、玻璃、木材、布、纸以及某些高分子材料等。

电气设备的绝缘应符合其相应的电压等级、环境条件和使用条件，应能长时间耐受电气、机械、化学、热力以及生物等有害因素的作用而不失效。

（2）采用安全电压　安全电压是制定电气安全规程和系列电气安全技术措施的基础数据，它取决于人体电阻和人体允许通过的电流。我国规定安全电压额定值的等级为 42V、36V、24V、12V 和 6V。如在矿井、多导电粉尘等场所使用 36V 行灯，特别潮湿场所或进入金属内应使用 12V 行灯。

（3）严格屏护　屏护就是使用屏障、遮栏、护罩、箱盒等将带电体与外界隔离。

某些开启式开关电器的活动部分不方便绝缘，或高压设备的绝缘不能保证人在接近时的安全，均应采取屏蔽保护措施，以免触电或电弧伤人等事故。对屏护装置的一般要求是：所用材料应有足够的机械强度和耐火性能；金属材料制成的屏护装置必须接地或接零；必须用钥匙或工具才能打开或移动屏护装置；屏护装置应悬挂警示牌；屏护装置应采用必要的信号装置和联锁装置。

（4）保持安全间距　带电体与地面之间，带电体与其他设备之间，带电体之间，均需保持一定的安全距离，以防止过电压放电、各种短路、火灾和爆炸事故。

（5）合理选用电气装置　合理选用电气装置是减少触电危险和火灾爆炸危害的重要措施。选择电气设备时主要根据周围环境的情况，如：在干燥少尘的环境中，可采用开启式或封闭式电气设备；在潮湿和多尘的环境中，应采取封闭式电气设备；在有腐蚀性气体的环境中，必须采取封闭式电气设备；在有易燃易爆危险的环境中，必须采用防爆式电气设备。

（6）采用漏电保护装置　当设备漏电时，漏电保护装置可以切断电流防止漏电引起触电事故。漏电保护器可以用于低压线路和移动电具等方面。一般情况下，漏电保护装置只用做附加保护，不能单独使用。

（7）保护接地和接零　接地与接零是防止触电的重要安全措施。

① 保护接地。接地是将设备或线路的某一部分通过接地装置与大地连接。当电气设备的某相绝缘损坏或因事故带电时，接地短路电流将同时沿接地体和人体两条通路流通。接地体的接地电阻一般为4Ω以下，而人体电阻约为1000Ω，因此通过接地体的分流作用而流经人体的电流几乎为零，这样就避免了触电的危险。

② 保护接零。接零是将电气设备在正常情况下不带电的金属部分（外壳）用导线与低压电网的零线（中性线）连接起来。当电气设备发生碰壳短路时，短路电流就由相线流经外壳到零线（中性线），再回到中性点。由于故障回路的电阻、电抗都很小，所以有足够大的故障电流使线路上的保护装置（熔断器等）迅速动作，从而将故障的设备断开电源，起到保护作用。

（8）正确使用防护用具　电工安全用具包括绝缘安全用具（绝缘杆与绝缘夹钳、绝缘手套与绝缘靴、绝缘垫与绝缘站台）、登高作业安全用具（脚扣、安全带、梯子、高登等）、携带式电压和电流指示器、临时接地线、遮拦、标志牌（颜色标志和图形标志）等。

2. 触电防护组织措施

建立健全电气安全制度是保护操作人员安全健康的重要措施。主要安全制度有以下几个方面：工作票制度、工作监护制度、停电安全技术措施、低压带电检修、挂警告牌和电气设备预防性调试制度等。

案例 2-3

2005年，某化工公司结晶岗位发生了一起典型的触电事故，造成1人死亡。这起事故是一起典型的电气设备绝缘被破坏漏电伤人的事故。事故直接原因是由于电机负荷端轴承盖烧红，引起轴承弹珠铜支架磨损，导致电机定子、转子扫膛（即发生了摩擦），电机定子绕组的绝缘遭到破坏，致使电机外壳、水泵、阀门带电。又由于该电机的外壳接地线锈蚀断裂，不能起到安全保护作用。电流由绕组线圈→电机外壳→水泵→阀门→工人→大地，使工人被电击伤。

问题讨论

1. 防止人体触电的措施有哪些？

2. 什么是保护接地和保护接零？ 其目的是什么？

3. 电气防火防爆技术

(1) 电器火灾和爆炸的原因　火灾和爆炸是电气灾害的主要形式之一。电气线路、电力变压器、开关设备、插座、电动机、电焊机、电炉等电气设备若设计不合理，安装、运行维修不当，均有可能造成电气火灾和爆炸。短路、过载、接触不良、电气设备铁芯过热、散热不良等因素均有可能导致电气线路或者电气设备过热，从而可能产生危险温度的引燃源。

(2) 防爆电气设备类型的标志　防爆电气设备根据结构和防爆性能不同分为 8 种类型。

① 隔爆型（标志 d)。在设备内部发生爆炸性混合物爆炸时，不引起外部爆炸性混合物爆炸的电气设备。

② 安全型（标志 i)。在正常运行或指定试验条件下，产生的电火花或热效应均不能点燃爆炸性混合物的电气设备。

③ 增安型（标志 e)。在正常运行时，不产生火花、电弧、危险温度等点火源的电气设备。

④ 充油型（标志 o)。将全部或部分带电部件浸在油中，使其不引起油面上爆炸性混合物爆炸的电气设备。

⑤ 正压型（标志 p)。外壳内通入新鲜空气或惰性气体，形成正压，以阻止外部爆炸性混合物进入外壳内部的电气设备。

⑥ 充砂型（标志 q)。外壳内充填细砂材料，使外壳内产生的电弧、火焰不能传播的电气设备。

⑦ 无火花型（标志 n)。在正常条件下，不产生电弧或火花，也不能产生引燃周围爆炸性混合物的高温表面或灼热点的电气设备。

⑧ 特殊型（标志 s)。采用其他防爆措施的电气设备。

防爆电气设备的类型、级别、组别在其外壳上有明显的标志。

(3) 电气设备和配电线路的选型　根据生产现场爆炸性物质的分类、分级和分组以及爆炸危险环境的区域范围划分，按国家电气防爆规程和手册的规定，选用和安装相应的防爆电气设备和配电线路的类型，以确保安全运行。

问题讨论

1. 哪些原因会引起电气的火灾爆炸?

2. 防爆电气设备按其结构和防爆性能有哪几类?

三、触电急救

触电事故发生后，必须不失时机地进行急救，尽可能减少损失。触电急救应动作迅速，方法正确，使触电者尽快脱离电源是救治触电者的首要条件。

1. 低压触电

当发现有人在低压（对地电压为 250V 以下）线路触电时可采用下面方法进行急救。

① 触电地点附近有电源开关或插头，可立即拉开电源开关，切断电源。

② 如果远离电源开关，可用有绝缘的电工钳剪断电线，或者带绝缘木把的斧头、刀具砍断电源线。

③ 如果是带电线路断落造成的触电，可利用手边干燥的木棒、竹竿等绝缘物，把电线拨开，或用衣物、绳索、皮带等将触电者拉开，使其脱离电源。

④ 如果触电者的衣物很干燥，且未曾紧缠在身上，可用一手抓住触电者的衣物、拉离电源。但因触电者的身体是带电的，其鞋子的绝缘也可能遭到破坏，救护人员不得接触触电者的皮肤，也不能触摸他的鞋。

2. 高压线路触电

高压线路因电压高，救护人员不能随便去接近触电者，必须慎重采取抢救措施。

① 立即通知有关部门停电。

② 戴上绝缘手套，穿上绝缘靴，用相应电压等级的绝缘工具拉开开关。

③ 抛掷裸金属线使线路短路接地，迫使保护装置动作，断开电源。抛掷金属线前，应注意先将金属线一端可靠接地，然后抛掷另一端，被抛掷的另一端切不可触及触电者和其他人。

3. 现场复苏术

人触电以后，会出现神经麻痹、呼吸中断、心脏停止跳动等征象，外表上呈现昏迷不醒的状态，但不应认为是死亡，而应该看作是“假死状态”。有条件时应立即把触电者送医院急救，若不能马上送到医院应立即就地急救，尽快使心肺复苏。

（1）呼吸复苏术　触电者若停止呼吸，应立即进行人工呼吸。人工呼吸方法有俯卧压背式、振背压胸式和口对口（鼻）式三种。最好采用口对口式人工呼吸法（如图 2-2 所示）。其具体做法是：置触电者于向上仰卧位置，救护者一手托起触电者下颏，尽量使头部后仰，另一手捏紧触电者鼻孔，救护者深吸气后，对触电者吹气，然后松开鼻孔。如此有节律地、均匀地反复进行，每分钟吹气 12～16 次，直至触电者可自行呼吸为止。如果触电者牙关紧闭，可进行口对鼻吹气，做法同上。

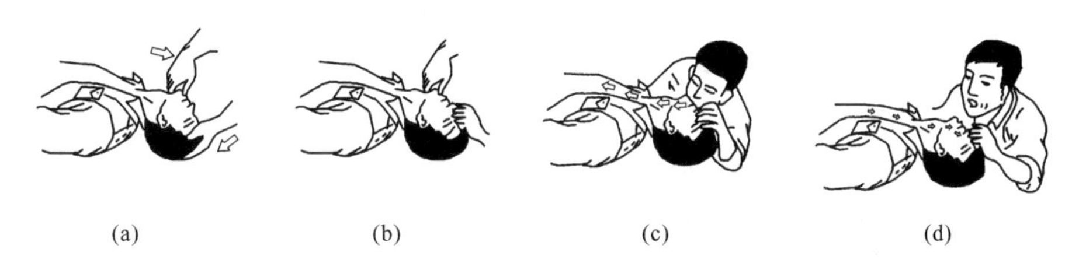

图 2-2　口对口人工呼吸法

（2）心脏复苏术　触电者若心跳停止应立即进行人工心脏复苏，采用胸外心脏按压法（如图 2-3 所示）。其具体做法是：救护者将一手的根部放在触电者胸骨下半段（剑突以上），

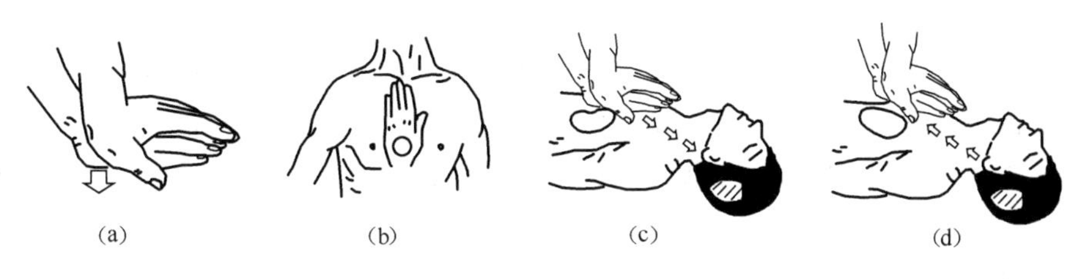

图 2-3　胸外心脏挤压法

另一手掌叠于该手背上，肘关节伸直，借救护者自己身体的重力向下加压。一般使胸骨陷下3～4cm为宜，然后放松。如此反复有节律地进行，每分钟约60～70次，挤压时动作要稳健有力、均匀规则，不可用力过大过猛，以免造成肋骨折断、气血胸和内脏损伤等。

周围有哪些触电危险源？ 一旦触电应如何进行急救？

第二节 防静电安全技术

一、静电产生的物质特性和条件

物质是由分子组成的，分子是由原子组成的，原子则由带正电荷的原子核和带负电荷的电子构成。原子核所带正电荷数与电子所带负电荷数之和为零，因此物质呈电中性。倘若原子由某种原因获得或失去部分电子，则原来的电中性被打破，而使物质显电性。假如所获得电子没有丢失的机会，或丢失的电子得不到补充，就会使该物质长期保持电性，称该物质带上了“静电”。因此，静电是指附着在物体上很难移动的集团电荷。

静电的产生是一个十分复杂的过程，它既由物质本身的特性决定，又与很多外界因素有关。

1. 物质本身的特性

(1) 逸出功　当两种不同固体接触时，其间距达到或小于25×10^{-10}m时，在接触界面上就会产生电子转移，失去电子的带正电，得到电子的带负电。

电子的转移是靠“逸出功”实现的。将一个自由电子由金属内移到金属外所需做的功，就叫做该金属电子的逸出功。两物体相接触时，逸出功较小的一方失去电子带正电，而另一方就获得电子带负电。通过大量试验，按不同物质相互摩擦的带电顺序排出了静电带电序列：(+) 玻璃—头发—尼龙—羊毛—人造纤维—绸布—醋酸人造丝—奥纶—纸浆和滤纸—黑橡胶—维尼纶—耐纶—赛璐珞—玻璃纸—聚苯乙烯—聚四氟乙烯 (−)。

(2) 电阻率　若带电体电阻率高、导电性能差，就使得带电层中的电子移动困难，为静电荷积聚创造了条件。

(3) 介电常数　介电常数亦称电容率，是决定电容的一个因素。介电常数大的物质电阻率低。如果液体相对介电常数大于20，并以连续性存在及接地，一般来说不论是储运还是管道输送，都不大可能积累静电。

2. 外界条件

(1) 摩擦起电　摩擦就是增加物质紧密的接触机会和迅速分离速度，因此能够促进静电的产生。还有如撕裂、剥离、拉伸、搓捻、撞击、挤压、过滤及粉碎等。

(2) 附着带电　某种极性离子或自由电子附着到对地绝缘的物体上，也能使该物质带上静电或改变其带电状况。

(3) 感应起电　在工业生产中，带静电物体能使附近不相连的导体，如金属管道和金属零件表面的不同部位出现正、负电荷即是感应所致。

（4）极化起电　静电非导体置入电场内，其内部或外表均能出现电荷，这种现象叫做极化作用。工业生产中，由于极化作用而使物体产生静电的情况也不少。如带电胶片吸附灰尘、带静电粉料黏附料斗、管道不易脱落等。

此外，环境温度、湿度、物料原带电状态以及物体形态等对物体静电的产生均有一定的影响。

二、物体和人体静电的带电过程

1. 不同物态的静电产生过程

（1）固体的带电　以皮带与皮带轮为例，皮带与皮带轮在未接触时是不带电的。当运转紧密接触时，假设皮带失去电子，皮带轮得电子。在分离时，虽有部分电子回到皮带上，但回去的电子不能全部中和皮带所带的电荷，因而皮带就带有静电向前运转。

（2）粉体的带电　在气流输送粉体的过程中，粉体与管壁发生碰撞和摩擦，粉体颗粒与颗粒彼此也相互撞击，结果使粉体带上静电。

（3）液体的带电　液体物料除了在管边中输送时产生静电外，还有沉降起电、溅泼起电和喷射起电等，它们的基本原理也是“紧密接触，迅速分离”。

（4）气体的带电　不含固体（粉体）或液体成分的气体是不会产生静电的，但几乎所有气体都含有少量固态或液态杂质，因此，在压缩、排放、喷射气体或气化固态气体时，在阀门、喷嘴、放空管或缝隙中流出气体时易产生静电。

2. 人体的带静电

冬天脱毛衣时有静电产生。这是因为人穿的衣服之间长时间地进行接触和分离，互相摩擦而起电，只是由于相关的两件衣服所带的电荷极性相反，在未脱衣服之前人体不显电性，脱去一件之后人体就带电了。将尼龙纤维衣服从毛衣外面脱下时，人体可带10000V以上的负电；手拿抹布抹绝缘桌面，人体也能带电；穿塑料鞋在胶板上走路，鞋底与地面不断紧密接触后又迅速分离，人体就可带2000～3000V负电；穿尼龙羊毛混纺衣服坐在人造革面的椅子上，当站起时人体就会产生近万伏的电压。

人体也可感应带电，在带电微粒空间活动后，带电微粒附着于人体而使人体带电。

三、静电的危害

案例 2-4

某化纤厂有人用汽油清洗尼龙工作服上的污垢，衣服浸入汽油刚一洗，一团烈火就腾空而起，两名员工当场遇难。

某制药厂工人用塑料管在二甲苯桶内抽二甲苯，管头随桶内液面下降而深入桶内，突然一声爆炸声，惊动了全厂，一名正在操作的员工被爆身亡。据分析系管头与液面脱离时产生静电火花，点燃了桶内达到爆炸极限的二甲苯蒸气混合物。

可见“静电”对安全生产已构成严重威胁，给国家财产和人民生命安全造成严重的损失与危害。

在工业生产中，因静电而引起的危害大体有以下几方面。

1. 火灾和爆炸

火灾和爆炸是静电引发的最大危害。在有可燃液体的作业场所（如油料运装等），可能由静电火花引起火灾；在有气体、蒸气爆炸性混合物或有粉尘纤维爆炸性混合物的场所（如氧、乙炔、煤粉、铝粉、面粉等），可能由静电火花引起爆炸。

2. 电击

当人体接近带电体时，或带静电电荷的人体接近接地体时，都可能产生静电电击。由于静电的能量较小，生产过程中产生的静电所引起的电击一般不会直接使人致命，但人体可能因电击导致坠落、摔倒等二次事故。电击还可能使作业人员精神紧张，影响工作。

3. 影响生产

在某些生产过程中，如不消除静电，将会妨碍生产或降低产品质量。例如，静电使粉尘吸附在设备上，影响粉尘的过滤和输送；在聚乙烯的物料输送管道和储罐内常发生物料结块、熔化成团的现象，造成管路堵塞。

四、静电的防护措施

静电一旦具备下列条件就能酿成火灾爆炸的事故：①产生静电电荷；②有足够的电压产生火花放电；③有能引起火花放电的合适间隙；④产生的电火花要有足够的能量；⑤在放电间隙及周围环境中有易燃易爆混合物。

以上五个条件缺一不可，因此只要消除其中之一，就可达到防止静电引起燃烧爆炸危害的目的。

1. 消除静电的基本途径

（1）工艺控制法　工艺控制法就是从工艺流程、设备结构、材料选择和操作管理等方面采取措施，限制静电的产生或控制静电的积累，使之不能到达危险的程度。具体方法有：控制输送速度；对静电的产生区和逸散区采取不同的防静电措施；正确选择设备和管道的材料；合理安排物料的投放顺序；消除产生静电的附加源，如液流的喷溅、冲击、粉尘在料斗内的冲击等。

（2）泄漏导走法　泄漏导走法即是将静电接地，使之与大地连接，消除导体上的静电。这是消除静电最基本的方法。可以利用工艺手段对空气增湿、添加抗静电剂，使带电体的电阻率下降，或规定静置时间和缓冲时间等，使所带的静电荷得以通过接地系统导入大地。

（3）静电中和法　静电中和法是利用静电消除器产生的消除静电所必需的离子来对异性电荷进行中和。此法已被广泛用于生产薄膜、纸、布、粉体等行业的生产中。但是如使用方法不当或失误会使消除静电效果减弱，甚至导致灾害的发生，所以必须掌握静电消除器的特性和使用方法。

2. 人体防静电措施

（1）人体接地　在人体必须接地的场所，工作人员应随时用手接触接地棒，以消除人体所带有的静电。在有静电危害的场所，工作人员应穿戴防静电工作服、鞋和手套，不得穿用化纤衣物。

（2）工作地面导电化　特殊危险场所的工作地方应是导电性的或具备导电条件，这一要求可通过洒水或铺设导电地板来实现。

（3）安全操作　工作中，应尽量不进行可使人体带电的活动，如接近或接触带电体；操作应有条不紊，避免急骤性的动作；在有静电危害的场所，不得携带与工作无关的金属物品，如钥匙、硬币、手表等；合理使用规定的劳动保护用品和工具，不准使用化纤材料制作的拖布或抹布擦洗物体或地面。

问题讨论

试举例说明生产中和生活中常见静电现象，并说明消除静电的基本途径有哪些?

阅读材料

怎样消除人体静电

冬天，北方大部分地区风高物燥，人们常常会碰到“触电”的现象：开门、开窗，甚至握手，都会感到指尖蜂蜇般刺痛，像触电一样；早起梳头，越梳越乱，甚至“怒发冲冠”，令人尴尬；晚上脱衣睡觉，除了听到噼啪的声响外，还伴有弧光，令人惊异万分；一些心脏病人出现心律失常的症状，但无法诊断到器质性病变及诱因等。这一切都是静电在作怪。

如何消除危害人们健康的静电，不妨试一试下面几招。

① 室内空气湿度低于30%时有利于摩擦产生静电，若将湿度提高到45%，静电就难产生了。因此，低湿天气出现时，不妨在家里洒些水，不便弄湿地板的地方，放置一两盆清水，同样可以达到增加室内空气湿度的目的。

② 电视机不能摆放在卧室，因为电视机工作时，荧屏周围会产生静电微粒，这些微粒又大量吸附空中的飘尘，这些带电飘尘对人体及皮肤有不良影响。人们看电视时，同电视机保持2~3m距离，看完之后要洗脸、洗手，消除静电。

③ 对老人、小孩、静电敏感者、查不出病因的心脏病人、神经衰弱和精神病患者等，建议在冬季穿纯棉内衣、内裤，以减少静电对人的不良影响。

④ 勤洗澡、勤换衣服，能有效消除人体表面积聚的静电荷。

⑤ 当头发无法梳理服帖时，将梳子浸在水中，等静电消除之后便可随意梳理了。

⑥ 休息时，不妨赤脚，有利于体表积聚的静电释放。

⑦ 穿旅游鞋容易使身上的静电积蓄。这是因为，旅游鞋的底一般都是绝缘的，身体上的静电无法由脚底排除而积蓄。因此，容易产生静电的人尽量不要穿旅游鞋。

第三节　防雷电安全技术

一、雷电现象

雷电是自然现象。太阳光加热地球，地面湿空气受热上升，或空中不同冷、热气团相遇，凝成水滴或水晶，形成雷云。雷云在运动时互相接近或雷云接近大地时，感应出相反电荷，当电荷积聚到一定程度，就能发生云和云之间以及云和大地之间的放电，出现耀眼的闪光。由于放电过程中，放电通道产生高温使大气急剧膨胀，发出震耳的轰鸣。人们先看到耀眼的闪光，称为闪电；稍后可听到巨大的响声，称为雷鸣。这就是闪电和雷鸣。

二、雷电的危害

根据雷电产生和危险特点的不同，雷电可分为直击雷、感应雷（包括静电感应和电磁感应）和雷电侵入波等。

雷击具有高到数万至数百万伏的冲击电压、电流大到几万甚至几十万安培、时间短到50～100μs的特点。

雷电的危害按其破坏因素有以下几个方面。

1. 电性质破坏

雷电放电产生极高的冲击电压，可击穿电气设备的绝缘，损坏电气设备和线路，造成大规模停电。绝缘损坏会引起短路，导致火灾或爆炸事故。二次反击的放电火花也能够引起火灾和爆炸。绝缘的损坏还为高压窜入低压、设备漏电提供了危险条件，并可能提供严重触电事故。

2. 热性质破坏

强大雷电通过导体时，在极短的时间内转换为大量热能，产生的高温会造成易燃物或金属熔化飞溅，而引起火灾爆炸。

3. 机械性质的破坏

由于热效应使漏电通道中木材纤维缝隙和其他结构中缝隙里的空气剧烈膨胀，并使水分及其他物质分解为气体，因而在雷击物体内部出现强大的机械压力，使被击物体遭受严重破坏或造成爆裂。

总之，雷电能量释放出来时产生极大的破坏力，其破坏作用往往是综合性的，它能导致生产装置、厂房建筑物、设备、管网、储罐区、露天变电所等损坏，导致人身伤亡和财产的重大损失。特别是在具有爆炸危险的场所，雷电还可以使易燃易爆物质燃烧或爆炸，是不可忽视的引爆源，在这些场所对雷电危害的预防更是必须重视的。

三、防雷电措施

1. 防雷装置

一般采用防雷装置来避雷电。一套完整的避雷装置包括接闪器（避雷针、避雷线、避雷网、避雷带）或避雷器以及引下线和接地装置。避雷针主要用来保护露天变电所的配电设备、建筑物、构筑物、石油化工生产装置、储罐区、输油气管网等。避雷线主要用来保护电力线路。避雷网和避雷带主要用来保护建筑物。避雷器主要用来保护电力设备。

（1）接闪器　避雷针、避雷线、避雷网、避雷带以及建筑物的金属层面（正常时能形成爆炸性混合物，电火花会引起强烈爆炸的工业建筑物和构筑物除外）均可作为接闪器。接闪器的作用是把雷电流引向自身，借引下线引入大地，抑制雷击的发生。

（2）引下线　引下线即为接闪器网与接地装置的连接线。一般由金属导体制成，常用的有圆钢、扁钢。引下线应不少于两条，与接地网焊接牢固。

（3）接地装置　接地装置的作用是流散雷电电流，其性能是否符合要求，主要取决于它的流散电阻。流散电阻与接地装置的结构形式和土质等因素有关，其数值通常不应大于10Ω，过大不利于雷电流的流散。防雷装置每年在雷雨季节前应作一次完整性、可靠性和接地电阻值的测试检验和修理。

2. 人体防雷电措施

雷电活动时，由于雷云直接对人体放电，产生对地电压或二次反击放电，都可能对人体造成电击。因此，应注意安全防护。

（1）安全防护措施

① 当有雷电时应避免进入和接近不加保护的小型建筑、仓库和棚舍等；未采取防雷保护的帐篷及临时掩蔽所；非金属车顶或敞篷的汽车；空旷的田野、运动场、游泳池、湖泊和海滨；铁丝网、晾衣绳、架空线路、孤立的树木等。

② 雷雨活动时，应避免使用金属柄的雨伞、推自行车或接触电气设备、电话以及金属管道装置。

③ 雷雨活动时，应尽快躲入采取防雷保护措施的住宅和其他建筑物；地下掩蔽所、地铁、隧道和洞穴；大型金属或金属框架结构建筑物。应寻找低洼地区避开山顶和高地，寻找茂密树林。如果你处于暴露区域，孤立无援，当雷电来临时，你感到头发竖起，这预示将遭雷击，则应立即蹲下，身子向前弯曲，并将手放在膝盖上，切勿在地下躺平，也不得把手放在地上。

（2）雷雨中人们预防雷击注意事项

① 不打手机；

② 不在雨中狂奔；

③ 不在大树下避雨；

④ 不在水边湖边逗留；

⑤ 不在水中嬉戏；

⑥ 不宜在雷雨中打伞。

问题讨论

1. 雷电的危害有哪些？ 在日常生活中遇雷雨天气应注意哪些事项？
2. 避雷针为什么能起到保护物体免受雷击的作用？

本章小结

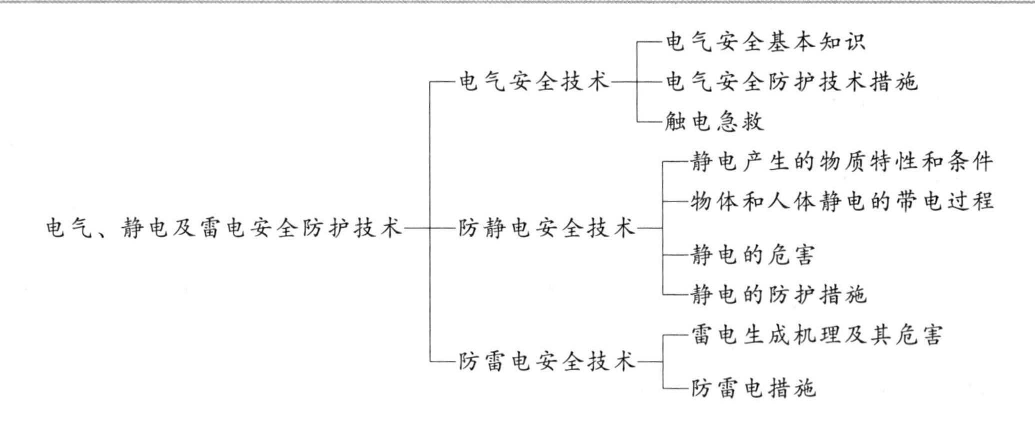

第三章

工业毒物的危害及防护

学习目标

1. 了解毒性物质的分类，熟悉常见毒物的中毒危害。

2. 掌握毒性物质侵入人体的途径。

3. 掌握职业中毒的技术防护措施和个人防护措施；了解一些中毒事故的案例分析。

在化工生产中，其原料、中间产物以及成品大多是有毒有害的物质。由于这些物质在生产过程中形成粉尘、烟雾或气体，如果散发出来便会侵入人体，引起各种不同程度的损害，严重的就成为职业中毒或职业病。

第一节 毒性物质类别与有效剂量

一、毒物概述

有些物质进入机体并累积到一定量后，就会与机体组织和体液发生生物化学作用或生物物理学变化，扰乱或破坏机体的正常生理功能，引起暂时性或持久性的病理状态，甚至危及生命安全，这些物质称为毒物。由毒物侵入人的机体而导致的病理状态称为中毒。工业生产中接触到的毒物主要是化学物质，称为工业毒物。在生产过程中由于接触化学毒物而引起的中毒称为职业中毒。

二、毒物分类

1. 按物理形态分类

(1) 粉尘 是指飘浮于空气中的固体颗粒，直径大于 0.1μm。主要产生于固体物料粉碎、研磨过程。

(2) 烟尘 是指悬浮在空气中的烟状固体微粒，直径小于 0.1μm。主要是生产过程中产生的金属蒸气等在空气中氧化而成。

(3) 雾 是指悬浮于空气中的微小液滴。多由蒸气冷凝或液体喷散而成。如喷漆作业中的含苯漆雾、硫酸雾、盐酸雾等。

(4) 蒸气　是指由液体蒸发或固体升华而形成的气体。前者如苯乙醚、蒸气等，后者如碘、萘、二氯乙烷蒸气等。

(5) 气体　常温常压下呈气态的物质。如氯、一氧化碳、硫化氢、二氧化硫等。

2. 按生物作用分类

(1) 刺激性毒物　此类毒物直接作用于机体组织会引起组织发炎。如酸的蒸气、氯气、氨气、二氧化硫、硫化氢等。

(2) 窒息性毒物　此类毒物会引起窒息或化学性窒息而危及健康。如氮气、氢气、二氧化碳、一氧化碳等。

(3) 麻醉性毒物　此类毒物主要对神经系统有麻醉作用。如芳香族化合物、醇类、醚类、苯胺等。

(4) 溶血性毒物　此类毒物有溶血作用，可引起血红蛋白变性、溶血性贫血。如苯、二甲苯胺、硝基苯胺、二硝基氯化苯、对硝基苯胺、苯肼、邻硝基氯苯等。

(5) 腐蚀性毒物　此类毒物有腐蚀作用，引起呼吸道腐蚀病变。如溴、重铬酸盐、硝酸、五氧化二磷等。

(6) 致敏性毒物　此类毒物有致敏作用，可引起过敏性皮炎、过敏性哮喘。如镍盐、碘蒸气、马来酸酐等。

(7) 致癌性毒物　此类毒物有致癌作用，如蒽、双（氯甲基）醚、联苯胺、氯乙烯、1，2-苯并芘（主要含于煤焦油沥青中）等。

(8) 致畸性毒物　长期接触此类毒物可以引起机体畸形，或作用于母体引起胎儿畸形。如甲基苯、多氯联苯、有机磷农药杀菌等。

(9) 致突变性毒物　此类毒物能引起生物体细胞的遗传信息和遗传物质发生突变，使遗传变异。

(10) 尘肺　尘肺是由于在肺的换气区域发生了小尘粒的沉积以及肺组织对这些沉积物的反应。一般很难在早期发现肺的变化，当X射线检查发现这些变化的时候病情已经较重了。尘肺病患者肺的换气功能下降，在紧张活动时将发生呼吸短促症状，这种作用是不可逆的。能引起尘肺病的物质有石英晶体、石棉、滑石粉、煤粉和铍等。

3. 按化学性质和用途相结合的方法分类，共有八大类。

(1) 金属、类金属及其化合物　毒物元素中最多的一类，如铅、铬、锌等。

(2) 卤素及其无机化合物　如氟、氯、溴、碘等及其化合物。

(3) 强酸和强碱性物质　如硫酸、硝酸、氢氧化钠、碳酸钠等。

(4) 氧、氮、碳的无机化合物　如臭氧、二氧化氮、一氧化碳等。

(5) 窒息性惰性气体　如氦气、氖气、氮气等。

(6) 有机毒物　按化学结构可进一步分为脂肪烃类、芳香烃类、卤代烃、氨基及硝基化合物、醇、醚、醛、酮、酰、酸、腈等。

(7) 农药类　如有机磷、有机氯、有机氮等。

(8) 染料及中间体、合成树脂、橡胶、纤维等。

三、毒物的毒性

毒性是用来表示毒性物质的剂量与毒害作用之间关系的一个概念。

1. 毒性评价指标

研究一种化学物质的毒性时最通用的是剂量-响应关系，以试验动物的死亡作为终点，测定毒物引起动物死亡的剂量或浓度。

剂量通常以 mg/kg（每千克动物体重量需要毒物的毫克数）或 mg/m^2（每平方米动物体表面积需要毒物的毫克数）表示。毒物毒性常用的评价指标有以下几种。

(1) LD_{100} 或 LC_{100}　表示绝对致死量或浓度，即能引起实验动物全部死亡的最小剂量或最低浓度。

(2) LD_{50} 或 LC_{50}　表示半数致死量或浓度，即能引起实验动物的 50% 死亡的剂量或浓度。这是将动物实验所得数据经统计处理而得的。

(3) MLD 或 MLC　表示最小致死剂量或浓度，即能引起实验动物中个别动物死亡的剂量或浓度。

(4) LD_0 或 LC_0　表示最大耐受剂量或浓度，即不能引起实验动物死亡，但全组染毒后动物全部存活的最大剂量或浓度。

2. 分级

在各种评价指标中，常用半数致死量来衡量各种有毒品的急性毒性大小。按照有毒品的半数致死量大小，可将有毒品的急性毒性分为五级，见表 3-1。

表 3-1　化学物质急性毒性分级

毒性分级	大鼠一次经口 LD_{50} /[mg/kg(体重)]	6 只大鼠吸入 4h 死亡 2～4 只的浓度 /(mg/m^3)	兔涂皮时 LD_{50} /[mg/kg(体重)]	对人可能致死量	
				g/kg(体重)	g/60kg(体重总量)
剧毒	<1	<10	<5	<0.05	0.1
高毒	1～	10～	5～	0.05～	3
中等毒	50～	100～	44～	0.5～	30
低毒	500～	1000～	350～	5.0～	250
微毒	5000～	10000～	2180～	>15.0	>1000

问题讨论

1. 举例说明工业毒物按其物理状态可分为哪五大类?
2. 如何衡量和表示工业毒物的毒性?

第二节　毒物进入人体的途径与毒理作用

一、毒物侵入人体的途径

1. 呼吸道

人体肺泡表面积为 90～160m^2，每天吸入空气 12m^3，约 15kg。空气在肺泡内流速慢，接触时间长，同时肺泡壁薄、血液丰富，这些都有利于吸收。所以呼吸道是生产性毒物侵入人体的最重要的途径。在生产环境中，即使空气中有害物质含量较低，每天也将有一定量的毒物通过呼吸道侵入人体。

2. 皮肤

有些毒物可透过无损皮肤通过表皮、毛囊、汗腺导管等途径侵入人体。经皮肤侵入人体的毒物，不先经过肝脏的解毒而直接随血液循环分布于全身。黏膜吸收毒物的能力远比皮肤强。部分粉尘也可通过黏膜侵入人体。

3. 消化道

许多毒物可通过口腔进入消化道而被吸收。此类中毒往往是由于吞咽由呼吸道进入的毒物，或食用被污染的食物而引起的。毒物由小肠吸收，经肝脏解毒，未被解毒的物质进入血液循环。因此，只要不是一次性大量服入，后果都比较轻。

二、毒物在人体内的分布、生物转化及排出

毒物被人体吸收后，人体通过神经、体液的调节将毒性减弱，或将其蓄积于体内，或将其排出体外，以维持人体与外界环境的平衡。

1. 毒物在人体内的分布

毒物被人体吸收后，由于毒物本身的理化特性及体内组织、生化特点，可使毒物相对集中于某些组织或器官中，即表现出毒物对这些组织的“亲和力”或“选择性”。如铅、汞、砷等金属、类金属毒物，主要分布在骨骼、肝、肾、肠、肺等部位；苯、二硫化碳等溶剂类毒物多分布于骨髓、脑髓和脂肪的组织中；脂溶性毒物易与脂肪组织、乳糜粒亲和；碘对甲状腺、汞对肾脏等有特殊亲和力。

2. 毒物在人体内的生物转化

毒物被吸收到体内后会发生一系列化学变化，称为生物转化，也就是毒物在体内的代谢。其代谢过程有：氧化、还原、水解、合成。其中氧化过程最多。

多数毒物经代谢后，其毒性降低，这就是解毒作用。少数毒物代谢过程中毒性反而增大，但经进一步代谢后，仍可失去或降低毒性。

代谢过程主要是在肝脏进行。在其他组织中只有部分的代谢作用。

3. 毒物的排出

进入体内的毒物在转化前和转化后，均可由呼吸道、肾脏及肠道途径排出。

气体及易挥发性毒物主要经呼吸道排出，如在体液中几乎不起变化的苯、汽油及水溶性小的三氯甲烷、乙醚等，均可很快地以原形态经呼吸道排出；水溶性毒物大部分经肾脏排出；重金属及少数生物碱等经肠道排出。

三、职业中毒的类型

在毒物分布较集中的器官和组织中，即使停止接触，仍有该毒物存在。如果继续接触，则该毒物在此器官或组织中的量会继续增加，这就是毒物的蓄积作用。

当蓄积超过一定量时，会表现出慢性中毒的症状。所谓慢性中毒，是指毒物小剂量长期进入人体所引起的中毒。此类毒物绝大多数具有蓄积性。若在较短时间内（3～6个月）有较大剂量毒物进入人体，所产生的中毒称为亚急性中毒；若毒物一次或短时间内大量进入人体，所产生的中毒称为急性中毒。慢性中毒患者，当饮酒、外伤、过劳时，毒物可从蓄积的组织或器官中释放出来，大量进入血液循环，可引起慢性中毒

的急性发作。

四、职业中毒对人体系统器官的损害

1. 急性中毒对人体的危害

（1）对呼吸系统的危害　如刺激性气体、有害蒸气、烟雾和粉尘等毒物，吸入后会引起窒息、呼吸道炎症和肺水肿等病症。

（2）对神经系统的危害　如四乙基铅、有机汞化合物、苯、二硫化碳、环氧乙烷、甲醇及有机磷农药等，作用于人体会引起中毒性脑病、中毒性周围神经炎和神经衰弱证候，出现头晕、头痛、乏力、恶心、呕吐、嗜睡、视力模糊、幻觉障碍、复视、出现植物神经失调以及不同程度的意识障碍、昏迷、抽搐等，甚至出现精神分裂、狂躁、忧郁等症。

（3）对血液系统的危害　如苯、硝基苯、苯肼等，作用于人体可导致白细胞数量变化、高血红蛋白和溶血性贫血。

（4）对泌尿系统的危害　如升汞、四氯化碳等，作用于人体可引起急性肾小球坏死，造成肾损坏。

（5）对循环系统的危害　如锑、砷、有机汞农药、汽油、苯等，均可引起心律失常等心脏病症。

（6）对消化系统的危害　如经口的汞、砷、铅等中毒，均会引起严重恶心、呕吐、腹痛、腹泻等症；硝基苯、三硝基甲苯等会引起中毒性肝炎。

（7）对皮肤的危害　如二硫化碳、苯、硝基苯、萘等，会刺激皮肤，造成皮炎、湿疹、痤疮、毛囊炎、溃疡、皮肤干裂、瘙痒等症。

（8）对眼睛的危害　化学物质接触眼部或飞溅入眼部，可造成色素沉着、过敏反应、刺激炎症、腐蚀灼伤等。

2. 慢性中毒对人体的危害

慢性中毒的毒物作用于人体的速率缓慢，要经过较长的时间才会发生病变，或长期接触少量毒物，毒物在人体内积累到一定程度引起病变。慢性中毒一般潜伏期比较长，发病缓慢，因此容易被忽视。由于慢性中毒病理变化缓慢，往往在短期内很难治愈，因此防止慢性中毒和防止急性中毒一样，是化工生产劳动保护职业中毒管理十分重要的内容。

慢性中毒依不同的毒物的毒性不同，造成的危害也不同。常见的慢性中毒引起的病症有中毒性脑脊髓损坏、神经衰弱、精神障碍、贫血、中毒性肝炎、肾衰、支气管炎、心血管病变、癌症、畸形、基因突变等。

五、常见毒物及其危害

表 3-2 所示为常见有毒物质的接触危害程度及其中毒表现。

表 3-2　常见有毒物质的危害性

物质名称	危害性
氯气	损害上呼吸道及支气管黏膜，引起支气管炎，严重的会引起肺水肿，高浓度吸入可造成心脏停搏，死亡
光气	毒性比氯气大 10 倍。经呼吸道进入，主要危害是干扰细胞正常代谢，导致化学性肺炎和肺水肿，甚至死亡
氮氧化物	损害呼吸系统，在肺泡中与水生成硝酸和亚硝酸，对肺组织产生强烈的刺激和腐蚀，引起肺水肿；进入血液后，引起血压下降，并与血红蛋白作用生成高铁血红蛋白，引起组织缺氧

续表

物质名称	危害性
二氧化硫	被吸入呼吸道，在黏膜表面形成硫酸和亚硫酸，产生强烈刺激和腐蚀作用。大量吸入可引起喉水肿、肺水肿，造成窒息
氨	对上呼吸道有刺激和腐蚀作用，高浓度可引起化学灼伤，损伤呼吸道和肺泡，发生支气管炎、肺炎和肺水肿
一氧化碳	被吸入后，通过肺进入血液，与血红蛋白形成碳氧血红蛋白，造成全身组织缺氧
汞	主要是其蒸气由呼吸道进入。进入人体后与体内的活性酶会发生作用，而使酶失去活性，造成细胞损害，导致中毒，如造成肾小球和近端肾小管损伤
铅	属全身性毒物，可通过消化道和呼吸道进入人体。进入人体后主要是影响血红色素的合成，造成贫血。还可引起血管痉挛、视网膜小动脉痉挛和高血压等。对脑、肝等器官也有损害
苯	主要通过呼吸道进入人体。其危害主要是损害造血系统和神经系统

六、防毒措施

生产过程的密闭化、自动化是解决毒物危害的根本途径。采用无毒、低毒物质代替剧毒物质是从根本上解决毒物危害的首选办法，但不是所有毒物都能找到无毒、低毒的代替物。因此，在生产过程中控制毒物的卫生工程技术措施很重要。

1. 密闭、通风排毒系统

系统由密闭罩、通风管、净化装置和通风机构成。

2. 局部排气罩

就地密闭，就地排出，就地净化，是通风防毒工程的一个重要的技术准则。

排气罩就是实施毒源控制、防止毒物扩散的具体技术装置。按构造分为密闭罩、开口罩两种类型。

3. 排出气体的净化

化工生产中的无害化排放是通风防毒工程必须遵守的重要准则。根据输送介质特性和生产工艺的不同，有害气体的净化方法也有所不同，大致分为洗涤法、吸收法、吸附法、袋滤法、静电法、冷凝法、燃烧法等。

4. 个体防护

凡是接触毒物的作业都应规定有针对性的个人卫生制度，必要时应列入操作规程。如不准在作业场所吸烟、吃东西、班后洗澡，不准将工作服等带回家中等。

属于作业场所的保护用品有防护服装、防尘口罩和防毒面具等。

5. 建立健全规章制度

根据有害物质的生产工艺过程、传播方式、毒害作用等，制定相应的安全卫生规程和操作标准以及严格的检查和消除生产装置上物料的跑、冒、滴、漏等管理制度。

案例 3-1

2004 年，某化工厂发生氯气泄漏并引发爆炸事故，死亡 9 人，15 万当地群众被紧急疏散。事故的主要原因是由于氯气储罐及相关设备陈旧，一台氯冷凝器的列管出现穿孔，造成氯气泄漏，在处置泄漏过程中，由于操作人员违规用机器从氯罐向外抽氯气，导致罐内温度升高，引起爆炸。

问题讨论

1. 急性中毒对人体各系统有何危害?
2. 防止中毒有哪些防毒措施?

阅读材料

“吸烟”与危害

吸烟者吐出的烟雾是一般家庭空气污染的主要原因，吸烟危害健康已是众所周知的事实。香烟点燃时所释放的化学物质有很多种有害物质，其中对人体健康有明显毒害作用的就达 30 多种。例如：苯并芘(强致癌物)、尼古丁、亚硝胺、偶氮杂环化合物、一氧化碳、氮氧化合物、氨、丙烯醛等。这些有害气体对人体的内脏及支气管黏膜的纤毛上皮细胞有严重的损害作用。世界卫生组织公布的资料表明，65 岁以下男性 90%的肺癌死亡、70%的慢性支气管炎和肺气肿的死亡均是由于吸烟所致。据测定，在通风不良的屋子里，吸烟造成的空气污染对人体所造成的危害甚至可达致命的程度。例如，吸烟时致癌物苯并芘的浓度在每立方米空气中可高达 0. 16μg；一氧化碳、尼古丁的浓度居然达到诱发冠心病患者心绞痛发作的水平。可见，吸烟对人体的危害程度相当大，正处在生长发育时期的儿童、青少年应该绝对禁止吸烟。

本章小结

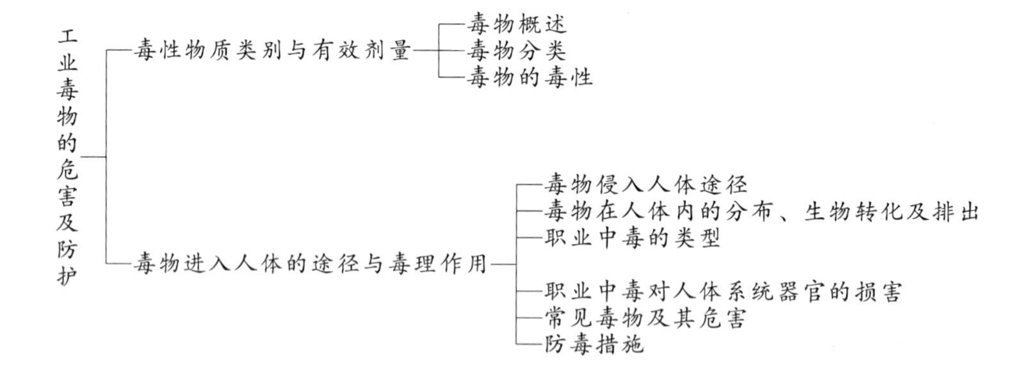

第四章

危险化学品的安全储运

学习目标

1. 理解危险化学品的分类。
2. 了解危险化学品的储存方法。
3. 掌握装卸和运输危险化学品的安全要求。

第一节　危险化学品的基本概念

一、危险化学品

凡具有易燃、易爆、腐蚀与毒害等危险特性，受到外界因素的影响能引起燃烧、爆炸、灼伤、中毒等人身伤亡或财产损失的化学品都属于危险化学品。

二、危险化学品的分类

依据《常用危险化学品的分类及标志》（GB 13690—2009）和《危险货物分类和品名编号》（GB 6944—2012）两个国家标准，化学危险品按其主要危险特性划分为八类。

1. 爆炸品

爆炸品是指在外界作用下（如受热、受压、撞击等），能发生剧烈的化学反应，瞬时产生大量的气体和热量，使周围压力急剧增大，发生爆炸，对周围环境造成破坏的物品。也包括无整体爆炸危险，但具有燃烧、抛射及较小爆炸危险，或仅产生热、光、声响或烟雾等一种或几种作用的烟火物品。

2. 气体

气体是指温度在50℃时，蒸气压力大于300kPa的物质或20℃时在101.3kPa标准压力下完全是气态的物质。

本类包括压缩气体、液化气体、溶解气体和冷冻液化气体、一种或多种气体与一种或多种其他类别物质的蒸气混合、充有气体的物品和气雾剂。本类物品当受热、撞击或强烈震动时，容器内压会急剧增大，致使容器破裂爆炸，或导致气瓶阀门松动漏气，酿成火灾或中毒事故。

3. 易燃液体

易燃液体是指能够放出易燃蒸气的液体、液体混合物或含有处于悬浮状态的固体混合物的液体，但不包括由于其危险特性已列入其他类别的液体。

本类物品按闪点分为以下三类。

（1）低闪点液体　闪点＜－18℃，如汽油、乙醚、丙酮等。

（2）中闪点液体　－18℃≤闪点＜23℃，如无水乙醇、苯、乙酸乙酯及磁漆等。

（3）高闪点液体　23℃≤闪点≤61℃，如二甲苯、正丁醇、松节油等。

易燃液体的特性包括：易挥发性、易流动扩散性、受热膨胀性、带电性、毒害性。

4. 易燃固体、易于自燃的物质、遇水放出易燃气体的物质

易燃固体是指燃点低，对热、撞击、摩擦敏感，易被外部火源点燃，燃烧迅速并可能散发出有毒烟雾或有毒气体的固体。但不包括已列入爆炸品的物品。

易于自燃的物质是指自燃点低，在空气中易发生氧化反应，能放出热量自行燃烧的物品。

遇水放出易燃气体的物质是指遇水或受潮时，发生剧烈化学反应，放出大量的易燃气体和热量的物品，有的不需明火即能燃烧或爆炸。

5. 氧化性物质和有机过氧化物

氧化性物质是指处于高氧化态，具有强氧化性，易于分解并放出氧和热量的物质，包括含有过氧基的无机物。其特点是本身不一定可燃，但能导致可燃物的燃烧，与松软的粉末状可燃物能形成爆炸性混合物，对热、震动或摩擦较敏感。

有机过氧化物是指分子中含有过氧基的有机物。其本身易燃易爆、极易分解，对热、震动或摩擦极为敏感。

6. 毒性物质和感染性物质

毒性物质是指经吞食、吸入或与皮肤接触后可能造成死亡或严重受伤或损害人类健康的物质。

感染性物质是指已知或有理由认为含有病原体的物质。人或动物与泄漏到保护性包装之外的感染性物质实际接触时，可造成健康的人或动物永久性失残、生命危险或致命疾病。

7. 放射性物质

放射性物质是指任何含有放射性核素并且其活度浓度和放射性总活度都超过 GB 11806—2004 放射性物质安全运输规程规定限值的物质。

8. 腐蚀性物质

腐蚀性物质指能灼伤人体组织，并对金属等物品造成损坏的固体或液体。与皮肤接触在4h 内出现可见坏死现象或温度在 55℃时，对 20 号钢的表面均匀腐蚀率超过 6.25mm/a 的固体或液体。

9. 杂项危险物质和物品包括危害环境物质

本类是指存在危险但不能满足其他类别定义的物质和物品，包括以微细粉尘吸入可危害健康的物质、会放出易燃气体的物质、锂电池组、救生设备、一旦发生火灾可生成二噁英的物质和物品、在高温下运输或提交运输的物质（是指在液态温度达到或超过 100℃或固态温度达到或超过 240℃条件下运输的物质）。

危害环境物质包括污染水生环境的液体或固体物质以及这类物质的混合物（如制剂和废物）。

问题讨论

危险化学品按其危险性划分为哪几类?

第二节　危险化学品的包装

一、安全技术要求

危险化学品必须要有严密良好的包装，可以防止危险化学品因接触雨、雪、阳光、潮湿空气和杂质而变质，或发生剧烈的化学反应而造成事故；可以避免和减少危险物品在储运过程中所受的撞击与摩擦，保证安全运输；也可以防止危险化学品泄漏造成事故。因此，对危险化学品的包装，技术上应有严格要求。

（1）根据危险化学品的特性选用包装容器的材质，选择适用的封口的密封方式和密封材料。

（2）根据危险化学品在运输装卸过程中能够经受正常的摩擦、撞击、振动、挤压及受热，设计包装容器的机械强度，选择适用的材料作为容器口和容器外作衬垫、护圈。常用的有橡胶、泡沫塑料等。

二、危险化学品包装容量和分类

1. 包装容量

为便于搬运装卸，危险化学品小包装容量不宜过大。

2. 包装分类与包装性能试验

按包装结构强度和防护性能及内装物的危险程度，将危险品包装分成以下三类。

（1）Ⅰ类包装　货物具有较大危险性，包装强度要求高。

（2）Ⅱ类包装　货物具有中等危险性，包装强度要求较高。

（3）Ⅲ类包装　货物具有的危险性小，包装强度要求一般。

《危险货物运输包装通用技术条件》（GB 12463—2009）规定了危险品包装的四种性能试验方法，即堆码试验、跌落试验、气密试验、液压试验。

三、包装标志

1. 包装储运图示标志

为了保证化学品运输中的安全，《包装储运图示标志》（GB 191—2000）规定了运输包装件上提醒储运人员注意的一些图示符号。见表 4-1，如防雨、防晒、易碎等，供操作人员在装卸时能针对不同情况进行相应的操作。

2. 危险货物包装标志

不同化学品的危险性、危险程度不同，为了使接触者对其危险性一目了然，《危险货物包装标志》(GB 190—90)规定了危险货物图示标志的类别、名称、尺寸和颜色，共有危险品标志图形 21 种、19 个名称（见附录）。

表 4-1 包装储运图示标志

说明	图示标志	说明	图示标志
1. 易碎物品 运输包装件内装易碎品，因此搬运时应小心轻放		2. 禁用手钩 搬运运输包装时禁用手钩	
3. 向上 表明运输包装件的正确位置是竖直向上		4. 怕晒 表明运输包装件不能直接照射	
5. 怕辐射 包装物品一旦受辐射便会完全变质或损坏		6. 怕雨 包装件怕雨淋	
7. 重心 表明一个单元货物的重心	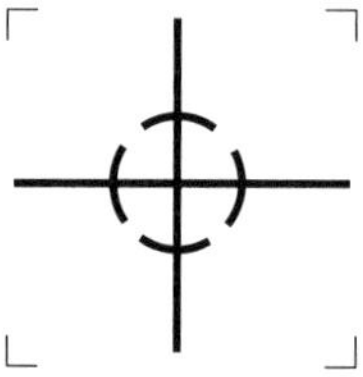	8. 禁止翻滚 不能翻滚运输包装	
9. 此面禁用手推车 搬运货物时此面禁放手推车		10. 堆码层数极限 相同包装的最大堆码层数，n 表示层数极限	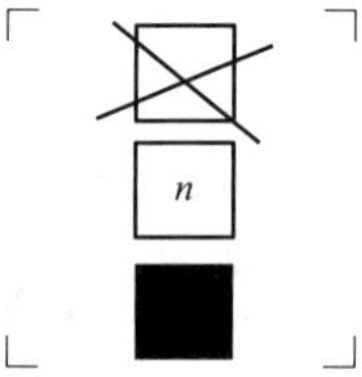 n
11. 堆码重量极限 表明该运输包装件所能承受的最大重量极限	 $-kg_{reask}$	12. 禁止堆码 该包装件不能堆码并且其上也不能放置其他负载	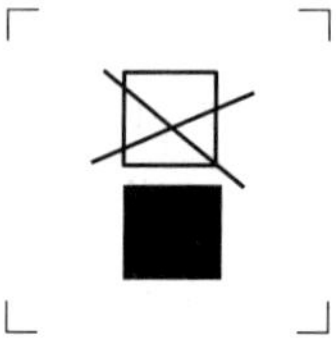

续表

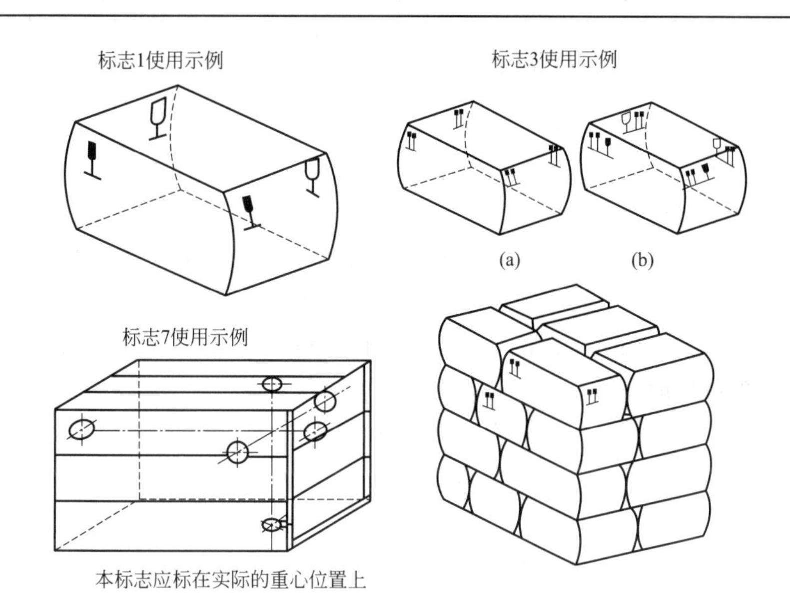

四、危险化学品的安全标签

危险化学品的标签是用文字、图形符号和编码的组合形成表示危险化学品具有的危险性和安全注意事项。在化学品包装上粘贴安全标签，是向化学品接触人员警示其危险性、正确掌握该化学品安全处置方法的良好途径，《化学品安全标签编写规定》（GB 15258—2009）规定了化学品安全标签的内容、制作要求、使用方法及注意事项。本标签随商品流动，一旦发生事故，可从标签上了解到有关处置资料。同时，标签还提供了生产厂家的应急咨询电话，必要时，可通过该电话与生产单位取得联系，得到处理方法。

1. 危险化学品安全标签的内容

（1）化学品和其主要有害组分标识

① 名称　主要用中文和英文分别标明化学品的通用名称。名称要求醒目清晰，位于标签的正下方。

② 化学式　用元素符号和数字表示分子中各原子数，居名称的下方。若有混合物此项可略。

③ 化学成分及组成　标出化学品的主要成分和含有的有害组分含量或浓度。

④ 编号　标明联合国危险货物编号和中国危险货物编号，分别用 UN No. 和 CN No. 表示。

⑤ 标志　标志采用联合国《关于危险货物运输的建议书》和《常用危险化学品的分类及标志》（GB 13690—2009）规定的符号。每种化学品最多可选用两个标志。标志符号居标签右边。

（2）警示词　根据化学品的危险程度和类别，用“危险”、“警告”、“注意”三个词分别进行危害程度的警示，见表 4-2。警示词位于化学品名称的下方，要求醒目、清晰。

表 4-2 警示词与化学品危险性类别的对应关系

警示词	化学品危险性类别
危险	爆炸品 易燃气体 有毒气体 底闪点液体 一级自燃品 剧毒品 一级遇湿易燃物品 一级氧化剂 有机过氧化物 一级酸性腐蚀品
警告	不燃气体 中闪点液体 一级易燃固体 二级自燃物品 二级遇湿易燃物品 二级氧化剂 有毒品 二级酸性腐蚀品
注意	高闪点液体 二级易燃固体 有害品 二级碱性腐蚀品 其他腐蚀品

(3) 危险性概述 简要概述化学品燃烧爆炸危险性、健康危害和环境危害。居警示词下方。

(4) 安全措施 表述化学品在处置、搬运、存储和使用作业中所必须注意的事项和发生意外时简单有效的救护措施等。要求内容简明扼要、重点突出。

(5) 火灾 化学品为易（可）燃或助燃物质，应提示有效的灭火剂和禁用的灭火剂以及灭火注意事项。

(6) 批号 注明生产日期及生产班次。

(7) 安全技术说明书 提示向生产销售企业索取安全技术说明书。

(8) 生产企业信息 生产企业名称、地址、邮编、电话。

(9) 应急咨询电话 填写化学品安全企业的应急咨询电话和国家化学事故应急咨询电话。

如苯酚化学品安全标签，见图 4-1。

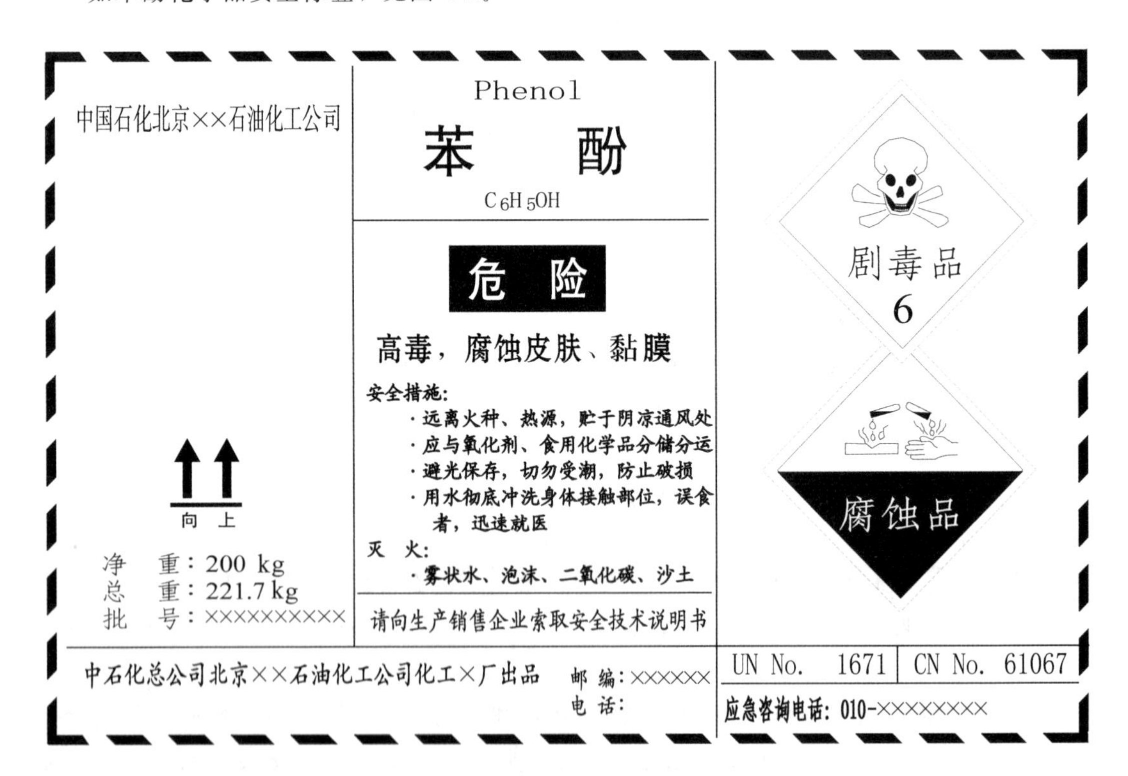

图 4-1 苯酚化学品安全标签

2. 标签使用注意事项

(1) 标签的粘贴、拴挂、喷印应牢固，保证在运输、储存期间不脱落、不损坏。

(2) 标签应有生产企业在货物出厂前粘贴、拴挂、喷印。若要改换包装，则由改换包装单位重新粘贴、拴挂、喷印标签。

(3) 盛装化学品的容器或包装，在经过处理并确认其危害性完全消除之后，方可撕下标签，否则不能撕下相应的标签。

3. 作业场所化学品安全标签

(1) 作业场所安全标签内容组成

① 危险性和个体防护的表示。

② 危险性概述。

③ 特性。

④ 健康危害。

⑤ 应急急救信息。

作业场所 1,1-二氯乙烷安全标签，见图 4-2。

1,1-二氯乙烷 中闪点易燃液体

3
2 0
3

高度易燃，避免人体接触，与明火、高热或氧化剂接触危险！

特　性：
无色带有醚味的油状液体。
熔点(℃):-96.7　蒸气密度:3.42
沸点(℃):57.3　闪点(℃):-10
爆炸极限(%):5.6~16.0
LD_{50}: 725mg/kg(大鼠经口)

最高容许浓度：25mg/m³

健康危害：
有麻醉作用。

急　救：
迅速脱离现场至空气新鲜处，保持呼吸道通畅，脱去被污染的衣着，彻底冲洗接触部位；误食，饮足量温水，催吐，必要时，给输氧或进行人工呼吸，就医。

灭　火：
泡沫、干粉、二氧化碳、砂土。用水灭火无效。

泄漏处理：
切断火源。应急人员戴自给正压式呼吸器，穿防静电服。尽可能切断泄漏源。防止进入下水道、排洪沟等限制性空间。用砂土或其它不燃材料吸附或吸收，也可用不燃性分散剂制成的乳液刷洗，洗液稀释后放入废水系统。

××××××××××××××总公司
××××××××××××××公司 印制 应急咨询电话：XXX-XXXXXX 0532-3889090

图 4-2　作业场所 1,1-二氯乙烷安全标签

(2) 作业场所化学品安全标签信息　作业场所化学品安全标签中，危险性分级标志，见图 4-3。在危险性分级标志中，危险性分级为毒性、燃烧危险性、活性反应危害分别为 0～4 五级，用 0、1、2、3、4 黑色数码表示，并填入各自对应的菱形图案中，数字越大，危险性越大。个体防护分级是根据作业场所的特点和化学品危险性大小，提出九种防护方案。分别用 1～9 九个黑色数码和 11 个示意图形表示，黑色数码填入白色菱形中，示意图置标签的下方，数码越大，防护级别越高。个体防护分级原则见表 4-3。

标签中大菱形内有 4 个小菱形分别用四种颜色表示：

蓝色（左）——毒性；红色（上）——燃烧危险性；黄色（右）——反应活性；白色（下）——个体防护。

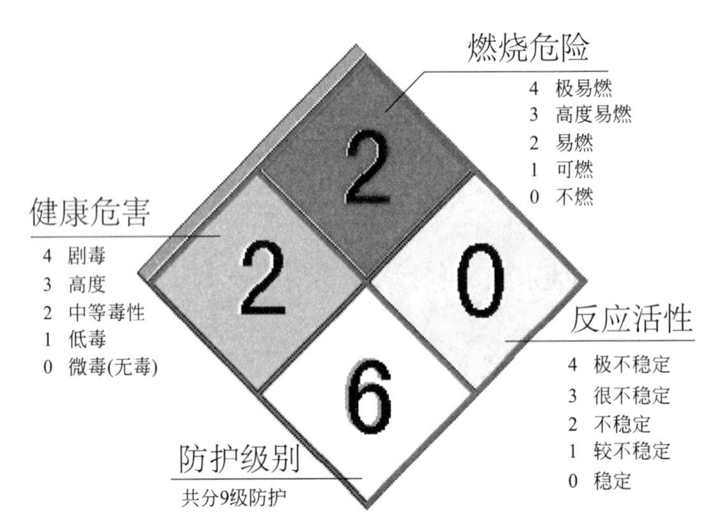

图 4-3 作业场所化学品危险性分级标志

表 4-3 防护级别

级别	防护措施	适用范围
9	全封闭防毒服，特殊防护手套，自给式呼吸器	环境中氧浓度低于18%，所接触毒物为剧毒及毒物浓度较高的场所；强刺激、强腐蚀性的场所
8	防护服，特殊防护手套，自给式呼吸器	环境中氧浓度低于18%，所接触毒物为高毒物或具有窒息性气体的场所
7	防护服，特殊防护手套，全面罩防毒面具	环境中氧浓度高于18%，所接触毒物为高毒物及毒物浓度较高的场所；刺激性和腐蚀性均较强的场所
6	防护服，特殊防护手套，半面罩防毒面具，防护眼镜	环境中氧浓度高于18%，所接触毒物为中等毒物及浓度较高且其刺激性和腐蚀性均较弱的场
5	防护服，特殊防护手套，防尘口罩	环境中氧浓度高于18%，所接触粉尘具低毒性且浓度较低的场所
4	防护服，特殊防护手套，半面罩防护面具	所接触的物质刺激性强、腐蚀性强但具有低毒性的场所
3	防护服，特殊防护手套，半面罩防毒面具	所接触的物质具有低毒性及刺激性、腐蚀性均较弱的场所
2	防护服，特殊防护手套，防护眼镜	所接触的物质刺激性较弱的场所
1	防护服，一般防护手套	所接触的物质微毒、微腐蚀性、无刺激性的场所

（3）作业场所安全标签的使用　作业场所安全标签应在生产、操作处置、储存、使用等场所明显处进行张贴或拴挂；其张贴和拴挂的形式可根据作业场所而定，如可张贴在墙上、装置或容器上，也可单独立牌。

五、危险化学品的安全技术说明书

1. 危险化学品的安全技术说明书的定义

危险化学品安全技术说明书详细描述了化学品的燃爆、毒性和环境危害，给出了安全防护、急救措施、安全储运、泄漏应急处理、法规等方面信息，是了解化学品安全卫生信息的综合性资料。主要用途是在化学品的生产企业与经营单位和用户之间建立一套信息网络。

危险化学品的安全技术说明书国际上称作化学品安全信息卡，简称 MSDS 或 CSDS。

2. 危险化学品的安全技术说明书的主要作用

（1）是化学品安全生产、安全流通、安全使用的指导性文件。

（2）是应急作业人员进行应急作业时的技术指南。

（3）为制定危险化学品安全操作规程提供技术信息。

（4）是企业进行安全教育的重要内容。

3. 危险化学品的安全技术说明书的内容

危险化学品的安全技术说明书包括以下16个部分的内容。

（1）危险化学品及企业标识　主要标明化学品名称、生产企业名称、地址、邮编、电话、应急电话、传真等信息。

（2）成分/组分信息　标明该化学品是纯化学品还是混合物，如果其中含有有害性组分，则应给出化学文摘索引登记号（CAS号）。

（3）危险性概述　简述本化学品最重要的危害和效应，主要包括：危险类别、侵入途径、健康危害、环境危害、燃爆危险等信息。

（4）急救措施　主要是指作业人员受到意外伤害时，所需采取的现场自救或互救的简要处理方法，包括眼睛接触、皮肤接触、吸入、食入的急救措施。

（5）消防措施　主要表示化学品的物理和化学特殊危险性，合适灭火介质，不合适的灭火介质以及消防人员个体防护等方面的信息，包括危险特性、灭火介质和方法，灭火注意事项等。

（6）泄漏应急处理　指化学品泄漏后现场可采用的简单有效的应急措施和消除方法，包括应急行动、应急人员防护、环保措施、消除方法等内容。

（7）操作处理与存储　主要是指化学品操作处理和安全存储方面的信息资料，包括操作处置作业中的安全注意事项、安全储存条件和注意事项。

（8）接触控制/个体防护　主要指为保护作业人员免受化学品危害而采用的防护方法和手段，包括最高允许浓度、工程控制、呼吸系统防护、眼睛防护、身体防护、手防护、其他防护要求。

（9）理化特性　主要描述化学品的外观及主要理化性质。

（10）稳定性和反应性　主要叙述化学品的稳定性和反应活性方面的信息。

（11）生态学资料　主要叙述化学品的环境生态效应、行为和转归。

（12）毒理学资料　主要是指化学品的毒性、刺激性、致癌性等。

（13）废弃处理　包括危险化学品的安全处理方法和注意事项。

（14）运输信息　主要是指国内、国际化学品包装、运输的要求及规定的分类和编号。

（15）法规信息　主要指化学品管理方面的法律条款和标准。

（16）其他信息　主要提供其他对安全有重要意义的信息，如填表时间、数据审核单位等。

4. 使用要求

（1）安全技术说明书由化学品的生产供应企业编印，在交付商品时提供给用户，作为用户的一种服务，随商品在市场上流通。

（2）危险化学品的用户在接收使用化学品时，要认真阅读安全技术说明书，了解和掌握其危险性。

（3）根据危险化学品的危险性，结合使用情形，制定安全操作规程，培训作业人员。

（4）按照安全技术说明书制订安全防护措施。

（5）按照安全技术说明书制订急救措施。

(6) 安全技术说明书的内容，每五年更新一次。

第三节 危险化学品的储存

危险化学品仓库是易燃、易爆和有毒害物品储存的场所。库址必须选择适当，布局合理。建筑条件应符合《建筑设计防火规范》(GB 50016—2014) 的要求，并进行科学管理，确保储存和保管的安全。

一、分类储存

危险化学品的储存应根据危险化学品品种特性，严格按照表4-4的规定分类储存。

表4-4 危险化学品分类储存原则

组别	物质名称	储存原则	附注
一	爆炸性物质，如叠氮化铅、雷汞、三硝基甲苯、硝铵炸药等	不准和其他类物品同储，必须单独储存	
二	易燃和可燃液体，如汽油、苯、丙酮、乙醇、乙醚、松节油等	避热储存，不准与氧化剂及有氧化性的酸类混合储存	
三	压缩气体和液化气体、易燃气体，如氢气、甲烷、乙烯、乙炔、一氧化碳等	除不燃气体外，不准和其他类物品同储	
	不燃气体，如氮气、二氧化碳、氩、氖等	除助燃气体、氧化剂外，不准和其他类物品同储	
	有毒气体，如氯气、二氧化硫、氨气、氰化氢等	除不燃气体外，不准和其他类物品同储	经常检查有否漏气情况
四	遇水或空气能自燃物品，如钾、钠、黄磷、锌粉、铝粉、碳化钙等	不准和其他类物品同储	钾、钠必须浸入煤油或石蜡中储存，黄磷浸入水中储存
五	易燃固体，如红磷、萘、硫黄、三硝基苯等	不准和其他类物品同储	
六	能形成爆炸混合物的氧化剂，如氯酸钾、硝酸钾、次氯酸钙、过氧化钠等； 能引起燃烧的氧化剂，如溴、硝酸、硫酸、高锰酸钾等	除惰性气体外，不准和其他类物品同储	各种氧化剂亦不可任意混储
七	有毒物品，如氰化钾、三氧化二砷、氯化汞等	不准和其他类物品同储，储存在阴凉、通风、干燥的场所，不要露天存放，不要接近酸类物质	
八	腐蚀性物品，如硝酸、硫酸、氢氧化钠、硫化钠、苯酚钠等	严禁与液化气体和其他类物品同储，包装必须严密，不允许泄漏	

危险物品的储存必须严格执行以下几点：

(1) 放射性物品不能与其他危险物品同库储存；

(2) 炸药不能与起爆器材同库储存；

(3) 仓库已储存炸药或起爆器材，在未搬出清库前不能再搬进与储存规格不同的炸药或起爆器材同库储存；

(4) 炸药不能和爆炸性药品同库储存；

(5) 各类危险品不得与禁忌物料混合储存，灭火方法不同的危险化学品不能同库储存；

(6) 所有爆炸物品都不能与酸、碱、盐类、活泼金属和氧化剂等存放在一起；

(7) 遇水燃烧、易燃、易爆及液化气体等危险物品不能在露天场地储存。

二、专用仓库

1. 专用仓库

危险化学品必须储存在专用仓库或专用槽罐区域内，且不能超过规定储存的数量，并应与生产车间、居民区、交通要道、输电和电信线路留有适当的安全距离。

2. 专用仓库的修建

危险化学品专用仓库的修建应符合有关安全、防火规定，并应根据物品的种类、性质设置相应的通风、防爆、泄压、防害、防静电、防晒、调温、防护围堤、防火灭火和通信报警信号等安全设施。

三、专用仓库的管理

危险物品专用仓库应设专人管理，要建立健全仓库物品出入库验收发放管理制度，特别是对剧毒、炸药、放射性物品的仓库，应严格地规定两人收发、两人记账、两人两锁、两人运输装卸、两人领用的相互配合监督安全的管理制；建立库区内防火制度，配备防火设施，并严禁在库区内使用明火及带进打火机、禁止吸烟、进出人员不能穿易产生静电火花的衣物和带铁钉的鞋底，进入库区的机动车辆必须装有防火灭火的安全设施，库区内外设有明显的禁止动火的标志和标语，以警告群众周知；仓库应配备一定的安全防护用品和器具，供保管人员使用、进出人员临时借用；建立专用库区的安全检查和报告制度，及时消除隐患，以保安全。

案例 4-1

1993 年 8 月，某公司一危险化学品仓库发生特大爆炸事故，死亡 15 人，重伤 34 人，轻伤 107 人，直接经济损失达 2.5 亿元。

事故的主要原因是：该公司违规将清水河仓库改做危险化学品仓库，且仓库内危险化学品存放严重违反危险化学品储存安全要求。干杂仓库 4 号仓内混存的氧化剂与还原剂接触是事故的直接原因。深圳市清水河事件是一起严重的责任事故，造成了极大的不良影响，教训极为深刻。

案例 4-2

1999 年 6 月，某精细化工有限公司装有化学危险品的原料仓库发生特大火灾，$800m^2$ 的简易原料仓库被烧掉一半，烧毁化工原料 51 种，直接财产损失 238 万元。14 名消防官兵、5 名企业专职消防队员在灭火时中毒。

事故的主要原因是：仓库内存放有氯丙烯、丙烯腈、冰醋酸、亚硝酸钠等危险物品，且相互混存，没有防火分隔，存在部分化学性质相抵触的物品发生过渗漏、散落的事实。起火原因系氯丙烯、丙烯腈等有机易燃物质与重铬酸钠、亚硝酸钠等无机氧化剂混合接触发生分解、放热、聚合等化学反应引起自燃着火成灾。

问题讨论

危险化学品储存的基本安全要求是什么?

第四节　危险化学品装卸和运输

根据危险化学品的种类和性质，要科学的安排装卸和运输，必须按照我国危险货物运输管理法规要求，组织管理工作，要做到：三定，即定人、定车和定点；三落实，即发货、装卸货物和提货工作要落实。装卸运输危险化学品应做好以下安全工作。

一、装卸场地和运输设备

（1）危险化学品的发货、中转和到货，都应在远离市区的指定专用车站或码头装卸货物。

（2）危险化学品的运输设备，要根据危险物品的类别和性质合理选用车、船等。

（3）装运危险化学品的车、船、装卸工具，必须符合防火防爆规定，并装设相应的防火、防爆、防毒、防水、防晒等设施，并配备相应的消防器具和防毒器具。

（4）危险化学品的装卸场地和运输设备（车、船等），在危险物品装卸前后都要进行清扫或清洗，扫出的垃圾和残渣应放入专用器内，以便统一安全处理。

二、装卸和运输

（1）装运危险化学品应遵守危险货物配装规定，性质相抵触的物品不能一同混装。

（2）装卸危险化学品，必须轻拿轻放，防止撞击、摩擦和倾斜，不得损坏包装容器，包装外的标志要保持完好。

（3）装运危险化学品的车辆，应按指定的专人开车、指定的运输路线、指定的行驶速度运送货物。

（4）装运危险化学品的车船，不宜经过繁华市区道路上行驶和停车，不能在行驶途中随意装上其他货物或卸下危险品。停运时应保持装运危险物品的车船与其他车船、明火场所、高压电线、仓库和居民密集的区域保持一定的安全距离。严禁滑车和强行超车。

案例 4-3

1987 年 6 月，某集市发生一起液氨汽车槽车爆炸事件，死亡 10 人，伤 62 人，87 人中毒。

事故的主要原因是：某化肥厂外借来一台氨罐，去邻县化肥厂购买液氨，返回时路经该集市，由于液氨罐质量较差，在颠簸中导致焊缝开裂，液氨泄漏。加之本次运输违反了国家有关液化气体槽车规范，行车路线和时间均未向公安部门申请，结果酿成大祸。

三、人员培训和安全要求

（1）危险化学品的装卸和运输工作，应选派责任心强、经过安全防护技能培训的人员承担。

（2）装运危险化学品的车船上，应有装运危险物的警示标志，见图 4-4。

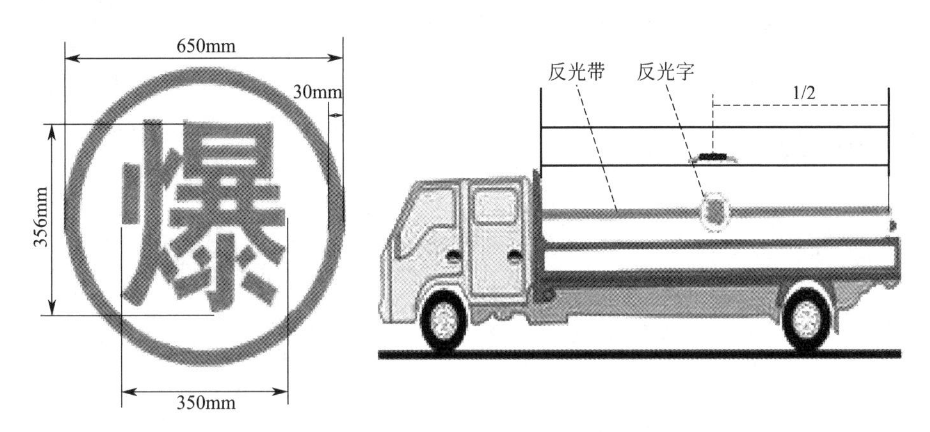

图 4-4　危险化学品运输过程中要有危险标志

（3）装卸危险化学品的人员，应按规定穿戴相应的劳动保护用品。

（4）运送爆炸、剧毒和放射性物品时，应按照公安部门规定指派押运人员。

四、危险化学品的使用和报废处理

1. 危险化学品的使用

（1）危险化学品特别是爆炸、剧毒、放射性物品的使用单位，必须按规定申报使用量和相应的防护措施，限期使用完，剩余量按退库保管。

（2）剧毒、放射性物品使用场所和领用人员，必须配备、穿戴特殊的个人防护器材，工作完更换防护器材，才能离开作业场所。

（3）严禁使用剧毒物品的人员直接用手触摸剧毒物品，不能在放置剧毒物品场所饮食，以防中毒，并应在保存、使用剧毒物品场所配备一定数量的解毒药品，以备急救使用。

2. 危险化学品的报废处理

（1）爆炸、剧毒和放射性物品废弃物的报废处理，由使用单位提出报废申请，制定周密的安全保障措施，送当地有关管理部门批准后，在安全、公安人员的监督下进行报废处理。

（2）危险化学品的包装箱、纸袋、木桶以及仓库、车船上清扫的垃圾和废渣等，使用单位应严格管理、回收、登记造表、申请报废，经过上级主管职能单位批准，在安全技术人员和公安人员的监护下，进行安全销毁。

（3）铁制及塑料等包装容器经过清洗或消毒合格后，可以再用或改用。

（4）企业生产使用的设备、管道及金属容器含有危险物品的必须经过清洗或惰性气体置换处理合格后，方可报废拆卸，按废金属材料回收。

（5）化工企业生产中剩余的农药、电石、腐蚀物、易燃固体和清扫储存的有毒废物废渣，应严加管理，进行安全处理，不能随同一般垃圾废物运出厂外堆置，以防污染环境，危害人民。

问题讨论

危险化学品的装卸和运输中的安全要求有哪些?

本章小结

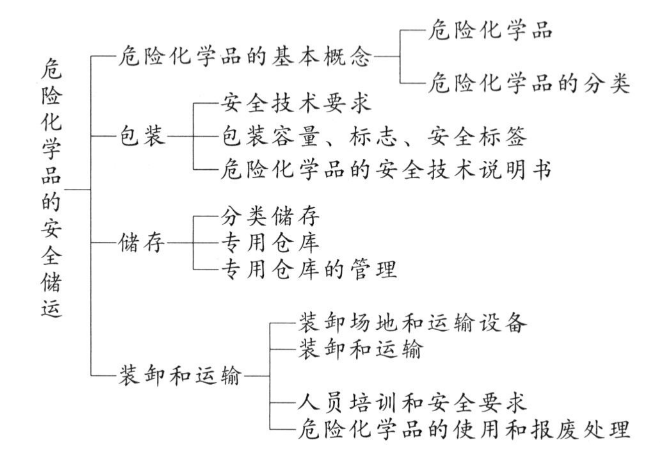

第五章
劳动保护技术常识

学习目标

1. 了解灼伤的分类，掌握灼伤的预防。
2. 了解噪声的危害，掌握噪声防护措施。
3. 了解电磁辐射的危害。
4. 掌握基本的防护器具使用。

劳动保护是指对从事生产劳动的生产者在生产过程中的生命安全与身体健康的保护。化工生产中存在许多威胁职工健康、使劳动者发生慢性病变或职业中毒的因素，因此在生产过程中必须加强劳动保护。从事化工生产的企业职工应该掌握相关的劳动保护基本知识，采取措施或减少职工在生产中受到伤害。

第一节　化学灼伤及其防护

一、灼伤及其分类

身体受热源、冷源或化学物质的作用，引起局部组织损伤，并进一步导致病理和生理变化的过程称为灼伤。按发生原因的不同分为化学灼伤、热力灼伤和复合性灼伤。

1. 化学灼伤

由于化学物质直接接触皮肤所造成的损伤，称为化学灼伤。化学物质与皮肤或黏膜接触后产生化学反应并具有渗透性，对组织细胞产生吸水、溶解组织蛋白质和皂化脂肪组织的作用，从而破坏细胞组织的生理机能而使皮肤组织受伤。

2. 热力灼伤

由于接触炽热物体、火焰、高温表面、过热蒸气等造成的损伤称为热力灼伤。此外，由于液化气体、干冰等接触皮肤后会迅速气化或升华，同时吸收大量热量，以致引起皮肤表面冻伤，这种情况称为冷冻灼伤，归属于热力灼伤。

3. 复合性灼伤

由化学灼伤和热力灼伤同时造成的伤害，或化学灼伤兼有中毒反应等都属于复合性灼伤。如磷落在皮肤上引起的灼伤，既有磷燃烧生成的磷酸造成的化学灼伤，同时还有磷由皮肤侵入导致的中毒。

二、化学灼伤的预防措施

化学灼伤常常是伴随生产中的事故或由于设备发生腐蚀、开裂、泄漏等造成的，它与安全管理、操作、工艺和设备等因素有密切关系。因此，为避免发生化学灼伤，必须采取综合性管理和技术措施，防患于未然。

1. 采取有效的防腐蚀措施

在化工生产过程中，由于强腐蚀介质的作用及生产过程中高温、高压、高流速等条件对设备管道会造成腐蚀，因此加强防腐，杜绝“跑、冒、滴、漏”是预防灼伤的重要措施之一。

2. 改革工艺和设备结构

使用具有化学灼伤危险物质的生产场所，在工艺设计时就应该预先考虑到防止物料喷溅的合理流程、设备布局、材质选择及必要的控制和防护装置。

3. 加强安全性预测检查

使用先进的探测探伤仪器等定期对设备管道进行检查，及时发现并正确判断设备腐蚀损伤部位与损坏程度，以便及时消除隐患。

4. 加强安全防护措施

加强安全防护措施，如储槽敞开部分应高于地面 1m 以上，如低于 1m 时，应在其周围设置护栏并加盖，防止操作人员不小心跌入；禁止将危险液体盛入非专用和没有标志的容器内；搬运酸、碱槽时，要两人抬，不得单人背运等。

5. 加强个人防护

在处理有灼伤危险的物质时，必须穿戴工作服和防护用具，如护目镜、面具或面罩、手套、毛巾、工作帽等。

三、化学灼伤的现场急救

化学灼伤的程度与化学物质的性质、接触时间、接触部位等有关。化学物质的性质越活泼，接触时间越长，受损程度越深。因此当化学物质接触人体组织时，应迅速脱去衣服，立即使用大量清水冲洗创面，冲洗时间不得少于 15min，以利于渗入毛孔或黏膜的物质被清洗出去。清洗时要遍及各受害部位，尤其要注意眼、耳、鼻、口腔等处。对眼睛的冲洗一般用生理盐水或清洁的自来水，冲洗时水流不宜正对角膜方向，不要搓揉眼睛，也可将面部浸在清洁的水盆里，用手撑开上下眼皮，用力睁大眼睛，头在水中左右摆动。其他部位的灼伤，要先用大量水冲洗，然后用中和剂洗涤或温敷，用中和剂时间不宜过长，并且必须再用清水冲洗掉。完成冲洗后，应将人员及时送医院，由医生进行诊治。表 5-1 列出的是常见化学灼伤的急救处理方法。

表 5-1 化学灼伤的急救处理方法

灼伤物质名称	急救处理方法
碱类，如氢氧化钠、氢氧化钾、碳酸钠、碳酸钾、氧化钙等	立即用大量清水冲洗，然后用 2%醋酸溶液洗涤中和，也可以用 2%的硼酸水湿敷。氧化钙灼伤时，可以用植物油洗涤

续表

灼伤物质名称	急救处理方法
酸类，如硫酸、盐酸、高氯酸、磷酸、蚁酸、草酸、苦味酸等	立即用大量清水冲洗，然后用5%碳酸氢钠（小苏打）溶液洗涤中和，再用净水冲洗
碱金属、氰化物、氢氰酸	立即用大量清水冲洗，然后用0.1%高锰酸钾溶液冲洗，再用5%硫化铵溶液冲洗，最后用净水冲洗
溴	立即用大量清水冲洗，再用10%硫代硫酸钠溶液冲洗，然后涂5%碳酸氢钠（小苏打）糊剂或用1体积碳酸氢钠（25%）+1体积松节油+10体积酒精（95%）的混合液处理
铬酸	立即用大量清水冲洗，然后用5%硫代硫酸钠溶液或1%硫酸钠溶液冲洗。没有条件时，也可先用大量清水冲洗，然后用肥皂水彻底清洗
氢氟酸	立即用大量清水冲洗，直至伤处表面发红，再用5%碳酸氢钠（小苏打）溶液洗涤，然后涂上甘油与氧化镁（2∶1）悬浮剂，或调上黄金散，再用消毒纱布包扎好。也可以用大量清水冲洗后，将灼伤部位浸泡于冰冷的酒精（70%）中1～4h或在两层纱布中夹冰冷敷，然后用氧化甘油镁软膏或维生素A和维生素D混合软膏涂敷
黄磷	如有磷颗粒附着在皮肤上，应将局部浸入水中，用刷子清除，不可将创面暴露在空气中或用油脂涂抹；然后用3%的硫酸铜溶液冲洗15min，再用5%碳酸氢钠（小苏打）溶液洗涤，最后用生理盐水湿敷，用纱布包扎
苯	用大量清水冲洗，再用肥皂水彻底清洗
苯酚	用大量清水冲洗，再用4体积酒精（7%）与1体积氯化铁（0.333mol/L）混合液洗涤，再用5%碳酸氢钠（小苏打）溶液湿敷
硝酸银	用大量清水冲洗，再用肥皂水彻底清洗
焦油、沥青（热灼伤）	用沾有乙醚或二甲苯的棉花消除粘在皮肤上的焦油或沥青，然后涂上羊毛脂

问题讨论

皮肤或眼睛被化学物质灼伤后应如何急救？

第二节　噪声的危害与预防

一、噪声及其危害

1. 噪声

噪声是指人们在生产和生活中一切令人不愉快或不需要的声音。

噪声通常是由不同振幅和频率组成的不协调的嘈杂声。当噪声达到一定强度时，对人们的身体健康还会带来一定的危害。

2. 声音的物理量度

声音的物理量度主要是音调的高低和声响的强弱。频率是音调高低的客观量度，而声压、声强、声功率和响度则反映出声响的强弱。

（1）声频　声频是指声源振动的频率，人耳可听到的声频范围在20～20000Hz之间，低于 20Hz 的声音为次声，超过 20000Hz 的声音为超声，次声和超声人耳都听不到。一般语言声频在 250～3000Hz 之间。

（2）声压和声压级　由声波引起的大气压强的变化量为声压，单位是 Pa。正常人耳刚能听到的声音的声压为 2×10^{-5} Pa，称为听阈声压，震耳欲聋的声音的声压为 20Pa，称为痛阈声压，后者与前者之比为 10^6，两者相差百万倍。在这么大的声压范围内，用声压值来表示声音的强弱极不方便，于是引出了声压级的量来衡量。以听阈声压为基准声压，实测声压与基准声压之比平方的对数，称为声压级，单位是 B（贝尔），通常以其值的 1/10 即 dB（分贝）作为度量单位。声压级 L_p 的计算公式为：

$$L_p=10\lg\left(\frac{p}{p_0}\right)^2\ (\mathrm{dB})$$

式中　p——实测声压，Pa；

p_0——基准声压，即 1000Hz 纯音的听阈声压，为 2×10^{-5} Pa。

（3）响度　响度是人耳对外界声音强弱的主观感觉。通常是声压大，音响感强；频率高，感觉音调高。当声压相同频率不同时，音响感也不同。因此仅用声压级是不能完全准确地表示响度的大小。人耳具有对高频敏感、对低频不敏感这一特性，于是在用声压和频率这两个因素时以 1000Hz 纯音为基础，定出不同频率声音的主观音响感觉量，这称为响度级，单位是 Phon（方）。

在声学测量仪中，设置 A、B、C、D 四个计权网络，对接受的声音按其频率有不同的衰减。C 网络是在整个可听频率范围内，有近乎平直的响应，对可听声的所有频率都基本不衰减，一般可代表总声压级。B 网络是模仿人耳对 70Phon 纯音的响应，对 500Hz 以下的低频段有一定的衰减。A 网络是模仿人耳对 40Phon 纯音的响应，对低频段有较大的衰减，而对高频段则敏感，这正好与人耳对噪声的感觉一样。因此在噪声测量中，就用 A 网络测得的声压级表示噪声的大小，称为 A 声级，表示方法为 dB(A)。

3. 化工企业的噪声种类

化工企业的噪声主要有以下五类。

（1）机泵噪声　包括电机本身的电磁振动发出的电磁性噪声、电机尾部风扇的空气动力性噪声及机械噪声。一般有 83～105dB。

（2）压缩机噪声　包括主机的气体动力噪声和辅机的机械噪声。一般有 84～102dB（A）。

（3）加热炉噪声　主要是燃气喷嘴喷射燃气时与周围空气摩擦产生的噪声，燃料在炉膛内燃烧产生的压力波激发周围气体产生的噪声。一般有 101～106dB（A）。

（4）风机噪声　由风扇转动产生的空气动力噪声、机械传动噪声、电机噪声。一般有 82～101dB（A）。

（5）排气防空噪声　主要是由带压气体高速冲击排气管产生的气体动力噪声及突然降压引起周围气体扰动发出的噪声。最高可达 150dB（A）。

4. 噪声的危害

噪声对人的心理和生理健康都会造成不良的影响，已成为城市和工业生产中的普遍公害。

（1）损害听觉　人身习惯于 70～80dB（A）的声音。日常生活中，各种声音的强度在

75dB（A）以下时，听觉不会受到损伤。但在化工生产中，某些噪声的强度远大于此值。长年累月在强噪声下工作，日积月累，内耳器官发生器质性病变，导致噪声性耳聋。在170dB以上高强度噪声冲击下，强大的声压和冲击波作用于耳鼓膜，使耳鼓内外形成很大的压差，致使耳鼓膜破裂出血，完全失去听力，成为爆震性耳聋。

（2）损害健康　噪声对人的神经系统、心血管系统、消化系统和视觉器官等都会产生危害，能使人的大脑皮层兴奋和抑制失去平衡，导致条件反射异常，从而产生头痛、头晕、眩晕、耳鸣、多梦、失眠、心慌、恶心、记忆力减退和全身乏力；能使人心跳加快、心律不齐、血压波动等现象；长期接触噪声，会使人消化功能紊乱，造成消化不良、食欲不振、体质无力等现象；还会引起视力减退、眼花等症状。

（3）影响工作效率　在噪声刺激下，工作人员的注意力不易集中，大脑思维和语言传递等都会受到干扰，工作时容易出现差错。

二、噪声污染控制预防措施

1. 噪声允许标准

《工业企业设计卫生标准》（GBZ 1—2002）规定了工业企业工作场所噪声声级的卫生限值，见表5-2。

表5-2　工作场所噪声声级的卫生限值（新建、扩建、改建企业）

日接触噪声时间/h	卫生限值/dB(A)	日接触噪声时间/h	卫生限值/dB(A)
8	85	2	91
4	88	1	94

注：最高不得超过115dB（A）。

2. 噪声的预防措施

（1）消除或降低声源噪声　用无声或低噪声的工艺和设备代替高噪声的工艺和设备，用无声的焊接代替高噪声的铆接，用无声液压代替高噪声的锤打等。

（2）控制噪声的传播　在噪声的传播途径中采用隔声、吸声、消声、减振、阻尼等方法是控制噪声的有效措施。如把鼓风机、空压机、球磨机放在隔声罩内；将操作者与噪声隔离；安装消声器也是一个办法，如在压力下排放气体的管边上安装消音器等。

（3）个体防护　主要措施有佩戴防声耳塞或耳罩、在耳道内塞防声棉等防护用具，以阻止强烈的噪声进入耳道内造成伤害。

问题讨论

噪声对人体的危害及其防护措施有哪些?

第三节　辐射的危害与防护

一、辐射线的种类

随着科学技术的进步，在工业中越来越多地接触和应用各种电磁辐射能和原子能。由电磁波和放射性物质所产生的辐射，根据其对原子或分子是否形成电离效应而分成两大类，即电离辐射和非电离辐射。

不能引起原子或分子电离的辐射称为非电离辐射。如紫外线、红外线、射频电磁波、微波等，都是非电离辐射。

电离辐射是指能引起原子或分子电离的辐射。如α粒子、β粒子、X射线、γ射线、中子射线的辐射，都是电离辐射。

1. 紫外线

紫外线在电磁波谱中介于X射线和可见光之间的频带。波长为$7.6\times10^{-9}\sim4.0\times10^{-7}$m。自然界中的紫外线主要来自太阳辐射、火焰和炽热的物体。凡物体温度达到1200℃以上时，辐射光谱中即可出现紫外线。

2. 射频电磁波

任何交流电路都能向周围空间放射电磁能，形成有一定强度的电磁波。交变电磁场以一定速度在空间传播的过程，称为电磁辐射。当交变电磁场的变化频率达到100kHz以上时，称为射频电磁波。射频电磁辐射包括$1.0\times10^{2}\sim3.0\times10^{7}$kHz的宽广频带。射频电磁波按其频率大小分为中频、高频、甚高频、特高频、超高频、极高频六个频段。在以下情况中人们有可能接触射频电磁波。

（1）高频感应加热，如高频热处理、焊接、冶炼、半导体材料加工等。

（2）高温介质加热，如塑料热合、橡胶硫化、木材及棉纱烘干等。

（3）微波应用，如微波通信、雷达等。

（4）微波加热，如用于食物、纸张、木材、皮革以及某些粉料的干燥。

3. 电离辐射粒子和射线

α粒子是放射性蜕变中从原子核中射出的带阳电荷的质点，它实际上是氦核，有两个质子和两个中子，相对质量较大。α粒子在空气中的射程为几厘米至十几厘米，穿透力较弱，但有很强的电离作用。

β粒子是由放射性物质射出的带阴电荷的质点，它实际上是电子，带一个单位的负电荷，在空气中的射程可达20m。

中子是放射性蜕变中从原子核中射出的不带电荷的高能粒子，有很强的穿透力，与物质作用能引起散射和核反应。

X射线和γ射线为波长很短的电离辐射，X射线的波长为可见光波长的十万分之一，而γ射线的波长又为X射线的万分之一。两者都是穿透力极强的放射线。

二、非电离辐射的危害与防护

1. 紫外线

（1）对机体的影响　紫外线可直接造成眼睛的伤害。眼睛暴露于短波紫外线时，能引起结膜炎和角膜炎，即电光性眼炎。

不同波长的紫外线可被皮肤的不同组织层吸收，数小时或数天后形成红斑。

空气受大剂量紫外线照射后，能产生臭氧，对人体的呼吸道和中枢神经都有一定的刺激，对人体造成间接伤害。

（2）预防措施　在紫外线发生装置或有强紫外线照射的场所，必须佩戴能吸收或反射紫外线的防护面罩及眼镜。此外，在紫外线发生源附近可设立屏障，或在室内和屏障上涂以黑色，可以吸收部分紫外线，减少反射作用。

2. 射频辐射

（1）对机体的影响　在射频辐射中，微波波长很短，能量很大，对人体的危害尤为明显。微波引起中枢神经机能障碍的主要表现是头痛、乏力、失眠、嗜睡、记忆力衰退、视觉及嗅觉机能低下。微波对心血管系统的影响主要表现为血管痉挛、张力障碍综合征，初期血压下降，随着病情的发展血压升高。长时间受到高强度的微波辐射，会造成眼睛晶体及视网膜的伤害。

（2）预防措施　屏蔽辐射源，屏蔽工作场所，远距离操作以及采取个人防护等。

三、电离辐射的危害与防护

1. 电离辐射的危害

电离辐射对人体的危害是由超过允许剂量的放射线作用在机体的结果。

电离辐射对人体细胞组织的伤害作用，主要是阻碍和伤害细胞的活动机能及导致细胞死亡。

人体长期或反复受到允许放射剂量的照射能使人体细胞改变机能，出现白细胞过多、眼球晶体浑浊、皮肤干燥、毛发脱落和内分泌失调。较高剂量能造成贫血、出血、白细胞减少、胃肠道溃疡、皮肤溃疡或坏死。在极高剂量的放射线作用下，造成的放射性伤害有以下三种类型。

（1）中枢神经和大脑伤害　主要表现为虚弱、倦怠、嗜睡、昏迷、震颤、痉挛，可在两周内死亡。

（2）胃肠伤害　主要表现为恶心、呕吐、腹泻、虚弱或虚脱，症状消失后可出现急性昏迷，通常可在两周内死亡。

（3）造血系统伤害　主要表现为恶心、呕吐、腹泻，但很快好转，约 2～3 周无病症之后出现脱发、经常性流鼻血，再度腹泻，造成极度憔悴，2～6 周后死亡。

2. 电离辐射的防护措施

（1）缩短接触时间　从事或接触放射线的工作，人体受到外照射的累计剂量与暴露时间成正比，即受到放射线照射的时间越长，接受的累计剂量越大。

（2）加大操作距离或实行遥控　放射性物质的辐射强度与距离的平方成反比。因此，采取加大距离、实行遥控的办法可以达到防护的目的。

（3）屏蔽防护　采用屏蔽的方法是减少或消除放射性危害的重要措施。屏蔽的材质和形式通常根据放射线的性质和强度确定。

屏蔽 γ 放射线常用铅、铁、水泥、砖、石等，屏蔽 β 射线常用有机玻璃、铝板等。

弱 β 放射性物质，如碳 14（^{14}C）、硫 35（^{35}S）、氢 3（^{3}H），可不必屏蔽；强 β 放射性物质，如磷 35（^{35}P），则要以 1cm 厚塑胶或玻璃板遮蔽。当发生源发生相当量的二次 X 射线时便需要用铅遮蔽。γ 射线和 X 射线的放射源要在有铅或混凝土屏蔽的条件下储存，屏蔽的厚度根据放射源的放射强度和需要减弱的程度而定。

（4）个人防护服和用具　在任何有放射性污染或危险的场所，都必须穿防护工作服、戴胶皮手套、穿鞋套、戴面罩和目镜。在有吸入放射性粒子危险的场所，要携带氧气呼吸器。

在发生意外事故导致大量放射污染或被多种途径污染时，可穿能够供给空气的衣套。

（5）警告牌　射线源处必须设有明确的标志、警告牌和禁区范围。

问题讨论

电离辐射的危害和防护措施有哪些?

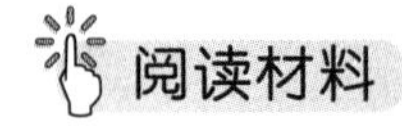

如何预防电脑辐射

电脑的终端是监视器，它的原理和电视机一样，当阴极射线管发射出的电子流撞击在荧光屏上时，即可转变成可见光，在这个过程中会产生对人体有害的 X 射线。 而且在 VDT(Visual Display Terminal，视屏显示终端)周围还会产生低频电磁场，长期受电磁波辐射污染，容易导致青光眼、失明症、白血病、乳腺癌等病症。 据不完全统计，常用电脑的人中感到眼睛疲劳的占 83%，肩酸腰痛的占 63. 9%，头痛和食欲不振的则占 56. 1%和 54. 4%，其他还出现自律神经失调、抑郁症、动脉硬化性精神病等。 只要合理使用电脑，辐射的危害是可以减小到最低程度。

① 对电脑保持一定距离是防护电磁辐射的重要措施之一。 因为电磁辐射强度随着与辐射源的距离的平方值而下降。 电脑摆放位置很重要，尽量别让屏幕的背面朝着有人的地方，因为电脑辐射最强的是背面，其次为左右两侧，屏幕的正面反而辐射最弱。电脑使用者应于显示屏保持的距离不得小于 50cm，于电脑两侧和后部保持的距离不小于 120cm。

② 减少与电脑等接触的时间是很重要的。 因为接受辐射的积累剂量是同辐射强度与辐射时间成正比，减少上机时间是必要的。 因工作需要，每天上机最好也不要超过 8h，并每小时休息 15min。

③ 室内不要放置闲杂金属物品，以免形成电磁波的再次发射。 室内要通风透光。

④ 电脑的荧光屏上要使用滤色镜，以减轻视疲劳。 最好使用玻璃或高质量的塑料滤光器。

⑤ 安装防护装置，削弱电磁辐射的强度。

⑥ 注意保持皮肤清洁。 电脑荧光屏表面存在着大量静电，其集聚的灰尘可转射到脸部和手部皮肤裸露处，时间久了，易发生斑疹、色素沉着，严重者甚至会引起皮肤病变等。

⑦ 注意补充营养。 电脑操作者在荧光屏前工作时间过长，视网膜上的视紫红质会被消耗掉，而视紫红质主要由维生素 A 合成。 因此，电脑操作者应多吃些胡萝卜、白菜、豆芽、豆腐、红枣、橘子以及牛奶、鸡蛋、动物肝脏、瘦肉等食物，以补充人体内维生素 A 和蛋白质。 多饮茶水，茶叶中的茶多酚等活性物质具有抗辐射的作用。

第四节　工业卫生设施和防护器具

一、通风与采暖

1. 通风

通风的目的在于提供新鲜空气，排除车间或房间内的余热（防暑降温）、余温（除湿）、有毒气体、蒸气以及粉尘（防尘排毒）等，使工作环境保持适宜的温度、湿度和良好的卫生条件。

按通风方式分为局部通风和全面通风。前者是将产尘、产毒地点的有害物质直接捕集起来，进行净化达标后排出室外；或利用局部循环方法，将净化后的新鲜空气再次使用，可大大节省能耗。对于产生有害物质量大、浓度高的车间，一般采用全面通风系统，即用新鲜空气将车间内的有害物进行稀释，同时将污浊空气排出室外，使整个车间内有害物质的浓度降低到卫生标准所允许的浓度。

2. 采暖

为保证职工身体健康和设备安全，防止寒冷的侵袭，应设置采暖装置。采暖系统分为局部采暖和集中采暖两种。按传热介质又分为热水、蒸汽、空气三种类型。

采暖装置除注意满足温度要求外，还要注意安全。对于能散发出可燃气体、蒸气、粉尘以及与采暖管道、散热器表面接触能引起燃烧的厂房，不应采用循环热风采暖。在散发可燃粉尘、纤维的厂房，集中采暖的热媒温度不应过高，热水采暖不应超过130℃，蒸汽采暖不应超过110℃。此外，采用热风采暖应注意强气流直接对人吹会产生不良影响。

二、照明与采光

1. 照明

劳动卫生学证明，照明的加强能增强人的视力，同时，增加照度还可增加识别速度和明视持久程度。光线对人的生理和心理也能产生影响，足够的照明使人感觉愉快、容易消除疲劳等。因此，适宜的工业照明不仅能避免事故的发生，还能提高产品质量和劳动生产率。工业照明一般是通过天然采光和人工照明两种方式实现的。

2. 采光

天然采光光线柔和、照度大、分布均匀，工作时不易造成阴影。因此，在工程照明设计中应尽量利用天然光，用人工光照明作为辅助，以保持稳定的照度。人工光源种类很多，应选择天然光谱的光源，如荧光灯等，不要采用有色光，以防降低视力。

三、辅助设施

化工企业应根据生产特点、实际需要和使用方便的原则设置生产辅助用室。辅助用室的位置应避免有害物质、高温、辐射、噪声等有害因素的影响。浴室、盥洗室、厕所的设计应按倒班中最大班次总人数的93%计算，更衣室应按车间在册总人数计算。

接触有毒、恶臭物质或严重污染全身的粉尘车间的浴室，不得设浴池，均采用淋浴。因生产事故，可能发生化学灼伤或经皮肤吸收引起急性中毒的工作地点或车间，应设事故淋浴室，在易引起酸、碱烧伤的场所，应设洗眼设备，并保证不断水。食堂位置要适中，但不得与有毒气体车间相邻，以避免有毒气体影响。

四、防护器具

1. 头部及面部保护器具

（1）安全帽　安全帽（如图 5-1 所示）是用于保护劳动者头部，以消除或减缓坠物、硬质物件的撞击、挤压伤害的护具，是生产中广泛使用的个人用品。根据用途，安全帽分为普通型安全帽、矿工安全帽、电工安全帽、驾驶安全帽等类型。

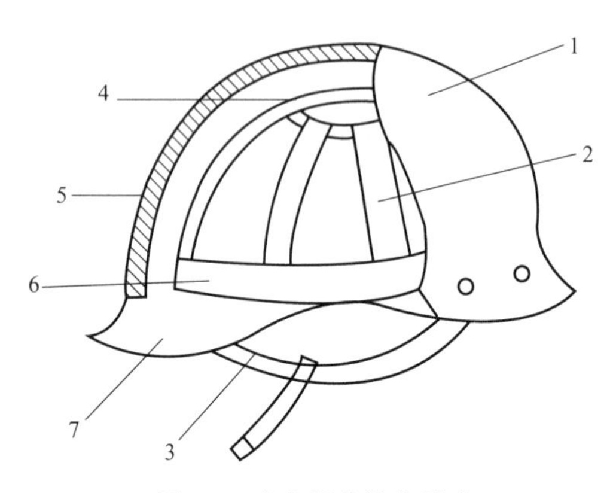

图 5-1　安全帽的结构示意

1—帽体；2—帽衬分散条；3—系带；4—帽衬顶带；5—吸收冲击内衬；6—帽衬环行带；7—帽檐

（2）面罩　防护面罩有有机玻璃面罩、防酸面罩、大框送风面罩几种类型。有机玻璃面罩能屏蔽放射性的 α 射线、低能量的 β 射线，防护酸、碱、油类、化学液体、金属溶液、铁屑、玻璃碎片等飞溅而引起的对面部的损伤以及辐射热引起的灼伤。防酸面罩是接触酸、碱、油类物质等作业用的防护用品。大框送风面罩为隔离式面罩，用于防护头部各器官免受外来有毒有害气体、液体和粉尘的伤害。

2. 呼吸器官防护器具

在尘毒污染、事故处理、抢救、检修、剧毒操作以及在狭小舱室内作业，都必须选用可靠的呼吸器官防护用具。呼吸器官防护用具品种很多，按用途可分为防尘、防毒、供氧等。按作用原理可分为：过滤式（净化式），如图 5-2 所示；隔绝式（供气式），如图 5-3 所示。

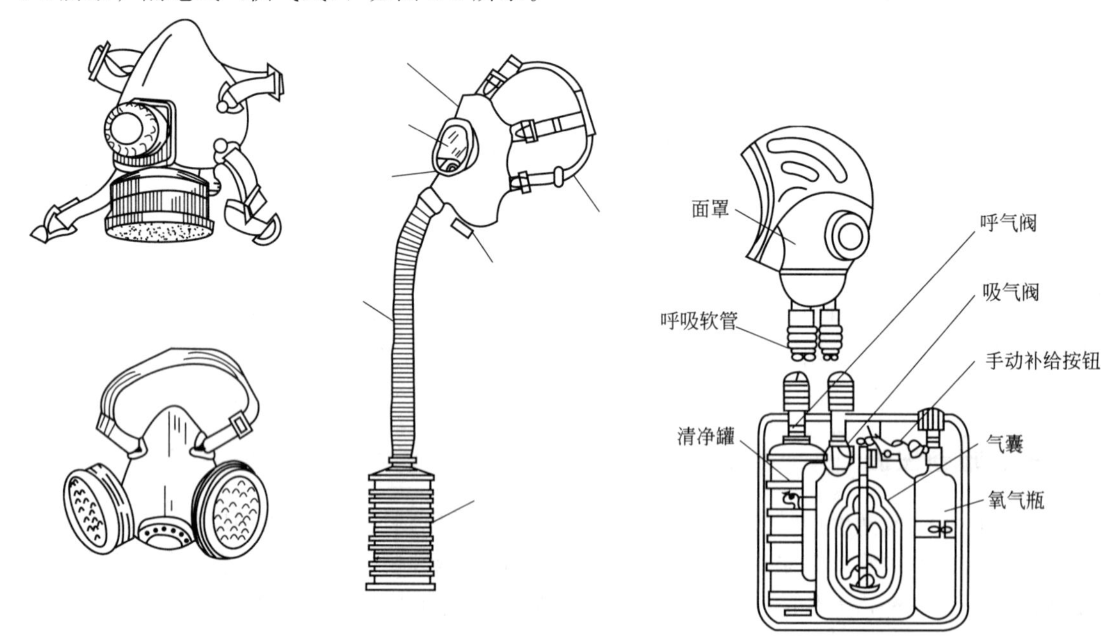

图 5-2　常用过滤式防毒呼吸器

图 5-3　国产 AHG-2 型氧气呼吸器

3. 眼部的防护器具

眼、面部防护用品是用于防止辐射（如紫外线、X 射线等）、烟雾、化学物质、金属火花、飞屑和尘粒等伤害眼、面部的可观察外界的防护工具，包括眼镜（如图 5-4）、眼罩（密闭型和非密闭型）和面罩（罩壳和镜片）三类。其主要品种包括焊接用眼防护具、防冲击眼护具、微波防护镜、激光防护镜、X 射线防护镜以及尘、毒防护镜等。

4. 听觉器官的防护

防噪声用品即护耳器（如图 5-5），是用于保护人的听觉、避免噪声危害的护具，有耳塞、耳罩和帽盔三类。如长期在 90dB 以上或短期在 115dB 的噪声环境中工作时，都应使用防护用品，以减轻对人的危害。

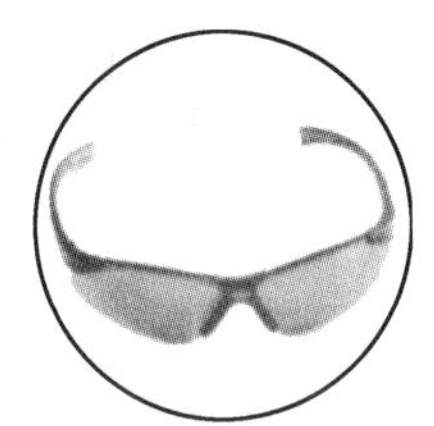

图 5-4 眼部防护

图 5-5 听力防护

5. 手部的防护

手部防护用品是指劳动者根据作业环境中有害因素（有害物质、能量）而戴用的特制护具（如图 5-6），以防止各种手伤事故的发生。防护手套主要品种有耐酸碱手套、电工绝缘手套、电焊工手套、防寒手套、耐油手套、防 X 射线手套、石棉手套等 10 余种。

6. 足部的保护

足部防护用品主要是指防护鞋（如图 5-7），是用于防止生产过程中有害物质和能量损伤劳动者足部、小腿部的鞋。中国防护鞋主要有防静电鞋、绝缘鞋、防酸碱鞋、防油鞋、防水鞋、防寒鞋、防刺穿鞋、防砸鞋、高温防护鞋等专用鞋。

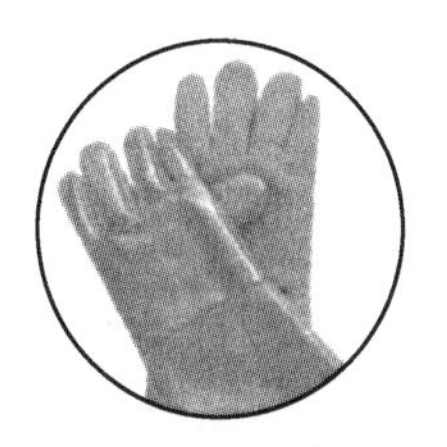

图 5-6 手部防护

图 5-7 足部防护

7. 躯体的防护

穿防护服是对躯体进行防护的措施，使劳动者体部免受尘、毒和物理因素的伤害（如图 5-8）。防护服分特殊作业防护服和一般作业防护服，其结构式样、面料、颜色的选择要以符合安全为前提。防护服应能有效地保护作业人员，并不给工作场所、操作对象产生不良影响。防护服主要包括防尘服、防毒服、防放射服、防微波服、高温工作服、防火服、阻燃防护服、防水服、防寒服、防静电工作服、带电作业服、防机械外伤和脏污工作服等。

图 5-8 躯体防护

8. 皮肤的防护

在生产作业环境中，常常存在各种化学的、物理的、生物的危害因素，对人体的暴露皮肤产生不断的刺激或影响，进而引起皮肤的病态反应，如皮炎、湿疹、皮肤角化、毛刺炎、化学烧伤等，称为职业性皮肤病。有的工业毒物还可经皮肤吸收，积累到一定程度后引起中毒。对特殊作业人员的外露皮肤应使用特殊的护肤膏、洗涤剂等护肤用品保护。

9. 防坠落用具

（1）安全带　安全带是高处作业人员用以防止坠落的护具，有带、绳、金属配件三部分组成。中国规定在高处（2m 以上）作业时，为预防人或物坠落造成伤亡，除作业面的防护外，作业人员必须佩戴安全带。

（2）安全网　安全网是用于防止人、物坠落，或用于避免、减轻坠落物打击的网具，是一种用途较广的防坠落伤害的用品。一般由网体、边绳、系绳、试验绳等组成，选用时要注意选用符合标准或具有专业技术部门检测认可的产品。

案例 5-1

在一次设备改造的施工作业中，某焦化公司王某负责的仪表盘上好几块仪表突然停电，失去了显示，给生产带来了不便。为尽快恢复仪表显示，王某没换绝缘鞋就急匆匆地赶赴现场，到了现场之后，发现接线端口较多，王某一时无法判断电源线损坏位置，所以在查找时，只能小心翼翼地一个接头一个接头地用电笔去测试。突然，王某只觉得手臂被一股巨大的电流击中，麻酥酥的感觉迅速传遍全身，电笔也从手中飞出，一屁股坐在了绝缘地板上。要不是站在绝缘地板上干活，命就没了。从那以后，王某对劳保穿戴有了新的认识，即使再炎热的夏天，也要将绝缘鞋、安全帽、工作服等穿戴整齐才去干活。以王某为鉴，劳保用品一定要完好穿戴，切不可因小失大。

案例 5-2

2005 年，某化工公司发生一起安全生产事故，2 名工作人员中毒后，经抢救无效死亡。事故原因是，该公司生产乙基氯化物的车间一个反应锅的阀门被硫黄等化学物堵塞，该车间主任黄某及班长王某戴着防毒面具下到反应锅去检修。由于反应锅排出大量的高毒气体——硫化氢，防毒面具中的活性炭因吸收过多的毒气后饱和，2 人中毒倒地。

案例 5-3

2000 年，某化工企业发生一起热碱液喷出伤人事故，造成 1 名检修人员面部灼伤。事故经过是，碱洗工段操作员李某发现碱液配制至碱液储罐的地面管线上的阀门漏液，地面有积水，经确认是阀门填料漏。李某对漏液的阀门进行填料更换，在更换过程中，因需弯腰低头作业，为方便起见，检修工李某将防酸碱面罩摘下，当解开阀门压盖螺栓后，从阀门填料的密封处喷出一股夹带碱液的蒸气，溅在李某面部，造成李某面部灼伤。李某在作业过程中未按规定佩戴防护用具，违章作业是造成此次事故的直接原因。

问题讨论

1. 呼吸器官的防护器具有哪些?
2. 操作时佩戴安全帽或眼、面部防护用品以及穿防护服的作用各是什么?

本章小结

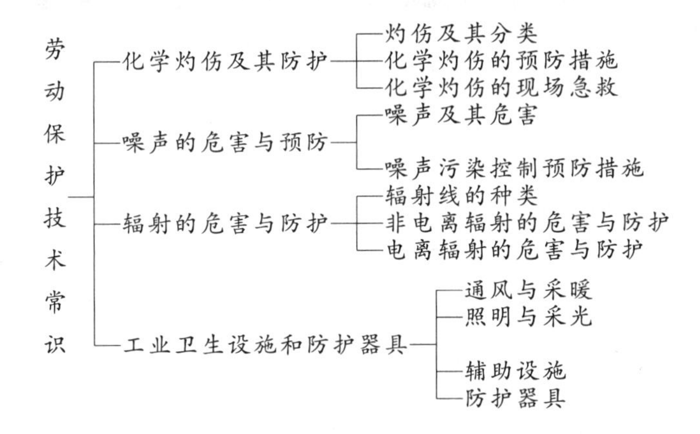

第六章

压力容器的安全技术

学习目标

1. 了解压力容器的分类。
2. 了解安装压力容器的安全要点。
3. 了解压力容器的安全附件。
4. 掌握压力容器使用安全技术管理。
5. 掌握气瓶的安全使用要点。
6. 了解锅炉常见事故种类，掌握工业锅炉的安全运行技术及管理要求。

第一节　概　　述

一、压力容器的分类

从广义上讲，所有承受压力载荷的密闭容器都称为压力容器。但在工业生产中，只把比较容易发生事故且事故危害性较大的这类容器称为压力容器，把它作为一种需要实施专门安全监察的设备。根据《固定式压力容器安全技术监察规程》（TSG21—2016）的规定，压力容器是指同时具备下列三个条件的容器：①工作压力大于或等于0.1MPa（表压）；②容积大于或等于0.03m^3并且内直径（非圆形截面指截面内边界最大几何尺寸）大于或等于0.15m；③盛装介质为气体、液化气体以及介质最高工作温度高于或等于其标准沸点的液体。

压力容器的型式很多，为有利于安全技术监督和管理，在化工生产过程中，常将压力容器按下面几种分类方法进行分类。

1. 按压力分类

按照压力容器的设计压力分为低压、中压、高压、超高压四个等级。

（1）低压容器（代号L）　$0.1\text{MPa} \leqslant p < 1.6\text{MPa}$。

（2）中压容器（代号M）　$1.6\text{MPa} \leqslant p < 10\text{MPa}$。

（3）高压容器（代号H）　$10\text{MPa} \leqslant p < 100\text{MPa}$。

（4）超高压容器（代号U）　$p \geqslant 100\text{MPa}$。

2. 按工艺用途分类

按照压力容器在生产工艺过程中的作用原理，分为反应压力容器、换热压力容器、分离压力容器、储存压力容器。在一个压力容器中，如同时具备两个以上的工艺用途时，应按工艺过程中的主要作用来划分。

（1）反应压力容器（代号 R）　主要用于完成介质的物理、化学反应的压力容器。如反应器、反应釜、合成塔、变换炉、分解塔、聚合釜、高压釜、煤气发生炉等。

（2）换热压力容器（代号 E）　主要用于完成介质的热量交换的压力容器。如热交换器、冷却器、冷凝器、蒸发器、加热器、预热器、电热蒸气发生器等。

（3）分离压力容器（代号 S）　主要用于完成介质的流体压力平衡缓冲和气体净化分离等的压力容器。如分离器、过滤器、吸收塔、缓冲器、洗涤器、干燥塔、汽提塔等。

（4）储存压力容器（代号 C，其中球罐代号 B）　主要是用于储存或盛装气体、液体、液化气体等介质的压力容器。如各种类型的储罐、储槽等。

3. 按危险性和危害性分类

按压力等级、容器内介质的危险性及生产中所起的作用等把容器分为三类，即第一类容器、第二类容器、第三类容器。

（1）符合下列情况之一的，为第一类压力容器。

① 低压容器（仅限非易燃或无毒介质）。

② 易燃或有毒介质的低压分离容器和换热容器。

（2）符合下列情况之一的，为第二类压力容器。

① 低压容器（仅限毒性程度为极度和高度危害介质）。

② 低压反应容器和低压储存容器（仅限易燃介质或毒性程度为中度危害介质）。

③ 低压管壳式余热锅炉。

④ 低压搪玻璃压力容器。

⑤ 中压容器。

（3）符合下列情况之一的，为第三类压力容器。

① 高压容器。

② 中压容器（仅限毒性程度为极度和高度危害介质）。

③ 中压储存容器（仅限易燃或毒性程度为中度危害介质，且 $pV \geqslant 10\text{MPa} \cdot \text{m}^3$）。

④ 中压反应容器（仅限易燃或毒性程度为中度危害介质，且 $pV \geqslant 0.5\text{MPa} \cdot \text{m}^3$）。

⑤ 低压容器（仅限毒性程度为极度和高度危害介质，且 $pV \geqslant 0.2\text{MPa} \cdot \text{m}^3$）。

⑥ 高压、中压管壳式余热锅炉。

⑦ 中压搪玻璃压力容器。

化学介质毒性程度和易燃介质的划分参照《压力容器中化学介质毒性危害和爆炸危险程度分类》（HG 20660—2000）

二、压力容器的特点

1. 压力容器应用广泛

压力容器的用途和应用的领域十分广泛。它是在化学工业、能源工业、科研和军工等国民经济的各个部门都起着重要作用的设备。仅在化工行业，压力容器是化工行业实现正常生产必不可少的重要设备，几乎每一个工艺过程都离不开压力容器。它在化工生产所有的设备中约占80%，广泛用于传质、传热、化学反应和物料存储等方面。例如化工生产中常用的空气压缩设备，压缩气体的储运装置，制冷装置的冷凝器、蒸发器冷冻剂储罐，生产中的各种反应设备等都是压力容器。

2. 压力容器是容易发生恶性事故的特殊设备

尽管压力容器类型不同，形状各异，但它们都有共同的特点，即全部是密闭储存介质、承受压力负荷、容易发生事故且危害性较大的特定设备。尤其在化工企业生产中，容器储存的介质又具有易燃、易爆或有毒等性质，一旦发生事故，一方面设备本身爆炸破裂；另一方面还可能造成这些特殊设备内部介质的外泄漏，引起二次爆炸、着火燃烧或毒气弥漫，导致厂毁人亡的恶性事故发生。

压力容器是恶性事故易发的设备，即使是小的故障，如泄漏或局部变形，虽然不会直接导致灾难性事故，但要求工厂停车检查或检修。一旦停机，企业直接损失或间接损失有时是非常大的。因此，为了压力容器长期连续安全地生产运行，必须根据生产工艺要求和压力容器的技术性能，围绕压力容器安全管理的几个重要环节（即设计、制造、安装、竣工验收、立卡建档、培训教育、精心操作、加强维护、科学检修、定期检验、事故调查和报废处理等），抓好压力容器安全管理的各项工作，做到压力容器安全运行。

三、安装压力容器的安全要点

1. 安装规范和验收

压力容器是易发恶性事故的设备，安装质量的好坏直接影响压力容器的使用安全，因此对它的安装管理就不同于一般的设备。首先安装单位必须具有安装压力容器的资质，必须是有相应制造资格的单位或省级安全监察机构批准的安装单位，其监理工程师应持证上岗。

容器安装前应严格检查容器质量，认真核查容器出厂资料和鉴证是否齐全，发现压力容器存在质量问题时应及时逐级上报有关安全部门，经确认并处理后方可安装。

安装单位在容器安装过程中，要严格执行国家有关法规、标准、技术规范，准确及时填写好有关安装记录。如安装工作压力≤2.5MPa（表压）的锅炉，应按《机械设备安装工程施工及验收规范》第六册有关工业锅炉的要求施工，工作压力>2.5MPa（表压）的锅炉，按照《电力建设施工及验收技术规范（锅炉机组篇）》和《火力发电厂承压管道焊接篇》施工。压力容器应按照原化工部制订的《管道、静置设备及容器安装试验技术规程》、《中、低压管道施工及验收技术规范》以及压力容器维护检修规程的要求施工。

安装过程应接受专职管理人员检查，安装质量须经专职管理人员、使用单位和安装单位的共同实行分段验收和总体验收。总体验收时应有上级主管部门和劳动部门参加。有关安装质量的技术资料，如安装竣工图、质量检验数据、施工质量证明书等，在安装竣工后由施工单位移交给使用单位。

设计中考虑的安全技术措施在安装过程中必须满足。支柱、平台、梯子等附件的制作和安装也应符合有关规定要求。压力容器、锅炉安装中还应考虑基础沉降对接管等带来的一系列可能危及安全的问题，事前要有相应的措施和方案。

2. 组装

组装焊件不得用强力使焊件对正，否则会产生很大的安装应力。组装所需的焊接吊耳、拉筋板等应采用与容器相同的或焊接性能相似的材料、相应的焊接工艺。吊耳和拉筋板等割除后，留下的焊疤应打磨平滑。现场组装的焊接容器及高强度材料的钢制焊接容器耐压试验后，应对焊缝总长的20%做表面探伤，若发现裂纹则应对所有焊缝作表面探伤。

3. 胀接

胀接是为保证质量事前应做的试胀工作，以确定合理的胀管率。胀接管子管端硬度应小于管板，若大于管板硬度或管子硬度 HB＞170 时，应予退火处理，退火长度不得小于100mm，管端伸出量以6～12mm为宜，管端喇叭口的扳边应与管子中心线成12°～15°角，并应伸入管孔内0～2mm；火管锅炉高温侧的管端必须90°扳边，并保证管边与管板严密接触，胀接管端不应有起皮、皱纹、切口和偏斜等缺陷；在胀接过程中应随时检查张口的质量，及时发现并消除缺陷。

压力容器的安全使用，应从它的设计、制造、安装开始抓好安全技术管理。加强对压力容器的操作、检测等人员的安全教育、培训和定期考核，建立和健全压力容器的各项安全管理制度，做好压力容器的维护保养工作和定期检修。

问题讨论

1. 何谓压力容器？压力容器如何分类？
2. 简述压力容器的特点。
3. 简述安装压力容器的安全要点。

第二节　压力容器的安全使用

一、压力容器的安全附件

压力容器的安全防护装置又称安全附件，是指为了使压力容器能够安全运行而装设在设备上的一种附属机构。用于压力容器的安全附件包括：安全阀、爆破片、紧急放空阀、液面计、压力表、单向阀、限流阀、温度计、喷淋冷却装置、紧急切断装置等。

压力容器的安全附件按照功能可分成三类：安全泄压装置、显示和（或）报警装置、安全联锁装置。

1. 安全泄压装置

压力容器的安全泄压装置是一种超压保护装置。容器在正常的工作压力下运行时，安全泄压装置处于严密不漏状态；当压力容器内部压力超过规定值时，安全泄压装置能够在压力作用下自动开启把压力容器内的气体排出泄压，使容器保持在最高许可压力范围以内，以防容器或管线遭受破坏。泄压装置包括安全阀、爆破片及其安全阀与爆破片的组合等。

2. 显示和（或）报警装置

显示装置用于显示容器运行过程中的压力、温度、液位等状况，如各种压力表、液面计、测温仪表等。有些显示装置附带有自动报警作用，能在超限时发出声光等预警讯号。

3. 安全联锁装置

安全联锁装置是防止人为的操作失误或难以预料的工艺状况的变动而设置的控制装置。

该装置能依照设定的工艺参数自行调节和控制，保证容器在稳定的工艺条件范围内安全运行。通常这种装置可同时具有显示和（或）报警作用，如快开门式压力容器安全联锁装置、紧急切断阀、电接点压力表或温度计等。

选用安全附件应满足两个基本要求：一是安全附件的压力等级和使用温度范围必须满足压力容器工作状况的要求；二是制造安全附件的材质必须适应压力容器内介质的要求。

二、压力容器的使用管理

正确使用压力容器，是提高压力容器安全可靠性和安全运行的重要条件。

1. 建立压力容器的技术档案

依据《特种设备安全监察条例》规定，压力容器使用前或者投入使用后30日内，应当向特种设备安全监督管理部门登记，并严格要求使用单位建立压力容器安全技术档案。安全技术档案主要包括如下内容。

（1）压力容器的设计文件、制造单位、产品质量合格证明、使用维护说明等文件以及安装技术文件和资料。

（2）压力容器的定期检验和定期自行检查的记录。

（3）压力容器的日常使用状况记录。

（4）压力容器及其安全附件、安全保护装置、测量调空装置及有关附属仪器仪表的日常维护保养记录。

（5）压力容器运行故障和事故记录。

2. 建立和健全压力容器的各项安全管理制度

压力容器的各项安全制度包括：安全操作使用规程、定期检验和修理制度以及各相关人员的培训考核发证等制度。

压力容器使用规程是根据压力容器特性和结构特点，对使用压力容器做出的规定。其内容一般包括：压力容器使用的工作范围和工艺要求；使用者应具备的基本素质和技能；使用者的岗位责任；使用者必须遵守的各种制度，如定人定机、凭证操作、交接班、维护保养、事故报告等制度；使用者必备的规程，如操作规程、维护规程等；使用者应遵守的纪律和安全注意事项；操作或检查必备的工器具；对使用者检查、考核的内容和标准。

压力容器操作规程是根据压力容器的结构和运行特点以及安全运行等要求，提出的操作人员在其全部操作过程中必须遵守的事项，是操作人员正确掌握操作技能的技术性规范。一般包括以下几方面。

（1）操作前对压力容器状态检查的内容和要求。

（2）压力容器运行的主要工艺参数。

（3）常见故障的原因及排除方法。

（4）开、停车的操作程序和注意事项。

（5）安全防护装置的作用和调整要求。

（6）点检、维护的具体要求。

（7）容器运行中应重点检查的项目和部位，运行中可能出现的异常现象及判断方法和应采取的紧急措施。

（8）交、接班的具体工作和记录内容。

压力容器维护规程是对压力容器日常维护方面的要求和规定。内容包括：压力容器要达到整齐、清洁、紧固、防腐、安全等的作业内容、作业方法、使用的工器具及材料以及达到的标准及注意事项；日常点检及定期检查的部位、方法和标准；检查和评比操作工人维护压力容器程度的内容和方法。

3. 压力容器的安全操作要点

压力容器的操作人员应严格执行“岗位责任制”、“安全操作规程”，正确开、停车，严格按照规定的工艺参数（压力、温度、负荷等）进行操作，严禁超压、超温、超负荷运行。遇到下列异常现象时，操作人员应立即采取紧急措施，并及时报告有关部门。

（1）容器的工作压力、介质温度或壁温超过许用值，采取措施仍不能得到有效控制。

（2）容器的主要受压元件发生裂纹、鼓包、变形、泄漏等缺陷，危及安全。

（3）安全附件失效，接管端断裂或紧固件损坏，难以保证安全运行。

（4）发生火灾且直接威胁到容器安全运行。

4. 压力容器的维护保养和定期检查

维护保养的工作一般包括：运行期间经常检查腐蚀情况，保持容器阀门、零件、安全附件的清洁、完好、可靠；正确选用连接方式、垫片材料、填料等，消除生产设备的“跑、冒、滴、漏”现象，消除震动和摩擦，保持保温层的完好无损；停运期间要将内部的介质排空放净，保养停用工作容器。对腐蚀性介质，要经排放、置换或中和、清洗等技术处理。

压力容器定期检验分为外部检查、内部检验和全面检验三种。一般情况，每年至少进行一次外部检查，每三年进行一次内外部检验，每六年进行一次全面检验。

三、气瓶的安全使用

气瓶是指在正常环境下（－40～60℃），公称工作压力为1.0～30MPa，公称容积为0.4～1000L，用于盛装压缩气体、液化气体或溶解气体的可重复充气的移动式压力容器。一些气瓶外观如图6-1所示。

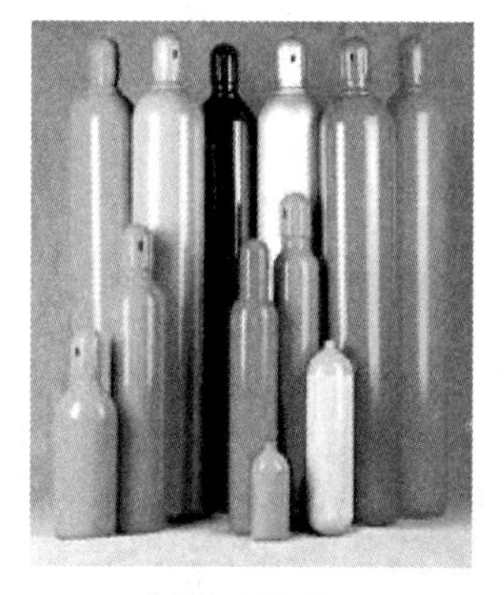

钢制无缝气瓶

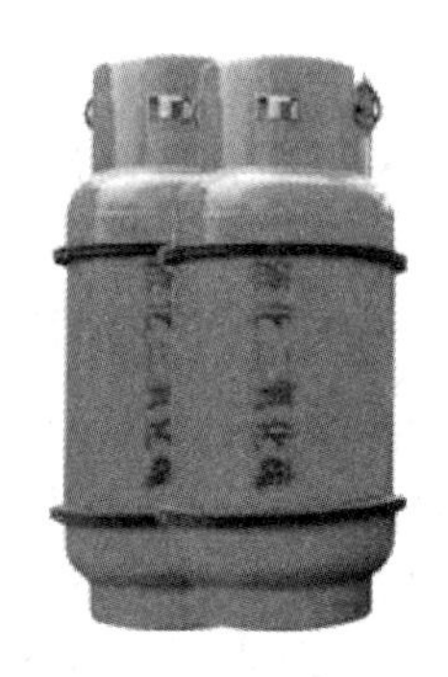

焊接气瓶

玻璃纤维气瓶

图6-1 气瓶外观

上述对压力容器的安全要求，对气瓶而言，在原则上同样适用。为了保证气瓶的安全使用，还应遵循《气瓶安全监察规程》等规定。使用气瓶时应注意以下安全要求。

1. 正确操作，禁止撞击

开启或关闭瓶阀时，应使用专用的扳手工具，不能用铁扳手等敲击瓶阀和瓶体，以免产生火花或敲坏瓶阀。

高压气瓶开阀时应缓慢开启，不宜过猛过快，防止高速产生高温。

氧气瓶严禁沾染油脂，因为油脂遇到氧气就会发生燃烧。

气瓶的瓶阀和减压器泄漏时，不能继续使用。

气瓶禁止撞击，撞击会损伤瓶体，碰落瓶体外漆色，缩短气瓶使用寿命；撞击使钢瓶受到冲击载荷，会恶化瓶体材料的机械性能，使材料变脆而发生脆性破坏；撞击还可能折断阀杆，造成瓶内介质大量外泄，或引起燃烧爆炸，或发生中毒事故。溶解乙炔钢瓶若受撞击，能触发化学性质活泼的乙炔分解爆炸。绝对禁止在气瓶上焊接、引弧。

使用乙炔钢瓶和液化石油气瓶时，必须立放，严禁卧放。装有导管的大容器液化气体气瓶卧放使用时（限于体型和重量），气体导管应朝上，液体导管应朝下。如液氯钢瓶应该使气相阀处在上方位置。

2. 远离明火，防止受热

温度升高，瓶内压力随之升高。使用中要防止气瓶受到明火烘烤、太阳曝晒以及蒸汽管、暖气片等热源使气瓶受热。

氧气瓶和可燃气体气瓶使用时应分开放置，至少保持 5m 间距，且距明火 10m 以外。盛装易发生聚合反应或分解反应的气瓶，如乙炔气瓶，应避开放射源。

气瓶瓶阀或减压器有冻结、结霜现象时，不得用火烤。可将气瓶移到较暖的场所或用 40℃以下的温水解冻，再缓慢地打开瓶阀，严禁用温度超过 40℃的热源对气瓶加热。

3. 专瓶专用，留有余压

为了防止性质相抵触的气体相混而发生化学爆炸，气瓶必须专瓶专用，不能擅自改装他类气体；使用气瓶时，气瓶内气体不得用尽，必须留有余压。气瓶留有余压，一是可以防止倒灌物料（倒灌是造成化学爆炸的主要原因）；二是便于充装单位检验，不至于把气装错。低压液化气瓶的余压一般是 0.03～0.05MPa；高压缩气瓶的余压以保留 0.2MPa 为宜，最低的不要低于 0.05MPa。溶解乙炔钢瓶的余压按环境温度而定，当温度小于 0℃时，余压为 0.1MPa；当温度为 15～25℃时，余压为 0.2MPa；当温度在 25～40℃时，余压为 0.3MPa。

用于盛装反应原料的气瓶不能直接与反应器相连，在气瓶与反应器之间要安装缓冲罐，缓冲罐的容积应能容纳倒流的全部物料，不使物料倒入气瓶。

4. 维护保养，定期检验

加强钢瓶的维护保养，做好除锈油漆工作，保持瓶上漆色鲜明，字样清晰，防震圈完好，以及安全附件灵敏、准确。使用到期的气瓶应送经当地劳动部门批准的验瓶单位检验。盛装一般气体（如空气、氢气、液化石油气等）的气瓶为每三年检验一次，盛装腐蚀性气体（如氯、氨、二氧化硫等）的气瓶为每两年检验一次，盛装惰性气体（如氮气、氩气等）的气瓶每五年检验一次。气瓶使用过程中如果发现严重腐蚀、损伤时，应提前检验。

气瓶瓶壁有裂纹、渗漏或明显变形，或高压气瓶的容积残余变形率大于 10%，或壁厚减薄且经强度校核不能按原设计压力使用的气瓶以及被火烧过的气瓶，原则上都应报废，不能继续使用。

5. 文明装卸，分离储存

气瓶的搬运应轻装轻卸，严禁抛、甩、滚、撞，装车时应横向放置，头朝一方，旋紧瓶帽，备齐防震圈，瓶下用三角木片卡牢，车厢栏板紧固牢靠，瓶子堆高不得超出车厢。卸车后存放，直立时设栏棚固定，卧放时用三角木块卡牢，高压气瓶堆放不能高于 5 层。性质相抵触的气瓶，如氢气瓶与氧气瓶等可燃性气体瓶，应分隔储存。盛装易起聚合反应的气体气瓶应严格控制气体的成分，并不得置于有放射性线的场所。

案例 6-1

2004 年 4 月 15 日，某化工厂发生一起压力容器爆炸重大事故，造成 9 人死亡，3 人重伤，直接经济损失 227 万元。事故的直接原因是：该设备因腐蚀穿孔导致盐水泄漏，造成三氯化氮形成和富集；三氯化氮富集达到爆炸浓度和启动事故氯处理装置造成振动，引起三氯化氮爆炸。事故的间接原因是：压力容器日常管理差，检验检测不规范；安全隐患整改不力，责任制不落实；相关安全技术规定不完善。

问题讨论

1. 压力容器的安全附件包括哪些？选用安全附件有什么基本要求？
2. 简述压力容器的使用管理要点。
3. 气瓶的安全使用应注意什么？

第三节　工业锅炉的安全技术

一、锅炉设备概述

1. 锅炉的概念及组成

锅炉是一种利用燃料能源的热能或回收工业生产中的余热，将工质加热到一定温度和压力的热力设备，也是压力容器中的特殊设备。一旦在运行使用中发生爆炸，便是一场灾难性事故。所以锅炉的设计、材料选择、制造、安装、运行操作、设备检修、检查验收到人员培训等工作，都必须严格执行国家安全法规的规定，以确保锅炉的安全运行。

锅炉是由“锅”和“炉”以及为保证“锅”和“炉”正常运行所必需的附件、仪表及附属设备三大部分组成。

“锅”是指锅炉本体水压部分，用于盛放水和密封受压蒸汽，是锅炉的吸热部分，主要包括汽包、对流管、水冷壁、联箱、过热器、省煤器等。“锅”再加上给水设备就组成锅炉的汽水系统。

“炉”是指锅炉中燃料进行燃烧、放出热能的部分，是锅炉的放热部分，主要包括燃烧设备、炉墙、炉拱、钢架和烟道及排烟除尘设备等。

锅炉的附件和仪表主要有安全阀、压力表、水位表及高低水位报警器、测温仪表、蒸汽流量计、排污装置、汽水管道、燃烧自动调节装置等。

锅炉的附属设备一般包括：给水设备（如水处理装置、给水泵）；燃料供应及制备设备（如煤粉炉、油炉、燃气炉）；通风设备（如送风机、引风机）；除灰排渣设备（如除尘器、出渣机、出灰机)。

工业锅炉外观如图 6-2 所示。

2. 锅炉参数

锅炉参数是表示锅炉工作能力的数据。常见的锅炉参数如下。

(1) 蒸发量 指锅炉每小时所产生的蒸汽量,计量单位为 t/h,kg/s 或 MW。蒸发量的大小取决于锅炉的受热面积的多少和炉排(燃烧装置)的大小。

图 6-2 工业锅炉外观

(2) 蒸汽压力 也称锅炉工作压力,是指锅炉各受压部件单位面积上允许承受的最大压力,计量单位是 MPa。锅炉铭牌上指的是表压力。

(3) 蒸汽温度 指蒸汽含热的程度。蒸汽温度分为饱和蒸汽温度和过热蒸汽温度两种。饱和蒸汽温度是随蒸汽压力的大小而变化的。过热蒸汽是将饱和蒸汽在“过热器”中再次加热得到的蒸汽。蒸汽温度的计量单位是℃。

二、锅炉的安全运行

1. 锅炉投产前的必备条件

为了锅炉的安全投产和运行,锅炉建设项目的工程应当全面完工,包括:土建工程完工,场地道路畅通;厂区照明和动力用电安全供给;通用和生产调度专用电信联通;生产和生活消防用水及排水系统正常运行;燃料(燃煤、油、气体)正常供应;风、烟系统运行正常;锅炉用水供应正常;锅炉本体和辅机安装完工;产出蒸汽系统完工等等。上述建设分项工程都经过建设单位向生产单位交工验收,并经过各系统、各专业人员参加下进行了单体联动试车合格。

生产单位的岗位人员、职能人员、领导人员配备齐全,经过专业培训、安全教育、考核合格上岗。生产操作的规程制度、岗位记录表格、各项报表齐全,有一定的维修材料、备品配件和工器具。

2. 点火前的准备工作

(1) 检查 锅炉点火前必须对汽水系统、燃烧系统、风烟系统、锅炉本体和辅机进行全面细致的检查,肯定安全附件是否齐全、灵敏、可靠,确认各阀门处在点火前的正确位置,风机和水泵的冷却水畅流,润滑正常等。

(2) 进水(上水) 为防止产生过大热应力,上水速度不能太快,水温较高(90～100℃)时尤应缓慢。全部上水时间在夏季不小于 1h,在冬季不小于 2h。冬季冷水温度尽可能控制在 40～50℃。冷炉上水至最低安全水位时应停止上水,以防受热膨胀后水位过高。

(3) 烘炉和煮炉 新安装、大修过的或长期停用的锅炉(有砖墙、砖拱的),在使用前用文火慢慢地烘烤炉膛。目的是防止炉墙等受热面突然受热,胀缩不均而产生损坏。对烘炉时间,结构简单且没有炉墙的小型锅炉 2～3 天即可,结构复杂的较大锅炉至少 7 天。煮炉可在烘炉后期维持低压同时进行。其目的是为了清除锅炉内表面在安装或修理时留下的铁锈、油脂和污垢等，以免恶化蒸汽品质或受热面过热被烧坏。

3. 点火升压供汽

锅炉点火前要先通风数分钟，排除炉膛及烟道中的可燃气体和积灰，防止点火时发生炉膛爆炸。

(1) 升压应缓慢　每升到一定压力均要检查调整，当升到使用工作压力时，应对新安装的安全阀进行调整定压。锅炉定压后应做一次自动排气试验；铅封时有关部门均应在场，并作记录。

(2) 正式送汽前要进行蒸汽管系统暖管　暖管就是用蒸汽对冷态管道进行均匀加热，并把蒸汽冷凝成的水排掉，以防止送汽时发生水击和产生过大的温度应力而损坏管道。一般在锅炉汽压升到工作压力的2/3时进行暖管。暖管时间一般不少于2h，高压蒸汽管的暖管更应缓慢，温升宜控制在每分钟2～3℃。当管道汽压接近锅筒汽压且放水阀放出的全部是蒸汽时，方可正常供汽。

4. 正常运行

锅炉正常运行时，最重要的任务是对锅炉的水质水位、压力、燃烧情况及汽水质量等进行监视与控制。

(1) 水位　水位波动范围不得超过正常水位±50mm。水位过高，蒸汽带水，蒸汽品质恶化，易造成过热器结垢烧坏并影响汽机的安全；水位过低，下降管易产生汽柱或汽塞，恶化自然循环，易造成水冷壁管过热变形或爆破。此外，过高或过低还可能发生满水或缺水事故。

(2) 压力　用汽锅炉的汽压允许波动范围为±49kPa，对其他设备供汽锅炉则为±98kPa。汽压低将降低发电机组发电周波，甚至影响发电量；对蒸汽加热设备，大多用饱和蒸汽，汽压低汽温也低，影响传热效果，从而影响到产量、热效率。汽压过高，轻者使安全阀动作，浪费能源，又带来噪声；重者则超压爆炸。此外，压力变化力求平缓，压力陡升、陡降都要恶化自然循环，造成水冷壁管过热损坏。

(3) 燃烧调节　燃烧室内火焰要充满整个炉膛，力求分布均匀，以利于水的自然循环，保证传热效果。火焰不能直接冲刷水冷壁管。当煤粉炉、油炉、燃气炉负荷增加时，应先加大引风，后加大送风，最后增加燃料；反之，先减燃料，后送风，最后减少引风，以防燃烧不完全，使受热面上积留可燃物而发生尾部燃烧事故。

(4) 排污　排污量的多少和间隔应根据炉型、给水质量和锅炉负荷或大小而定。锅炉上锅筒连续排污是根据水碱度和含盐量，通过调节连续排污阀开度的大小进行调节。定期排污一班1次，排污以降低水位25～50mm为宜，排污一般在锅炉负荷较低时进行。

5. 停炉和停炉保养

锅炉停炉有两种：一种是正常停炉；另一种是事故停炉。

(1) 正常停炉　正常停炉是计划内停炉。停炉中应注意的主要问题是：防止降压降温过快，以避免锅炉元件因降温收缩不均匀而产生过大的热应力。停炉操作应按规定的次序进行：锅炉正常停炉时先停燃料供应，随之停止送风，降低引风；与此同时，逐渐降低锅炉负荷，相应地减少锅炉上水，但应维持锅炉水位稍高于正常水位；锅炉停止供汽后，应隔绝与蒸汽总管的连接，排汽降压；待锅内无气压时，开启空气阀，以免锅内因降温形成真空；为防止锅炉降温过快，在正常停炉的4～6h内，应紧闭炉门和烟道接板；之后打开烟道接板，缓慢加强通风，适当放水；停炉18～24h，在锅水温度降至70℃以下时，方可全部放水。

（2）事故停炉　锅炉运行中发生严重缺水、严重满水，水位计、压力表和安全阀三大安全附件中之一全部失效，给水装置全部失效以及受热爆裂、严重变形、泄漏无法维持正常运行等事故情况时，应紧急停炉。

紧急停炉的操作程序是：快速切断燃料供给，清除炉内未燃尽燃料，停止送（引）风；炉火熄灭后，打开风闸门和灰门，进行自然通风冷却；关闭主汽阀，从安全阀或紧急排汽阀向外排汽降压。

锅炉停炉后，应放出锅水。为了防止腐蚀，停用炉锅炉必须进行保养。常用的停炉保养方法有压力保养、湿法保养、干法保养、充气保养四种。

三、锅炉事故

1. 锅炉事故分类

锅炉在运行中因锅炉受压部件、附件或附属设备被损坏，造成人身伤亡，被迫停炉修理或减少供汽、供热量的现象叫锅炉事故。按设备的损坏程度，把锅炉事故分为如下三类。

（1）爆炸事故　锅炉在使用中受压部件发生破裂，使锅炉压力突然降到等于外界大气压力的事故。

（2）重大事故　锅炉受压部件严重损坏（如变形、渗漏）、附件损坏或炉膛爆炸等被迫停止运行，必须进行修理的事故。

（3）一般事故　锅炉损坏不严重，不需要停止运行进行修理的事故。

2. 锅炉常见事故、原因和预防措施

（1）水位异常　水位事故主要是缺水和满水，即锅炉水位低于最低许可水位时或超过最高许可水位。

原因：操作人员监视不严，判断错误或误操作；水位警报器失灵；水位表不准确；自动给水控制设备或给水门失灵；排污不当或排污阀泄漏；锅炉受热面损坏；负荷骤变；炉水含盐量过大。

预防措施：严密监视水位，定期校对水位计和水位警报器；缺水时水位表玻璃管（板）上呈白色，满水时则颜色发暗；应采用“叫水法”，若严重缺水时，严禁向锅炉内给水；应注意监视给水压力和给水流量，使给水流量与蒸汽流量相适应；排污应按规程规定；出现假水位时，应正确操作，注意不使之严重缺水或满水；监督汽水品质。

（2）汽水共腾与水击　汽水共腾是锅炉内水位波动幅度超出正常情况，水面翻腾程度异常剧烈的一种现象。其后果是蒸汽大量带水，使蒸汽品质下降；易发生水冲击，使过热器内积附盐垢，影响传热而使过热器超温，严重时会烧坏过热器而引发爆管事故。

原因：锅炉水质没有达到标准；没有进行必要的排污或排污不够，造成锅水中盐碱含量过高；锅水中油污或悬浮物过多；负荷增加过急等引起的。

处理办法：降低负荷，减少蒸发量；开启表面连续排污阀，降低锅水含盐量；适当增加下部排污量，增加给水，使锅水不断调换新水。

（3）燃烧异常　燃烧异常多发生在燃油锅炉及煤粉锅炉内，主要表现在烟道尾部发生二次燃烧和烟气爆炸，以致损坏烟道尾部受热面而影响安全运行。

原因：燃油设备雾化不良，燃油、燃煤粉与配风不当；炉膛温度不足，燃料在炉膛内未完全燃烧，进入尾部烟道后，有适合条件时发生烟气爆炸或尾部燃烧；炉膛负压过大，燃料在炉膛内停留时间太短，来不及燃烧就进入尾部烟道。

处理办法：停止供应燃料，停止鼓、引风，紧关烟道门，有条件时向烟道内通入蒸汽或CO_2灭火；待火灭后，检查确认可继续运行时，先开启引风机10～15min，再重新点火；若炉墙倒坍或其他损坏时，应紧急停炉。

预防措施：正确调整燃烧，保持炉膛温度；保持火焰中心位置，不让中心后移；定期清除烟道内积灰或油垢；保持防爆门良好。

（4）承压部件损坏　承压部件损坏主要指锅炉炉管及水冷壁管爆破事故、过热器管爆破事故、省煤器管损坏事故等。

① 锅炉炉管及水冷壁管爆破。锅炉炉管及水冷壁管爆破事故是较常见事故之一，属锅炉严重事故，需停炉检修，否则可能造成人员伤亡。

现象：爆破时有显著的响声，爆破后有喷汽声；水位迅速下降，汽压和给水压力下降，排烟温度下降；火焰发暗，燃烧不稳定或被熄灭等。

原因：水质不符合标准，管壁积垢或管壁受腐蚀或受飞灰磨损变薄，导致爆管；升火过猛，停炉太快，使锅管受热不匀，造成焊口破裂；下集箱积泥垢未排除，堵塞管子水循环，管子得不到冷却而过热爆破。

处理办法：如能维持正常水位，紧急通知有关部门后再行停炉；如水位、汽压均无法保持正常时，必须按程序紧急停炉。

预防措施：严格控制水质达标并加强监督；定期检验管子；按规定升火、停炉和防止超负荷运行。

② 过热器管爆破。一般过热器管布置得很密，如果其中有一根破裂，高压蒸汽很容易把邻近的管子吹坏，故应及时处理。

现象：过热器附近有蒸汽喷出的响声；蒸汽流量不正常，给水量明显增加；燃烧室负压变正压；排烟温度显著下降。

原因：水质没有达标，或水位经常较高，或汽水共腾，以致过热器结垢；引风量过大，使炉膛出口烟温升高，过热器长期超温使用也可能烟气偏流而过热器局部超温；检修不良，使焊口损坏或水压试验后管内积水等。

处理办法：如损坏不严重，又生产需要，待备用炉启用后再停炉，但必须密切注意，勿使损坏恶化；损坏严重则立即停炉。

预防措施：严格控制水、汽品质；防止热偏差；注意疏水；注意安装、检修质量。

③ 省煤器管损坏。沸腾式省煤器的管道出现裂纹和非沸腾式省煤器的弯头法兰处泄漏是比较常见的省煤器事故。

现象：水位不正常下降；省煤器的泄漏声；省煤器下部灰斗有湿灰，严重时有水流出；省煤器出口处烟温下降。

原因：给水质量差，水中有溶解氧和CO_2发生内腐蚀；经常积灰、潮湿而发生外腐蚀；给水温度变化大，引起管子裂缝；管道材质不好。

处理办法：对于沸腾式省煤器，首先加大给水，降低负荷，待备用炉启用后再停炉，若不能维持正常水位则紧急停炉，并利用旁路给水系统，尽力维持水位，但不允许打开省煤器再循环系统的阀门。对于非沸腾式省煤器，首先开启省煤器旁路风门，关闭出入口的风门，使省煤器与高温烟气隔绝，开启省煤器旁路给水阀门。

预防措施：给水控制质量，必要时装设除氧器；及时吹铲积灰；定期检查，做好维护保养工作。

除上述锅炉事故外，锅炉常见事故还有水位计玻璃管爆破、锅炉及管道内的水冲击、炉墙损坏、结焦等，生产操作时也应注意避免发生。

案例 6-2

2004 年 9 月 23 日，某公司在建发电厂煤气发电锅炉在锅炉点火瞬间，炉膛及排烟系统内发生煤气一次爆炸，致使锅炉、管道、烟囱等设备垮塌，锅炉等设备严重损毁，并导致 13 人死亡，8 人受伤，直接经济损失 630 万元。调查认定，该事故为重大责任事故。调查表明，该公司锅炉不具备点火运行条件，没有按该锅炉的结构、燃烧特点制定专门的运行操作规程和防爆、防火、防毒等安全管理制度。

问题讨论

1. 何谓锅炉？锅炉的附属设备主要有哪些？
2. 锅炉事故如何分类？锅炉常见事故有哪些？
3. 锅炉点火前要做哪些准备？
4. 锅炉正常运行应注意些什么？
5. 工业锅炉在什么情况下需要事故停炉？如何操作？

阅读材料

气瓶颜色标志

气瓶外表面涂敷的字样内容、色环数目和涂膜颜色按充装气体的特性作规定的组合，是识别充装气体的标志。国家有关标准《GB/T 7144—1999 气瓶颜色标志》对气瓶的颜色、字样和色环做了严格的规定。常见气瓶的颜色、字样和色环见表 6-1。

表 6-1 常见气瓶的颜色、字样和色环

气瓶名词	涂漆颜色	字样	字样颜色	色环
氢气	淡绿色	氢	大红色	$p=20$，淡黄色单环 $p=30$，淡黄色双环
氧气	天蓝色	氧	黑色	$p=15$，不加色环 $p=20$，白色单环 $p=30$，白色双环
氮气	黑色	氮	淡黄色	
空气	黑色	空气	白色	
氯气	深绿色	液化氯	白色	

续表

气瓶名词		涂漆颜色	字样	字样颜色	色环
氨气		淡黄色	液化氨	黑色	
二氧化碳		铝白色	液化二氧化碳	黑色	p=15,不加色环 p=20,黑色单环
乙烯		棕色	液化乙烯	淡黄色	p=15,白色单环 p=20,白色双环
乙炔		白色	乙炔不可近火	大红色	
液化石油气	工业用	棕色	液化石油气	白色	
	民用	银灰色	液化石油气	大红色	

注：表中的 p 表示公称工作压力，单位为 MPa。

本章小结

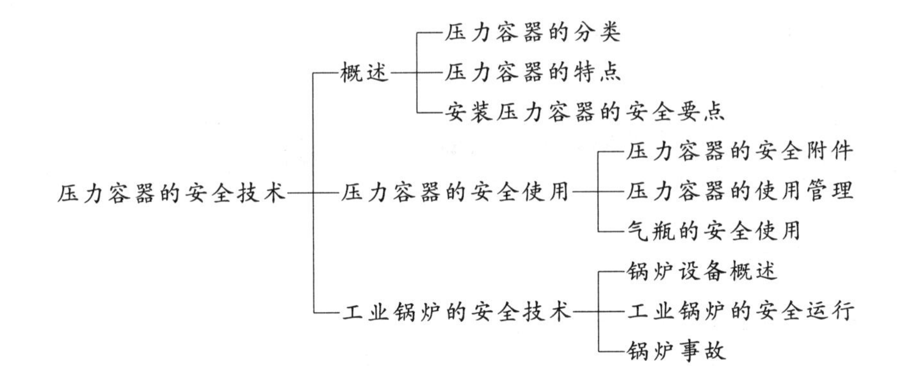

第七章

化工设备的腐蚀与防护

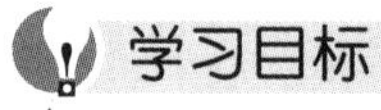

1. 了解腐蚀的定义和分类。
2. 了解工业腐蚀的常见类型和影响腐蚀的主要因素。
3. 掌握生产实践中常用的防腐蚀的方法。

第一节　腐蚀概述

一、腐蚀的定义

腐蚀是指材料在周围介质的作用下所产生的破坏。腐蚀现象在化工生产中普遍存在。

腐蚀定义里包含了三个基本方面的研究内容，即材料、环境及反应的种类。

1. 材料

材料腐蚀研究内容包括金属材料、非金属材料及材料的性质。材料是腐蚀发生的内因，不同材料间的腐蚀行为差异很大。例如同是金属，铅在稀硫酸中很耐腐蚀，而钢铁却腐蚀剧烈。非金属材料大多都具有良好的耐腐蚀性能，甚至有独特的耐蚀性，非金属材料在防腐蚀中起着重要的作用。

有许多种腐蚀的结果，其中被腐蚀的材料质量变化不大，但材料的性质发生了恶化变质。例如原来塑性很好的橡胶，老化后变脆变硬，强度下降，但质量变化不大。因此材料的性质也是腐蚀研究的重要内容。

2. 环境

材料的腐蚀都是在材料使用过程中所处的特定环境产生的。对腐蚀起作用的环境因素主要有如下几个方面。

（1）介质　介质的成分、浓度对腐蚀有很大的影响。常见的如 H^+、OH^-、溶解氧、Cl^-、Fe^{3+}、Cu^{2+}、SO_4^{2-}、NO_3^- 等成分以及这些成分的浓度都影响腐蚀的行为。

（2）温度　温度对腐蚀而言是一个非常重要的因素，多数情况下温度的升高会加速腐蚀。工程材料都有一个极限使用温度。

（3）流速　合适的流速对防腐是有好处的，较高流速对某些软的材料易引起冲刷腐蚀，但对易钝化材料却可使它处于钝化状态。

（4）压力　压力产生应力。许多金属材料在特定介质中，在应力高于某个值时就会产生应力腐蚀破裂。控制压力在允许的范围内可以有效地控制应力腐蚀的发生。

3. 反应的种类

金属材料与环境通常发生化学或电化学反应，非金属材料与环境则会发生溶胀、溶解、老化等反应。

从 20 世纪 50 年代以后，许多腐蚀学者或研究机构倾向于把腐蚀的定义扩大到所有材料。由于金属及其合金至今仍然是最重要的工程材料，金属腐蚀还是最引人注意的问题之一。因此，通常所说的腐蚀还是指金属的腐蚀。

二、腐蚀的分类

由于腐蚀的现象与机理比较复杂，因此腐蚀至今还没有一个统一的分类方法。下面介绍的是一些常见的分类方法。

1. 按照腐蚀反应的机理分类

（1）化学腐蚀　化学腐蚀是指金属表面与非电解质直接发生纯化学作用而引起的破坏。其反应历程的特点为在一定条件下，非电解质中的氧化剂直接与金属表面的原子相互作用而形成腐蚀产物，即氧化还原反应是在反应粒子相互作用的瞬间于碰撞的那一个反应点上完成的。在化学腐蚀过程中，电子的传递是在金属与氧化剂之间直接进行的，因而没有电流产生，化学腐蚀亦即干腐蚀，腐蚀速率相对较小。如铁在干燥的大气中、铝在无水乙醇中的腐蚀。

（2）电化学腐蚀　实际上单纯化学腐蚀是很少的，化学腐蚀的介质常因含有水分而使金属的腐蚀由化学腐蚀转变为电化学腐蚀。

电化学腐蚀是指金属与电解质因发生电化学作用而产生的破坏。其反应过程包括阳极反应和阴极反应，在腐蚀过程中有电流流动（电子和离子的运动）。

电化学腐蚀是最普遍、最常见的腐蚀。金属在各种电解质水溶液中，在大气、海水和土壤等介质中所发生的腐蚀皆属此类。

电化学作用既可单独造成金属腐蚀，也可和力、生物共同作用产生腐蚀。当某种金属在电化学作用同时又受到拉应力作用时，将可能发生应力腐蚀破裂，例如碱液蒸发器的腐蚀，奥氏体不锈钢在含氯化物水溶液的高温环境中会发生这种类型的腐蚀；金属在交变应力和电化学的共同作用下会产生腐蚀疲劳，例如酸泵泵轴的腐蚀；金属若同时受到电化学和机械磨损的作用，则可发生磨损腐蚀，例如管道弯头处和热交换器管束进口端因受液体湍流作用而发生冲击腐蚀。

微生物很少直接对金属产生破坏，但它能为电化学腐蚀创造必要的条件，促进金属的腐蚀。

2. 按照腐蚀环境分类

可分为大气腐蚀、水腐蚀、土壤腐蚀、化学介质（酸、碱、盐）腐蚀等。

这种分类方法是不够严密的，因为土壤和大气中也都含有各种化学介质。但是这种分类方法可帮助人们按照金属材料所处的环境去认识腐蚀。

金属在大气自然条件下的腐蚀称为大气腐蚀。与其他腐蚀介质相比，金属暴露在大气中的机会要多得多，例如化工企业约70%的金属构件在大气条件下工作，大气腐蚀在化工生产中是普遍的现象，又是严重的问题。大气腐蚀的速率主要取决于大气中金属表面的潮湿程度和金属所处环境的大气成分等。

金属在水介质中的腐蚀称为水腐蚀。通常把水腐蚀分为淡水腐蚀和海水腐蚀。化工生产中大量使用的水冷却工艺，水不仅在设备的受热面形成结垢，而且水中的氧气和微生物也促进金属的腐蚀。水的pH值、溶解氧浓度、流速、溶解盐、微生物是影响淡水腐蚀的主要因素。海水是人们熟悉的强天然腐蚀性介质，其特性是含盐量很大。除了盐类外，海水所含的臭氧、游离的碘和溴也是强烈的腐蚀促进剂。海水是典型的电解质溶液，对于金属材料的腐蚀具有电化学腐蚀的本质。含盐量、含氧量、温度、流速、海生物是影响海水腐蚀的主要因素。

土壤的不同成分和性质对材料的腐蚀称为土壤腐蚀。土壤是一个由气、液、固三相物质构成的复杂系统，是一种具有特殊性质的电解质。土壤还存在着微生物，有时还存在杂散电流，所以土壤的透气性、含水量、含盐量、导电性、酸碱性、微生物都是影响土壤腐蚀的因素。金属在土壤中的腐蚀与在电解质溶液中的腐蚀本质是一样的，都是电化学腐蚀。

3. 按照腐蚀的形态分类

可分为全面腐蚀和局部腐蚀。此分类在下一节详加说明。

案例 7-1

腐蚀危及国民经济各个行业，腐蚀造成的经济损失十分惊人。

美国国会于1975年通过决议，由1976年财政拨款25万美元，委托美国国家标准局(NBS)调查1975年由于金属腐蚀造成的经济损失。1978年正式发表的调查报告(三卷，每卷1000多页)表明，一年中金属腐蚀造成的经济损失约为当年GNP(国民生产总值)的4.2%。美国至今仍按GNP的4.2%估算由金属腐蚀造成的经济损失。

中国国家统计局2007年2月28日公布，中国2006年的国民生产总值为209407亿元，如按此值的4.2%估算的话，2006年由金属腐蚀造成的经济损失将近8800亿元人民币。

问题讨论

1. 哪些环境因素对腐蚀的发生起主要作用?
2. 腐蚀分为哪几种? 揭示腐蚀本质的分类是哪两种?

第二节　腐蚀与防护

一、工业腐蚀的类型

在化学工业生产中，常按腐蚀的形态对工业装置和设备的腐蚀分为全面腐蚀和局部腐蚀。

全面腐蚀是指在整个金属材料表面上进行的腐蚀，腐蚀的分布一般较均匀。例如碳钢在强酸、强碱中发生的腐蚀属于均匀腐蚀。全面腐蚀的危害性相对而言比较小，因为这种腐蚀的速率较稳定，腐蚀的速率和材料的使用寿命可以预测，在设备设计时就可将这些因素考虑在内，而且对设备的检测也较容易，制止腐蚀也可即时进行，所以一般不会发生突发事故。

局部腐蚀是指局限于金属结构特定区域或部位上的腐蚀，如不锈钢在海水中发生的孔蚀。局部腐蚀通常分为几种类型：电偶腐蚀、孔蚀、缝隙腐蚀、晶间腐蚀、应力腐蚀等。

1. 电偶腐蚀

两种不同的金属在同一介质中接触，由于电极电位不相等而产生电偶电流流动，使得电极电位较低的金属溶解速率增加，造成接触处的局部腐蚀，该腐蚀叫做电偶腐蚀，也叫接触腐蚀或双金属腐蚀（如图 7-1 所示）。

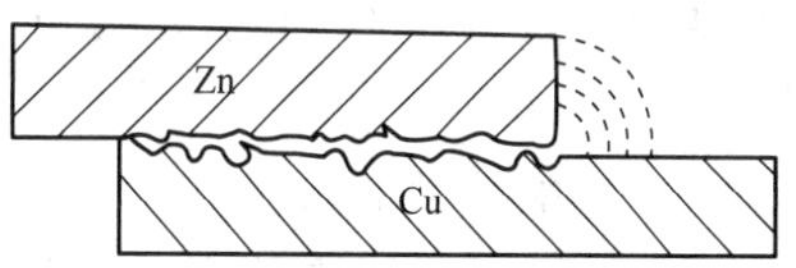

图 7-1　电偶腐蚀示意图

电偶腐蚀是一种普遍的腐蚀现象，例如，碳钢与不锈钢接触使用，钢部件发生腐蚀；黄铜部件与纯铜部件接触使用，黄铜（铜锌合金）部件产生腐蚀；黄铜部件与镀锌部件的接触使用，镀锌部件的镀锌层发生腐蚀等。

电偶腐蚀实质上是由两种不同的电极构成的原电池的腐蚀。在电偶腐蚀电池中，腐蚀电位较低的金属由于和腐蚀电位较高的金属接触而产生阳极极化，溶解速率增加；而电位较高的金属，由于和电位较低的金属接触而产生阴极极化，因受到阴极保护，溶解速率下降。所谓阳极极化是指当通过电流时，阳极电位向正的方向移动的现象；阴极极化是指当通过电流时，阴极电位向负的方向移动的现象。

（1）影响电偶腐蚀的因素

① 电极面积比。在电偶腐蚀电池中，阴极和阳极的面积的相对大小对腐蚀的速率影响很大。一般说来，随着阴极对阳极面积的比值（即阴极面积/阳极面积）的增加，作为阳极体的金属腐蚀速率也增大。

② 介质的导电率。介质导电率高低对阳极金属的腐蚀程度的影响不同。如果介质的导电率高（如海水），则较活泼的金属的腐蚀可以分散到离接触点较远的部位，即阳极所受的腐蚀比较“均匀”，腐蚀并不严重。但在软水或大气条件下，腐蚀往往集中在接触点附近，局部遭到严重腐蚀的危险性较大。

（2）防止电偶腐蚀的方法

① 设计设备或部件时，在选材方面尽量避免异种金属（或合金）相互接触。

② 在设备的结构上，切忌形成大阴极小阳极的加速腐蚀的面积比。

③ 如已采用不同金属相接触的情况下，必须设法对不同金属的连接处采取绝缘处理。

④ 在条件允许的条件下，向介质中加缓蚀剂。

2. 孔蚀

孔蚀又称点腐蚀，在金属表面的局部出现向深处发展的腐蚀小孔，其余部位不腐蚀或腐蚀很轻微，这种腐蚀形态就是孔蚀（如图 7-2 所示）。金属表面由于有伤痕、露头、错位、介质不均匀等缺陷，使其表面膜的完整性遭到破坏，成为孔蚀源。该孔蚀源在某段时间内是活性状态，电极电位较负，与表面其他部位构成局部腐蚀微电池。在大阴极小阳极的条件下，孔蚀源的金属迅速被溶解形成孔洞。

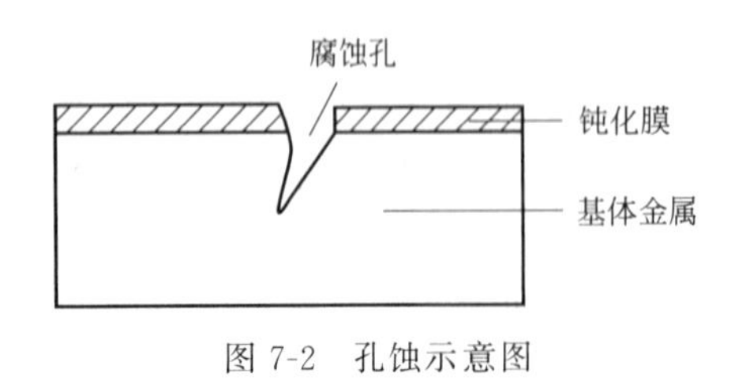

图 7-2 孔蚀示意图

金属发生孔蚀时具有以下特征：蚀孔小且深（直径一般只有数十微米，深度大于或等于孔径），孔口多数有腐蚀产物覆盖。孔蚀从发生到暴露有个诱导期，诱导期的长短受材料、温度、介质等因素的影响，即使在相同的条件下蚀孔的出现时间也长短不一，有些需要几个月，有些需要一两年。蚀孔通常沿着重力方向或横向发展，一块平放在介质中的金属，蚀孔多在朝上的表面出现，很少在朝下的表面出现。蚀孔一旦形成，具有向深处自动加速进行的作用。孔蚀在设备出现的部位以及腐蚀的程度难以通过有效的检测方法做出估计，所以严重的破坏性事故往往可能突然发生，危害性很大。

（1）影响孔蚀的因素

① 材料。具有自钝化特性的金属或合金易发生孔蚀（如铬镍不锈钢），亦即对孔蚀具有敏感性。当钝化膜局部有缺陷时，孔蚀核将在这些点上优先形成。材料的表面状态对孔蚀有一定影响，一般光滑和清洁的表面不易发生孔蚀。

② 介质。大多数的孔蚀都是在含氯离子或氧化物介质中发生的。在阳极极化条件下，介质只要含有氯离子便可使金属发生孔蚀。所以氯离子又可称为孔蚀的“激发剂”，而且随着氯离子浓度的增加，孔蚀更易发生。在氯化物中，以含有氧化性金属离子的氯化物为强烈的孔蚀促进剂。

③ 流速和温度。介质处于静止状态，金属的孔蚀速率比介质处于流动状态时为大。介质的流速对孔蚀的减缓有双重作用：加大流速，一方面有利于溶解氧向金属表面的输送，容易形成钝化膜；另一方面可以减少沉积物在金属表面沉积的机会，从而减少发生孔蚀的机会。介质温度升高会使孔蚀加速。

（2）防止孔蚀的方法

① 选用耐孔蚀合金作为设备、部件的制备材料。比如含高铬量与高钼量的不锈钢。

② 尽量降低介质中卤素离子的含量。

③ 对循环体系添加缓蚀剂。如对钝化型金属添加缓蚀剂能增加钝化膜的稳定性和有利于受损膜的修复。

④ 增大流速。

3. 缝隙腐蚀

金属部件在介质中，由于金属与金属或金属与非金属之间形成特别小的缝隙，使缝隙内介质处于滞流状态，引起缝内金属的加速腐蚀，这种局部腐蚀称为缝隙腐蚀（如图 7-3 所示）。

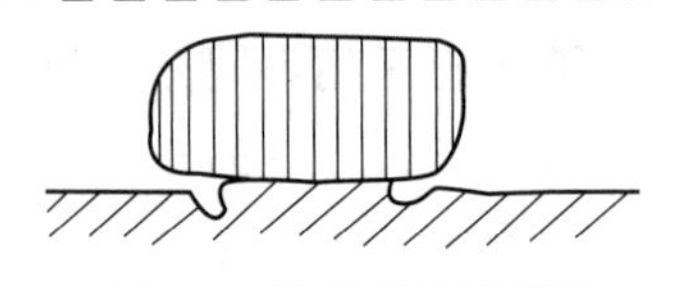
图 7-3 缝隙腐蚀示意图

许多金属构件，由于设计上不合理或由于加工过程的关系都会造成缝隙。例如法兰连接面、螺母压紧面、焊缝气孔、锈层等，它们与金属的接触面上无形中形成了缝隙。又如砂泥、积垢、杂屑等沉积在金属表面上，无形中也形成了缝隙。大多数工业用金属或合金都可能会产生缝隙腐蚀，几乎所有的腐蚀介质（包括淡水）都能引起缝隙腐蚀，但以含 Cl^- 的溶液最容易引起这类腐蚀。

（1）影响缝隙腐蚀的因素

① 缝隙宽度。引起腐蚀的缝隙是指能使缝内介质停滞的特小缝隙，其宽度一般是在0.025～0.1mm 的范围。宽度大于 0.1mm 的缝隙，缝内介质不至于形成滞流，也就不会形成此种腐蚀。

② 缝内外面积比。当缝内外面积比愈大，腐蚀愈严重。

③ 溶氧量。溶液中溶氧量增加，有利于缝外金属去极化的阴极反应。因此，溶氧量增加会使缝隙腐蚀加剧。

④ pH 值。当腐蚀溶液的 pH 值处在能使缝外金属钝化状态下，则 pH 值降低，会使缝内腐蚀加重。

⑤ 氯离子。溶液中氯离子的增加，往往会使金属电位向负方向移动，致缝隙腐蚀加剧。

(2) 防止缝隙腐蚀的方法

① 采用抗缝隙腐蚀的金属或合金材料，如高钼铬镍不锈钢、哈氏合金等。

② 采用合理的设计方案，消除或降低缝隙程度，尽量避免形成缝隙和积液的死角区。

③ 选用不吸湿垫片。如垫圈不宜采用石棉等吸湿材料，以防吸水后造成腐蚀介质条件，而采用聚四氟乙烯等非吸湿材料则较为理想。

④ 采用电化学保护，通常采用阳极保护。

⑤ 采用缓蚀剂保护。

4. 晶间腐蚀

绝大多数金属是由多晶体组成的。腐蚀沿着金属或合金的晶粒边界或它的邻近区域发展，晶粒本身腐蚀很轻微，这种腐蚀称为晶间腐蚀（如图 7-4 所示）。金属材料在腐蚀环境中，晶界和晶粒本身物质的物理化学和电化学性能有差异时，会在它们之间构成腐蚀电池，使腐蚀沿着晶粒边界向前发展，致使材料的晶粒间失去结合力。晶间腐蚀使晶粒间的结合力大为削弱，严重时可使金属机械强度完全丧失。例如遭受晶间腐蚀的不锈钢，表面看起来很光亮，但轻轻敲击便会破碎。

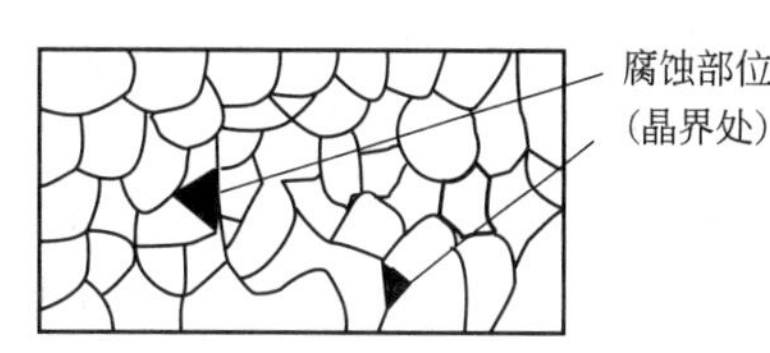

图 7-4　晶间腐蚀示意图

防止晶间腐蚀的方法有如下几点。

① 降低钢中含碳，采用超低碳不锈钢材料。

② 稳定化处理，在冶炼钢材时加入一定量的钛和铌两种成分。

③ 重新固溶处理。

5. 应力腐蚀破裂

应力腐蚀破裂是指金属材料在拉应力和特定腐蚀环境共同作用下引起的破裂，简称应力腐蚀（如图 7-5 所示）。应力腐蚀是应力与腐蚀介质综合作用的结果。其中应力必须是拉应力，而压应力（轧制、锤敲等工艺对金属表面所施加的力）不但不会引起应力腐蚀，甚至可以减轻或阻止应力腐蚀。拉应力来源于载荷，更多来自于设备制造加工过程中的残余应力，如焊接应力、铸造应力、热处理应力、形变应力、装配应力等。

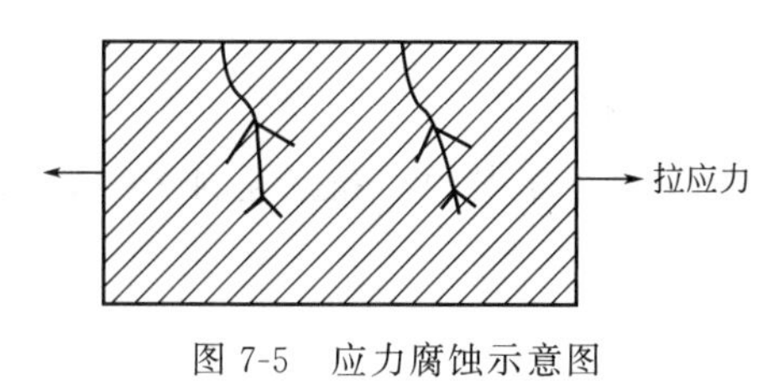

图 7-5　应力腐蚀示意图

产生应力腐蚀的另一重要条件是环境因素（包括腐蚀介质性质、浓度、温度），对于某种材料其对应的环境条件是特定的，也就是说只有在一定的材料和一定环境的组合情况下才能发生这类腐蚀破坏。表7-1为常用合金与易于产生应力腐蚀的腐蚀介质。

表7-1 常用合金与易于产生应力腐蚀的腐蚀介质

合金	介质
铝合金	氯化物 湿的工业大气 海洋大气
铜合金	铵离子 胺
镍基合金	热浓的氢氧化钠 氢氟酸蒸气
钛合金	氯化物 甲醇 温度高于290℃的固体氯化物
低碳钢	沸腾的氢氧化钠 沸腾的硝酸盐
油田用钢	硫化氢和二氧化碳
低合金高强度钢	氯化物
奥氏体不锈钢(300系列)	沸腾的氯化物 沸腾的氢氧化钠 连多硫酸
铁素体和马氏体不锈钢(400系列)	氯化物 反应堆冷却水
马氏体时效钢	氯化物

金属发生应力腐蚀时，仅在局部区域出现由表及里的腐蚀裂纹。裂纹的共同特点是在主干裂纹延伸的同时，还有若干分支同时发展。裂纹出现在与最大拉应力垂直的平面上。

防止应力腐蚀的方法如下。

① 选择适当的材料。一种合金只有在特定的介质中，才会发生应力腐蚀破裂。通常一种材料只有几种应力腐蚀环境。因此在特定环境中选择没有应力腐蚀破裂敏感性的材料，是防止应力腐蚀的主要途径之一。镍基合金、铁素体不锈钢、双相不锈钢、含高硅的奥氏体不锈钢等既有良好的耐全面腐蚀能力又有比较低的应力腐蚀破裂敏感性，是化工生产过程中理想的材料。

② 热处理消除残余应力。发生应力腐蚀破裂的应力包含工程载荷应力与制造过程中的残余应力，其中残余应力占相当比例。采用热处理消除结构中的残余应力是防止应力腐蚀破裂的重要措施。对于那些有可能产生应力腐蚀破裂的设备特别是内压设备，焊接后均需进行消除焊接应力的退火处理。如碳钢焊接件在650℃左右可消除焊接或冷加工所产生的残余应力。

③ 改变金属表面应力的方向。引起应力腐蚀破裂的应力为拉应力，给予一定的压缩应力可以降低应力腐蚀破裂的敏感性，如采用喷丸、滚压、锻打等措施，都可减小制造拉应力。

④ 合理设计设备结构和严格控制制造工艺。对焊接设备要尽量减少聚集的焊缝，尽可能避免交叉焊缝以减少残余应力。闭合的焊缝越少越好。最好采用对接焊，避免搭接焊，减少附加的弯曲应力，应保证焊接部件在施焊过程中伸缩自如，防止因热胀冷缩形成内应力。

⑤ 严格控制腐蚀环境。通过防止水的蒸发，对设备定期清洗等措施防止Cl^-、OH^-等浓缩。

⑥ 添加缓蚀剂。添加缓蚀剂，能有效降低应力腐蚀敏感性。

⑦ 采用保护性覆盖层。比如电镀、喷镀、渗镀所形成的金属保护层和以涂料为主体的非金属保护层。

⑧ 采用阴极保护法。

6. 氢损伤

氢损伤包括氢腐蚀与氢脆，是由于氢的作用引起金属材料性能下降的一种现象。

（1）氢腐蚀　氢腐蚀的机理是在高温高压下，H_2在金属表面进行物理吸附并分解为 H。H 经化学吸附透过金属表面进入内部，破坏晶间结合力，在高压应力作用下，导致微裂纹生成。

（2）氢脆　氢脆的机理是指氢溶于金属后残留在位错等处，当氢达饱和状态后，对位错起钉孔的作用，使金属晶粒滑移难以进行，造成金属出现脆性。

防止氢损伤的方法如下。

① 采用合金材料，使金属表面合金化形成致密的膜，阻止氢不向金属内部扩散。

② 避免高温高压同时操作。

③ 在气态氢环境中，加入适量氧气抑制氢脆发生。

7. 腐蚀疲劳

在交变应力和腐蚀介质的同时作用下，降低了金属材料的疲劳强度或疲劳寿命，这种现象叫做腐蚀疲劳。

防止腐蚀疲劳的措施有以下几点。

① 结构设计上避免形成缝隙。

② 采用耐腐蚀的合金材料或不锈钢材料。

③ 对金属材料进行氮化或淬火，使金属材料表面形成压应力。

④ 增加金属材料表面的金属或非金属材料的保护层。

⑤ 采用阳极或阴极保护。

8. 冲刷腐蚀

在生产物料与设备器材间以较高速度作相对运动时，冲刷和腐蚀共同作用下引起材料表面损伤的现象叫做冲刷腐蚀，亦称为磨损腐蚀。

防止冲刷腐蚀的措施有三点。

① 选择适当的金属材料。

② 减小溶液的流速。

③ 介质方面主要是用过滤、除尘和沉淀的措施除去溶液中的固体颗粒。

二、腐蚀的防护技术

腐蚀破坏的形式多种多样，造成金属腐蚀的原因也很多，影响因素也非常复杂。因此，根据不同情况采用的防腐蚀技术也是多种多样的。在生产实践中用得最多的防腐蚀技术大致可分为如下几类。

1. 正确选材

正确选择工程材料是防止或减缓腐蚀的根本途径。根据不同介质和使用条件，选用合适的金属材料和非金属材料，是腐蚀保护最首要的一环。

化工设备一般在特定条件下工作，选材时首先要考虑工作介质的问题。如要分析介质的氧化性、还原性，介质的浓度，介质中杂质的性质、介质的导电性、pH 值等。设备所处的温度也是着重考虑的问题，通常温度升高腐蚀速率加快，在高温下稳定的材料在常温时也往往是稳定的，低温时要考虑冷脆问题。此外还要考虑设备的压力，通常压力越高对材料的耐蚀性能要求越高，所用材料的强度要求也越高。除了以上因素外，选材还需考虑设备的用途、工艺过程及设备结构设计特点，考虑环境对材料的腐蚀以及产品的特殊要求（如医药工业设备不能采用含毒的铅材料)。

除了设备的工作条件以外,材料的性能也是选材要考虑的因素。结构材料一般要求具有一定的强度、塑性和韧性。化工设备的结构材料除了要求具有一定的机械性能外,对材料的耐腐蚀性还有特殊的要求,对各种材料在不同介质中的耐腐蚀性,许多耐腐蚀材料手册或书籍都有定量或定性的介绍,选材时应查阅有关资料,并在生产实际中根据具体的工作情况来选材。

2. 阴极保护

阴极保护是将被保护的金属与外加直流电源的负极相连,在金属表面通入足够的阴极电流,使金属电位变负,从而金属溶解速率减小的一种保护方法。这种方法在 20 世纪 30 年代开始被大规模应用。

阴极保护法分为外加电流阴极保护法和牺牲阳极保护法两种。前者是将被保护金属与直流电源的负极相连,利用外加阴极电流进行阴极极化。而后者则是在被保护设备上连接一个电位更低的金属做阳极(例如在钢设备上连接锌),它与被保护金属在电解质溶液中形成大电池,而使设备进行阴极极化。因在保护过程中,这种电位较低的金属为阳极,逐渐溶解牺牲掉,所以又称为牺牲阳极保护。

金属结构在进行阴极保护时要考虑以下因素:腐蚀介质必须是能导电的,并且要有足够的量以便能建立连续的电路;金属材料在所处的介质中要容易进行阴极极化,否则耗电量大,不宜进行阴极保护;被保护设备的形状、结构不能太复杂,否则可能产生金属表面电流分布不均匀,造成一些地方达不到保护电位,而另一些地方电流集中形成过保护。

3. 阳极保护

对于钝化溶液和易钝化金属组成的腐蚀体系,可以采用外加阳极电流的办法。阳极保护法是将被保护设备与外加直流电源的正极相连,在一定的电解质溶液中将金属进行阳极极化至一定电位,使在此电位下金属建立并维持钝态,从而阳极溶解受到抑制,使金属的腐蚀速率显著降低,设备得到保护,这种方法称为阳极保护法。阳极保护法的应用远晚于阴极保护法,我国在 1961 年开始阳极保护法的研究,1967 年成功应用到碳铵生产的碳化塔设备上,获得显著的效果。阳极保护法非常适用于强氧化性介质的防腐蚀,是一种既经济保护效果又好的防腐技术。

阳极保护只能应用于具有活性-钝性型的金属,如钛、不锈钢、碳钢、镍基合金等,而且电解质成分也影响钝态,因此它只能用于一定的环境。阳极保护不能保护气相部分,只能保护液相中的金属设备。对于液相,要求介质必须与被保护的构件连续接触,并要求液面尽量稳定。所以它的应用范围比阴极保护法要窄得多。

4. 介质处理

处理介质的目的是改变介质的腐蚀性,以降低介质对金属的腐蚀作用。通常有以下几种方法:去除介质中的有害成分;调节介质的 pH 值;降低气体介质中的湿分。

5. 添加缓蚀剂

往介质中添加少量能阻止或减缓金属腐蚀的物质以保护金属方法称为缓蚀剂保护。缓蚀剂防腐蚀由于设备简单,使用方便,投资少,收效大,因而广泛用于石油、化工、钢铁、机械、动力和运输等部门。而且采用缓蚀剂防腐时,整个系统中凡是与介质接触的设备、管道、阀门、机器、仪表等均可受到保护,这一点是任何其他防腐措施都不可比拟的。缓蚀剂种类繁多,常见的缓蚀剂见表 7-2。

表 7-2 常见的缓蚀剂

缓蚀剂名称	缓蚀材料	腐蚀介质
乌洛托品	钢铁	盐酸、硫酸
粗吡啶	钢铁	盐酸、氢氟酸、混酸
负氮	钢铁	盐酸、氢氟酸、混酸
负氮+KI	钢铁	高温盐酸
粗喹啉	钢铁	硫酸
甲醛与苯胺缩合物	钢铁	盐酸
亚硝酸钠	钢铁	淡水、盐水、海水
铬酸钠	钢铁、铝镁铜及合金	微碱性水
重铬酸钠	钢铁、铝镁铜及合金	高碱性水
低模硅酸钠	钢、铜、铅、铝	低含盐量水
高模硅酸钠	黄铜、镀锌	热水

缓蚀剂的缓蚀作用受浓度、温度、流速三方面因素影响，一般缓蚀效率随缓蚀浓度增大而增大，较低温度下缓蚀效率高，加大流速使缓蚀效率降低。

6. 增加金属表面保护层

在化工设备的金属表面上喷、衬、渗、镀、涂上一层耐蚀性较好的金属或非金属材料以及将金属进行磷化、氧化处理，使被保护金属表面与介质机械隔离而降低金属的腐蚀。

7. 合理的防腐蚀设计

每一种防腐蚀措施都有其应用范围和条件，使用时要注意。对某一种情况有效的措施，在另一种情况下就可能是无效的，有时甚至是有害的。例如阳极保护只适用于金属在介质中易于阳极钝化的体系，如果不能造成钝态，则阳极极化不仅不能减缓腐蚀，反而会加速金属的阳极溶解。另外，在某些情况下，采取单一的防腐蚀措施其效果并不明显，但如果采用两种或多种防腐蚀措施进行联合保护，其防腐蚀效果则有显著增加。例如阳极保护-涂料、阴极保护-缓蚀剂等联合保护就比单独一种方法的效果好得多。

因此，对于一个具体的腐蚀体系，究竟采用哪种防腐蚀措施，应根据腐蚀原因、环境条件、各种措施的防腐蚀效果、施工难易以及经济效益等综合考虑，择优选定。

案例 7-2

生产新工艺因腐蚀问题难以解决而不能实现工业化生产，在化工行业中并不鲜见。例如，尿素生产工艺早在 1870 年就被提出来，但是由于该工艺有高温、高压、强腐蚀和连续生产的特点，人们为寻找防蚀技术和实用的耐蚀材料奋斗了大半个世纪。直到 1953 年，荷兰的 Stamicarbon 公司提出在 CO_2原料气中加入氧气作为钝化剂维持不锈钢的钝化，基本上解决了不锈钢作为尿素装置结构材料的腐蚀问题后，才使尿素工艺从此走上了工业化道路，尿素也才成为农业生产中应用最广泛的优质高效肥料。

问题讨论

1. 什么是局部腐蚀？ 常见局部腐蚀有哪些？
2. 生产实践中常用的防腐蚀技术主要有哪些？

美国塌桥事故——鸽子成隐形杀手

2007 年 8 月 2 日，美国明尼苏达州首府的跨河大桥突然垮塌，造成多人伤亡。调查发现，在造成本次事故的多个原因中有一个不能忽视的因素，那就是在大桥桥体内栖息的鸽子及其日积月累的大量排泄物。

从 20 多年前开始，这座倒塌大桥内部生活着大量鸽子，在桥梁的关键部位留下无数粪便。鸽子粪便内含有酸性物质和氨，具有腐蚀性。桥梁金属结构表面的鸽子粪便未能被及时清理干净，在干燥后形成一个坚硬的小盐粒。当这些盐粒被雨水或者雪水溶解后，就会发生某种电化学反应，其结果就是让金属结构腐蚀生锈。受水汽的反复作用，电化学反应一点点产生，持续时间长了，经常遭到鸽子粪便侵蚀的大桥金属结构和混凝土部件慢慢变得日益脆弱和不堪重负。

本章小结

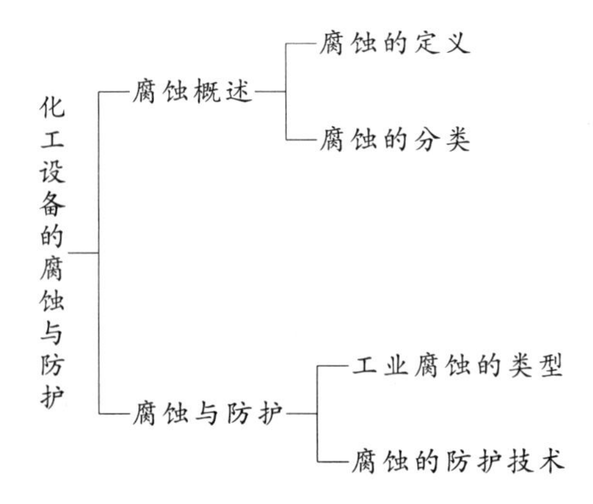

第八章
化工设备的安全检修

学习目标

1. 理解化工检修的特点。

2. 掌握在进行检修前、检修中和检修后三个阶段的安全要求及各个检修环节的安全措施。

3. 了解典型检修事故的案例分析。

设备是进行生产的物质基础，工艺设备状况的好坏是化工企业能否实现安全、稳定、均衡生产的关键。化工生产过程中，由于高温、高压、深冷、负压等操作条件及介质的腐蚀作用，机械设备的往复运动、转动、摩擦、振动以及由于人为因素，如缺乏检查保养、操作失误、违章操作等引起的超温、超压、过热等，都会使设备不断地产生缺陷和隐患，引起磨损、疲劳、减薄、裂纹、变形、松动、结垢、堵塞、锈蚀、老化和泄漏，安全装置失效，仪表失灵等，从而降低设备的生产能力和安全可靠性。为此，设备应按规定进行定期的检查和修理，及时消除缺陷和隐患，确保生产的安全。

因此，化工企业要非常重视生产设备的安全运行，并抓好管理、使用、检修三个环节，定期检查总结工作。企业应设置职能单位或配备专职人员负责企业设备的运行、使用、维护、检修与检验的技术与管理工作。生产车间、工段或班组生产岗位的人员要对设备的使用负责，做好按章操作、正常运行、合理维护与加强保养等工作。设备检修单位的工作人员对检修设备的质量安全负责，并做到精心修理，严格工序检查，保证检修质量，组织协作施工，确保安全检修。

第一节　化工设备检修的分类和特点

一、化工设备检修的分类

化工设备检修可分为计划检修与计划外检修。

1. 计划检修

企业根据设备的管理、使用的经验和生产规律，对设备进行有组织、有准备、有安排、按计划进行的检修称为计划检修。根据检修内容、周期和要求不同，计划检修可以分为小修、中修和大修，以及单一车间或全厂停车大检修。

2. 计划外检修

在生产过程中设备突然发生故障或事故，必须进行不停车或临时停车检修称为计划外检修。

二、化工设备检修的特点

1. 化工设备检修的频繁性

化工生产的特点及复杂性决定了化工设备、管道的故障和事故的频繁性，而使计划检修或计划外检修频繁。

2. 化工设备检修的复杂性

化工生产中使用的设备、机械、仪表、管道、阀门等种类多，数量大，结构和性能各异，这就要求从事检修的人员具有相应的知识和技术素质，熟悉掌握不同设备的结构、原理、性能和特点。检修中由于受到环境、气候、场地的限制，有些要在露天作业，有些要在设备内作业，有些要在地坑或井下作业，有时要上、中、下立体交叉作业，所有这些都给检修增加了复杂性。

3. 化工设备检修的危险性

化工设备和管道中有很多残存的易燃易爆、有毒有害、有腐蚀性物质，而化工检修又离不开动火、动土、人员进罐入塔、吊装、登高等作业，稍有疏忽就会发生火灾爆炸、中毒和化学灼伤等事故。

第二节 化工设备检修前的准备工作

一、组织准备

在化工企业中，应根据设备检修项目的多少、任务的大小，按具体情况，提出检修人力、组织设置的方案，早作准备。一般大中小修项目可按企业设备检修任务的分工进行检修。

二、技术准备

检修的技术准备包括：施工项目、内容的审定；施工方案和停、开车方案的制订；综合计划进度的制定；施工图纸、施工部门和施工任务以及施工安全措施的落实等。

三、材料备件准备

根据检修的项目、内容和要求，准备好检修所需的材料、附件和设备，并严格检查是否合格，不合格的不可以使用。

四、安全措施的准备

为确保化工检修的安全，除了企业已制定的动火、动土、管内罐内作业、登高、起重等安全措施外，应针对检修作业的内容、范围提出补充安全要求，制定相应的安全措施，明确检修作业程序、进入施工现场的安全纪律，并指派人员负责现场的安全宣传、检查和监督工作。

五、安全用具准备

根据检修的项目、内容和要求，准备好检修所需的安全及消防用具。如安全帽、安全带、防毒面具以及测氧、测爆、测毒等分析化验仪器和消防器材、消防设施等。

六、检修器具合理堆放方案

检修用的设备、工具、材料等运到现场后，应按施工器材平面布置图或环境条件、妥善布置，不能妨碍通行，不能妨碍正常检修，避免因工具布置不妥而造成工种间相互影响。负责设备检修的单位在检修前需将准备工作内容及要求向检修工人说明。

问题讨论

停车检修应做哪些安全准备工作?

第三节　停车检修前的安全处理

一、计划停车检修

做好设备检修前的化工处理是保证安全检修的前提条件，是工艺车间为安全检修创造良好条件的重要内容。化工处理上的任何疏忽都将给检修工作带来困难，甚至引起火灾、爆炸、中毒事故的发生。

化工处理包括停车、卸压、降温、排料、抽堵盲板、置换、清洗吹扫等内容。液体介质与固体残留物则必须进行排放、吹扫、清洗、清铲等工作。

化工工艺处理的主要任务是使交出检修的设备与运行系统或不置换系统进行有效的隔绝，并处于常温、常压、无毒、无害的安全状态。交出检修的设备不但要隔绝有毒有害、易燃易爆的物料来源，而且还应与氮气、蒸气、空气、水等系统隔绝，以防止有害物质串入其他系统和设备中。具体措施和步骤如下。

1. 停车

系统停车（开车）应按照停车（开车）方案进行，在生产调度统一指挥下按程序将停车（开车）步骤、置换方案、联系信号等有关停车（开车）要求向各工号的值班长交代清楚。停车过程中，减负荷、减量、降压、降温应严格按照操作规程规定的程序和工艺指标进行，防止因停车不当造成事故。

2. 泄压排放

泄压放空过程若操作不当，检查联系不周，容易发生系统中串压、超压、爆炸、静电着火、跑液、中毒等事故。卸压速度不能过快，要缓慢进行，在压力未泄尽排空前不得拆动设备。工艺系统中的易燃易爆、有毒有害、有腐蚀性的物料残液排放前应进行处理并符合排放标准，不允许直接排至下水道，以防污染水系。进行登高放空作业时要两人同行，随身携带防毒面具，注意风向，严防放空的气体折回或侵入车间现场，引起中毒。

3. 降温

降温操作应按规定速度缓慢进行，以防温度降得过快损坏设备。高温设备、锅炉压力容器的降温不得采用冷水喷洒等骤冷的方法来降温，而应在切断热源后，以强制通风自然降温。

4. 抽堵盲板

为防止易燃易爆、有毒有害物质泄漏到检修系统，凡交出的设备必须与运行系统或不置换系统进行有效的隔绝，这是确保检修安全必须严格遵守的一项基本原则。检修设备和运行系统隔离的最好办法就是装设盲板或拆除一段管子的方法，不允许只凭关闭阀门作为隔绝措施。

抽堵盲板一般是在带一定压力情况下进行的，而且工艺介质具有易燃易爆、有毒有害的物质，盲板的位置又多处于高空，易引起火灾爆炸，中毒坠落事故。因此抽堵盲板是一项危险性较大的作业，为保证抽堵盲板的施工质量和施工中的安全，必须认真做好如下安全技术措施。

（1）保持正压　抽堵盲板前应检查确认系统内的压力、温度降到规定要求，并在整个作业期间有专人监视和控制压力变化，保持正压，严防负压吸入空气造成事故。

（2）严防中毒　作业前要准备好长管式防毒面具并且穿戴好防护用品，使用前认真检查，按规定要求正确使用并在专人监护下进行工作，作业时间不宜过长，一般不超过 0.5h，超过应轮换休息。

（3）防止着火　带有可燃易爆介质抽堵盲板时应准备好消防器材、水源，作业期间周围 25m 内停止一切动火作业并派专人巡查。禁止用铁器敲击，应使用不会击出火花的专用防爆工具，如用铁质工具应在接触面上涂黄油，如用手提照明应使用 36V 的防爆灯具。

（4）注意高处作业安全　2m 以上作业应严格遵守高处作业安全规定。

（5）安全拆卸法兰螺丝　拆卸法兰螺丝时应隔一两个松一个，宜对称缓慢进行，待压力温度降到规定要求，并将管道中的热水、酸碱余液排尽至符合作业条件时方可将螺丝拆下。拆卸法兰螺丝时，不得面对法兰或站在法兰的下方，防止系统内介质喷出伤人。

5. 置换

置换通常是指用水、蒸汽、惰性气体将设备、管道里的易燃易爆或有毒有害气体彻底置换出来的方法。置换作业的安全注意事项有以下几点。

（1）可靠隔离　置换作业应在抽堵盲板之后进行。

（2）制订方案　置换前应制订置换方案，绘制置换流程图，根据置换和被置换介质密度不同，合理选择置换介质入口、被置换介质取样点和排出口，防止出现盲区。

（3）置换彻底　置换用的气体必须保证质量，若用氮气置换必须保证氮气纯度，若用注水排气置换时应在设备最高部位接管排水，以确认注水充满设备，排尽内部气体。要严防设备顶部袋形空间弯头处形成死角。

（4）取样分析　置换是否达到安全要求，不能根据置换时间的长短或置换气体的用量判断，而应根据气体分析化验是否合格为依据。取样分析应按照规定的取样点取样、分析，必须及时准确有代表性。如果取样分析出现不合格时，不应盲目怀疑否定分析结果，而应继续置换，重新取样直至分析合格。

6. 吹扫和清洗

设备管道内易燃、有毒介质的残液、残渣、油垢沉积物等有的在常温时不易分解挥发，取样分析也符合动火要求和卫生要求，但当动火或环境温度升高时，却可能迅速引起分解挥发，使空气中可燃物质或有毒有害物质浓度增高而影响检修的安全，因此置换排放后有的管道设备还应认真做好吹扫、清洗工作。

（1）吹扫　设备管道内残留的有毒、易燃液体等一般用吹扫的方法进行清除，使用介质通常是蒸汽，应集中用汽，一根一根管道逐根进行，吹扫时要选择最低部位排放，注意弯头等部位，防止死角和吹扫不净。吹扫过程中要控制流速，防止产生静电火花。吹扫时要认真检查蒸汽管线接头是否牢固，绑扎可靠，接用蒸汽的胶皮管事先应理顺、畅通，防止折扁、蹩压甩出冷凝液，喷出蒸汽烫伤人。

（2）清洗　经置换吹扫仍无法清除的可燃有毒沉积物则应用蒸汽、热水蒸煮、酸洗或碱洗。

二、临时停车抢修

停车检修作业的一般安全要求，原则上也适用于小修和计划外检修等停车检修。特别是临时停车抢修，更应树立“安全第一”的思想。临时停车抢修和计划检修有两点不同：一是动工的时间几乎无法事先确定；二是为了迅速修复，一旦动工就要连续作业直至完工。所以在抢修过程中更要冷静考虑，充分估计可能发生的危险，采取一切必要的安全措施，以保证检修的安全顺利。

问题讨论

设备检修交出前的工艺处理步骤有哪些?

第四节　化工设备检修作业的安全要求

一、动火作业

1. 动火的含义

凡是动用明火或可能产生明火的作业都属于动火作业。例如电焊、气焊、喷灯加热、电炉、熬炼、烘炒砂石、凿水泥基础、打墙眼、电气设备的耐压试验、砂轮作业、金属器具的撞击等作业。

2. 动火作业安全要求

（1）审证　动火作业必须办理“动火证”的申请、审核和批准手续，要明确动火的地点、时间、动火方案、安全措施、现场监护人等项目。

（2）联系　动火前应与动火设备所在车间、与该设备有管道连通的车间、安全部门、消防部门等进行联系，并根据情况采取必要的措施。

（3）移去可燃物　在动火周围 10m 以内应停止其他用火工作，并清除可燃物或将可燃物移到安全场所。

（4）灭火措施　动火现场准备好适用的、足够数量的灭火器具，附近消防龙头要灵活好用；必要时消防人员和消防车到现场做好准备。

（5）持证操作　动火人员必须持证操作，应严格遵守安全用火制度，做到“三不动火”：没有经过批准不动火；消防监护人不在场不动火；防火措施不落实不动火。

（6）动火分析　动火分析一般不要早于动火前0.5h，如动火中断0.5h以上，应重新进行取样分析。

（7）动火作业　动火人员要与监护人协调配合，在动火中遇有异常情况，如生产装置紧急排放，或设备、管道突然破裂，或可燃气体外泄时，监护人或动火指挥应果断命令停止作业，并采取措施，待恢复正常、重新分析合格并经原审批部门审批后才能重新动火。

（8）油罐带油动火　由于各种原因，罐内油品无法倒空，只能带油动火时，除按上述动火要求外，还应注意以下几点。

① 在油面以上，不准带油动火。

② 补焊前应进行壁厚测定，作业时防止罐壁烧穿，造成泄油着火。

③ 动火前用铅或石棉绳等将裂缝塞严，外面用钢板补焊。

（9）带压不置换动火　在未经置换而带有一定压力的可燃气体的设备或管道上动火，只要严格控制设备和管道内介质中的氧含量，使之无法形成爆炸混合气，是不会引起爆炸的。

带压不置换动火危险性极大，必须慎重对待，非特殊情况下不宜采用，必须采用时应注意以下事项。

① 动火作业必须保证在正压下进行，防止空气吸入发生爆炸。

② 在带压不置换动火系统中，必须保证氧含量低于1%（环氧乙烷例外）。

③ 补焊前应进行壁厚测定，保证补焊时不被烧穿。

④ 补焊前应对泄漏处周围的空气进行分析，防止动火时发生爆炸和中毒。

⑤ 整个作业期间，监护人、抢救人员及医务人员都不得离开现场。

（10）动火作业六大禁令

① 动火证未经批准，禁止动火。

② 不与生产系统可靠隔绝，禁止动火。

③ 不清洗或置换不合格，禁止动火。

④ 不清除周围易燃物，禁止动火。

⑤ 不按时作动火分析，禁止动火。

⑥ 没有消防措施，禁止动火。

二、动土作业

1. 动土的含义

凡是影响到地下电缆、管道等设施安全的地上作业都属于动土作业的范围。如挖土、打桩、埋设地线等入地超过一定深度的作业；地面堆放物件或大型设备；使用推土机、压路机等施工机械进行填土或平整场地的作业。

2. 动土作业安全要求

（1）审证　动土作业前必须持施工图纸及施工项目批准手续等有关资料，到有关部门办理《动土安全作业证》。

（2）动土作业的注意事项　为防止动土作业造成的各种事故，作业时应注意以下几点。

① 防止损坏地下设施和地面建筑，施工时必须小心。

② 开挖没有边坡的沟、坑、池等必须根据挖掘的深度设置支撑物，注意排水，防止坍塌。

③ 防止机器工具伤害。夜间作业必须有足够的照明。

④ 挖掘的沟、坑、池等和破坏的道路，应设置围栏和标志，夜间设红灯，防止行人和车辆坠落。

⑤ 在化工危险场所动土，要与有关操作人员建立联系，当发现有害气体泄漏或可疑现象时，化工操作人员应立即通知动土作业人员停止作业，迅速撤离现场。

三、管内罐内作业

1. 管内罐内作业的含义

凡是进入塔、釜、槽、罐、炉、器、烟囱、料仓、地坑或其他闭塞场所内进行的作业，均称管内罐内作业。化工检修中管内罐内作业频繁，和动火一样是危险性很大的作业。

案例 8-1

某化肥厂检修脱硫塔，检修时仅打开了人孔盖，而未进行置换和采样分析化验，便派人进入罐内作业。入罐检修人员又未戴防毒面具，结果入罐 8 人全部中毒，其中 2 人死亡。事故原因是不置换分析，盲目入罐。

案例 8-2

某化工厂因造气车间变换炉触媒老化失效，停车更换触媒，按罐内作业要求指派了一人监护。由于检修的变换炉和生产运行系统未用盲板可靠隔离，当空分车间启动氮压缩机向外送氮时，氮气经阀门泄漏入检修炉内。在外监护的人员擅离职守也进入了炉内，结果检修工和监护人员都窒息死亡。事故原因是由于检修设备隔离不力造成的。因此，必须对进入管内罐内作业实行特殊的安全管理，以避免意外事故的发生。

2. 管内罐内作业安全要求

（1）可靠隔离　进入管内罐内作业的设备必须和其他设备、管道可靠隔离，绝不允许其他系统中的介质进入检修的管内罐内。

（2）切断电源　有电动和照明设备时，必须切断电源，并挂上“有人检修，禁止合闸”的牌子。

（3）清洗、置换和通风　防止危险气体大量残存，并保证氧气充足（氧含量 18%～21%）。作业时应打开所有的人孔、手孔等保证自然通风。对通风不良及容积较小的设备，作业人员应采取间歇作业或轮换作业。

（4）取样分析　作业前 30min 内进行安全分析，分析合格后才能进行作业，作业中应每间隔一定时间就重新取样分析。

（5）监护　设专人在外监护，内外要经常联系，以便发生意外时及时抢救。

（6）用电安全　管内罐内作业照明、使用的电动工具必须使用安全电压，在干燥的管内罐内电压≤36V，潮湿环境电压≤12V。若有可燃物存在，还应符合防爆要求。

在管内罐内进行电焊作业时，人要在绝缘板上作业。

（7）个人防护　进入管内罐内作业应按规范戴防护面具，切实做好个人防护。一次作业的时间不宜过长，应组织轮换。

（8）急救措施　管内罐内作业必须有现场急救措施，如安全带、隔离式面具、苏生器等。对于可能接触酸碱的管内罐内作业，预先应准备好大量的水，以供急救时用。

（9）升降机具　管内罐内作业用升降机具必须安全可靠。

化工检修中的管内罐内作业，必须和动火、动土一样，事前应按规定办理审批手续，有关部门负责人应检查各项安全措施的落实情况。作业结束时，应清理杂物，把所有工具、材料等搬出罐外，不得有遗漏。经检修单位和生产单位共同检查，在确认无疑后，方可上法兰加封。

（10）进入容器、设备的八个必须

① 必须申请、办证，并得到批准。

② 必须进行安全隔绝。

③ 必须切断动力电，并使用安全灯具。

④ 必须进行置换、通风。

⑤ 必须按时间要求进行安全分析。

⑥ 必须佩戴规定的防护用具。

⑦ 必须有人在器外监护，并坚守岗位。

⑧ 必须有抢救后备措施。

四、高空作业

1. 高空作业的含义

凡在坠落高度基准面 2m 以上（含 2m）有可能坠落的高处进行的作业，均称为高空作业。

2. 高空作业安全要求

（1）作业人员　患有精神病、癫痫病、高血压、心脏病等疾病以及深度近视的人，不准参加高处作业。

（2）作业条件　高处作业均须先搭脚手架或采取其他防止坠落的措施后，方可进行。

（3）防止工具材料坠落　高处作业所使用的工具材料、零件等必须装入工具袋，上下时手中不得持物；不准投掷工具、材料及其他物品。

（4）防止触电　高处作业附近有架空电线时，应根据电压等级与电线保持规定安全距离（≤110kV 为 2m；220kV 为 3m；330kV 为 4m）。防止导体材料碰触电线。

（5）防中毒　在易散发有毒气体的厂房、设备上方施工时，要设专人监护。如发现有有毒气体排放时，应立即停止作业。

（6）气象条件　六级以上大风、暴雨、打雷、大雾等恶劣天气，应停止露天高空作业。

（7）注意结构的牢固性和可靠性　登石棉瓦、瓦棱板等轻型材料作业时，必须铺设牢固的脚手板，并加以固定，脚手板上要有防滑措施。

（8）禁止上下垂直作业　高空作业时，一般不应垂直交叉作业。凡因工序原因必须上下同时作业时，须采取可靠的隔离措施。

五、起重与搬运作业

1. 起重作业

起重作业是指利用起重机械进行的作业。化工企业在进行设备检修时，起重作业频繁，因此，加强起重作业的安全管理是十分重要的。

（1）起重准备工作　起吊大件的或复杂的起重作业，应制订包括安全措施在内的起吊施工方案，由专人指挥。普通小件的吊运，也要有周密的安排。一般应做到以下几点。

① 根据设备的材质、结构、面积、厚度及内存物料情况进行计算，估重并找出重心，确定捆绑方法和挂钩。

② 察看起重物在上升、浮动、落位、拖运、安放的过程中，所通过的空间、场地、道路有无电线电缆、管线、地沟盖板等障碍，并采取相应措施确保起重作业在中途不发生意外。

③ 根据重物的体积、形状和重量，确定起吊方法，选定起吊工具。起吊大型设备，先要“试吊”，“试吊”合格，再正式起吊。

（2）起重作业“五好”、“十不吊”

① “五好”：思想集中好；上下联系好；机器检查好；扎紧提放好；统一指挥好。

② “十不吊”：指挥信号不明或乱指挥不吊；超负荷或重物重量不明不吊；斜拉重物不吊；光线阴暗看不清吊物不吊；重物上面有人不吊；捆绑不牢、不稳不吊；重物边缘锋利无防护措施不吊；重物埋在地下不吊；重物越过人头不吊；安全装置失灵不吊。

2. 人力搬运安全管理

（1）个人负重　在人力搬运作业中，个人负重最多不超过 80kg。两人以上协力作业，平均每人负重不得超过 70kg。单人负重 50kg 以上，平均搬运距离最好不超过 70m；应经常休息或替换，注意正确的搬运姿势，如图 8-1 所示。

错误

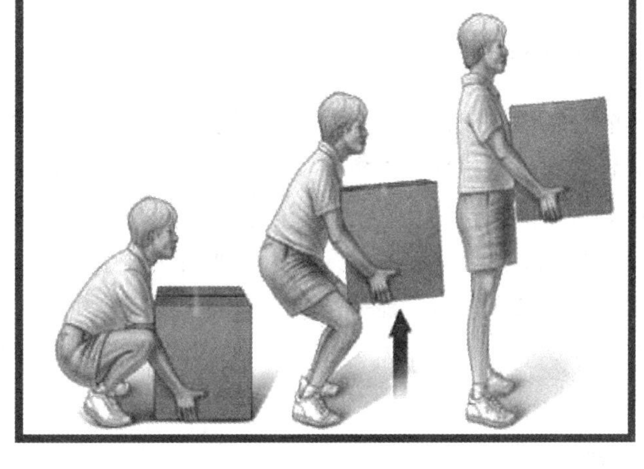
正确

图 8-1　搬运姿势

(2)轻拿轻放 在人力搬运作业中，要做到轻拿轻放，拿放时最好有人协助，切忌扔摔。

问题讨论

1. 动火作业的安全要点有哪些?
2. 进入管内罐内作业检修前注意哪些操作步骤?
3. 检修作业期间如何加强自我保护?

第五节 化工设备检修后的交工验收

一、交工验收和试车

在检修项目全部完成和设备及管线复位后，要组织生产人员和检修人员共同参加试车和验收工作。

在试车和验收前应做好下列安全检查。

(1) 检查所有阀门是否处于应开、应关位置和水封情况及盲板应抽应堵情况。

(2) 检查所有防护罩、安全阀、压力表、液面计、爆破板、安全联锁、信号等装置是否齐全，是否正确复位。

(3) 检查设备及管道内是否有人、工具、手套等杂物遗留，在确认无误后才能封盖设备，恢复设备上的防护装置。

(4) 检查检修现场是否做到“工完、料净、场地清”和所有的通道都畅通的要求。

(5) 检查电机及传动机械是否按原样接线，冷却及润滑系统是否恢复正常。

各项检查无误后方可进行单体或联动试车。试车合格后，按规定办理验收手续，并有齐全的验收资料，其中包括安装记录、缺陷记录、试验记录、(如耐压、气密性试验、空载试车、负荷试车等)、主要零部件的探伤报告及更换清单。

二、开车安全

装置的开车必须严格执行开车的操作规程。在接收易燃易爆物料之前，设备和管道必须进行气体置换合格，将排放系统与火炬联通并点燃火炬，接收物料应缓慢进行。热力设备注意排放冷凝水，防止管线及设备的冲击、震动。接收蒸汽加热时，要先预热、放水，逐步升温、升压。各种加热炉必须按程序点火，严格按升温曲线进行升温操作。

开车正常后检修人员才能撤离。有关部门要组织生产和检修人员交工验收，整理交工资料，归档备查。

问题讨论

设备检修完工后，交工验收和试车开工时，应做好哪些安全工作?

本章小结

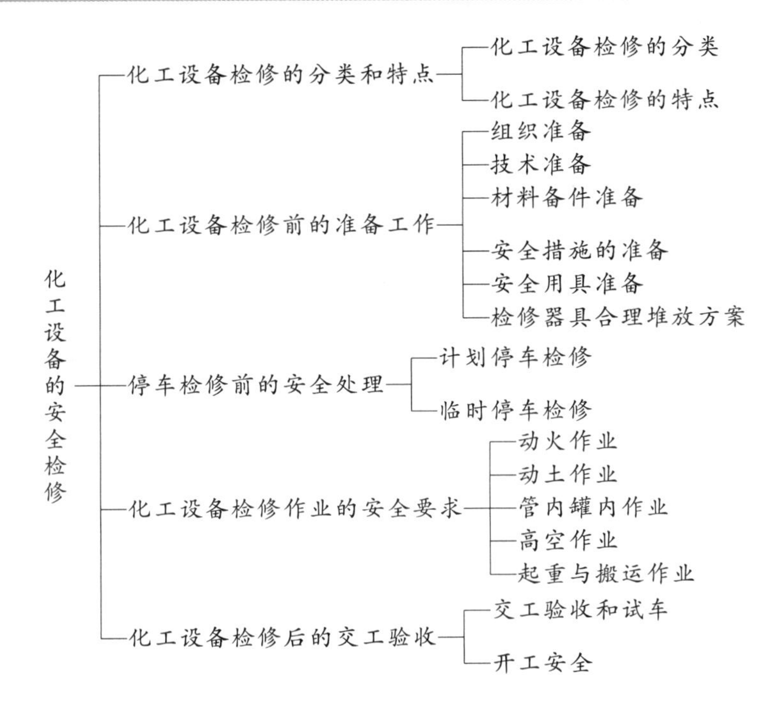
化工设备的安全检修
化工设备检修的分类和特点
化工设备检修的分类
化工设备检修的特点
化工设备检修前的准备工作
组织准备
技术准备
材料备件准备
安全措施的准备
安全用具准备
检修器具合理堆放方案
停车检修前的安全处理
计划停车检修
临时停车检修
化工设备检修作业的安全要求
动火作业
动土作业
管内罐内作业
高空作业
起重与搬运作业
化工设备检修后的交工验收
交工验收和试车
开工安全

第二篇

责任关怀

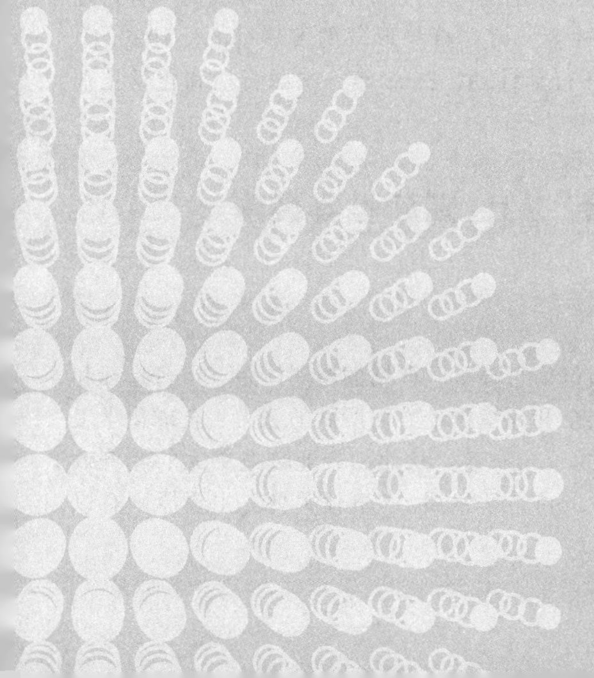

第九章
责任关怀概述

学习目标

1. 了解实施“责任关怀”的原则和基本要求。
2. 理解推行“责任关怀”的意义。

责任关怀（Responsible Care，简称 RC）是全球范围内石油和化工行业开展的一种行业自律行动，是石油和化工企业关爱员工、关爱社会、树立自身形象的发展理念。1992 年，国际化学品制造商协会决定在全球推行责任关怀行动计划。2002 年，中国石油和化学工业协会正式在国内推广责任关怀计划。

第一节　实施“责任关怀”的原则和基本要求

一、责任关怀的原则

责任关怀不只是一系列规则和要求，而是通过信息分享、严格的检测体系、运行指标和认证程序，使化学工业向世人展示其在健康、安全和环境质量方面所做的努力。全球化学工业通过实施“责任关怀”，可以使其生产过程更为安全有效，从而为企业创造更大的经济效益，并且极大程度地取得公众信任，实现全行业的可持续发展。“责任关怀”主要原则有以下几个方面。

1. 不断提高化工企业在技术、生产工艺和产品中对健康、安全、环境的认知和行为意识

化工企业在进行化学品的生产、储运、销售、使用过程中，是否对其生产技术、生产工艺和产品对健康、安全和环境的影响有所认识和认识程度如何，作业人员是否具有安全意识和安全行为、卫生行为，将直接影响企业能否正常开展生产经营活动。若企业在化学品对健康、安全和环境的影响方面没有认识或认知不够，作业人员的安全意识不强，那么这个企业的生产过程处于盲目状态，在此种状态下，不可避免会发生安全事故，造成人员伤亡，财产损失，环境污染。

企业实施"责任关怀"的一个主要原则就是要不断提高管理层和全体员工对化学品危害的认知度，提高员工的安全意识和安全行为、卫生行为。而且要把这些认识告知相关人员，提高其对化学品危害的认识。

2. 充分的使用能源并使废物的产生达到最小化

任何化工生产都需要能源，没有能源则机器不能开动，生产活动无法进行。任何化工企业只要进行生产活动，就会有"三废"产生。我国一些中小化工企业的能源不能充分利用，"三废"不能妥善处理。

实施"责任关怀"的企业要树立"零排放"的理念，对"三废"要妥善处理、充分利用。有的企业经过创新研究将废渣作为生产另一种产品的原料，加以充分利用，这就变废为宝。有的企业将废水充分净化处理，循环利用，真正做到废水"零排放"，既节约了资源，又降低了成本。

3. 公开报告有关的行动、成绩和缺陷

实施"责任关怀"的企业对自己的有关行动、取得的成绩和存在的缺陷，向企业员工和社会公众及相关方都是公开的。在"责任关怀"的准则中，每项准则的管理要素中都有一项管理评审要素。管理评审就是要求企业定期（一般要求一年）对"责任关怀"的方针、目标及各项管理制度、行动措施进行评价，肯定成绩，找出缺陷和不足，最后要形成书面的评审报告。这份报告要提供给企业的最高管理者作为修改下一年度制定管理制度的依据。

4. 企业与公众沟通并共同努力，力争达到他们所期望的要求

与公众进行沟通和交流实施"责任关怀"的企业要组织周围社区和社会公众的代表到企业来，与他们沟通和交流。首先要介绍本企业在生产过程中可能存在哪些危害因素及可能产生的危害，企业采取了哪些预防措施，从而能有效避免危害的发生。企业还要倾听公众对企业所关注的问题、意见和建议。企业与公众要共同努力，采取有效措施，力争取得最好效果，以达到他们所期望的要求。

5. 积极参与政府和相关组织制定用以确保社区、工作场所和环境安全的有关法律法规和标准

健康、安全和环境保护等有关法律法规、标准是企业实施"责任关怀"的依据和准绳。法律法规、标准制度的缺陷与不足也只有在实践中不断发现。实施"责任关怀"的企业应积极与政府及相关组织合作，首先是执行相关法律法规和满足标准的要求，并能促进相关法律法规、标准的发展，并为制定和修订相关法律法规、标准提供科学和技术的依据。

6. "责任关怀" 是自律的、自发的行为，但在企业内部是制度化、强制性的行为

"责任关怀"不是政府或某个组织要求企业去推行的，而是企业自愿的、自发的行为。在企业管理层，"责任关怀"是一种态度、一种理念，教育、宣传、评价的成分多一些。但

在基层，“责任关怀”的准则就应是日常的、必须执行的行为，也可以说是具有强制性的。“责任关怀”的准则是非常具体的，基本上包含了某一产品所涉及的与健康、安全、环保有关的所有细节。

企业要根据准则的要求，制定相应的制度，以制度保证准则的落实、执行。另外客户使用产品时，可能会存在什么危害，针对这一危害企业要有哪些建议和措施。如果客户不能正常使用，企业就不能把产品出售给该客户，因为存在着潜在的危险。以上都做到了，如果还是发生了安全事故，企业又该怎么办？还要有一个应急响应预案，包括和社区、社会公众对话等内容。只有通过实施准则的具体执行和落实，各种情况才能监管到位。

7. 与供应商、运输商和承包商共享“责任关怀”的经验和声誉，并提供帮助以促进“责任关怀”的推广

化工企业的生产和经营离不开供应商、运输商和承包商。企业生产所需的原材料、机械设备都需要供应商供给；原材料和产品的运输需要运输商来承担；生产设备的安装、检修和技术改造需要承包商进入企业施工。实施“责任关怀”的企业如果只是把自身的健康、安全和环保工作做好了，还是远远不够的。如果供应商提供了不合格产品，利用这种产品作原料生产出的产品质量不仅没有保障，还存在较大的隐患，很有可能发生安全事故。

同样，如果运输商和承包商没有做好健康、安全和环保的管理工作，存在事故隐患，很可能引发安全事故，给企业造成巨大损失。因此，化工企业在选择供应商、运输商和承包商时，一定要特别谨慎，最好是选择已开展“责任关怀”的企业，即使他们没有推行“责任关怀”，也应该是在 HSE（健康、安全、环境）的各个方面做得比较好的企业，与他们共享“责任关怀”的经验，并给他们提供帮助，促进他们推行“责任关怀”。

二、实施责任关怀的基本要求

在化工企业实施“责任关怀”要经过以下三个阶段：启动阶段、实施阶段、管理评审与持续改进阶段。

1. 决策与承诺

化工企业推行“责任关怀”理念，首先要有最高管理层（如董事会等）召开会议集体决策，并要作出承诺，为实施“责任关怀”需要的人才、资金等予以保障和支持。

2. 最高管理者签署承诺书

最高管理者签署的承诺书是最高管理层承诺的必要形式，应予以公布并存档，作为将来行动的依据文件。应保证提供实施“责任关怀”过程中所需的各种支持，并参与推广和实施“责任关怀”的统一行动。

3. 设立推行“责任关怀”的管理机构

企业内部应设立负责推行“责任关怀”的管理机构，或明确负责此项工作的现有管理部门，必须设专职管理人员。

4. 制订“责任关怀”的方针和目标

企业应对本企业的健康、安全和环保工作的实际状况进行一次先期的评估。根据评估结果，制订出企业的“责任关怀”方针。依据方针总的要求，制订出各项工作目标。

5. 制订“责任关怀”的实施计划与管理制度

企业应根据工作目标制订出“责任关怀”的实施计划，内容包括：具体措施、时间表、

责任部门和责任人。

为了保证计划的落实还必须制订出相应的管理制度。

6. 实施

根据“责任关怀”实施准则要求和实施计划，在企业内全面实施“责任关怀”。应进行全员培训，让每个部门和全体员工认知“责任关怀”，了解本企业的目标和实施计划，了解本部门及个人的职责等。

7. 检查与绩效考核

检查计划的执行情况，将检查执行准则存在的问题与不足予以纠正。绩效考核是“责任关怀”实施一个阶段以后，对准则的执行进行的综合考核。这将进一步完善执行准则的措施，不断提高健康、安全和环境的管理绩效。

8. 管理评审和持续改进

企业应建立评审制度、成立评审小组、明确评审目的、制定评审计划。每年进行一次责任关怀评审活动，写出评审报告。

企业的“责任关怀”评审报告书要上报最高管理层，并公布。最高管理层依据评审报告书提出的问题，进行持续改进，修改工作目标，修改规章制度。对不适应的预防措施做进一步修正，使“责任关怀”的内容更加完善。

第二节　推行“责任关怀”的意义

一、促进全球经济一体化的进程

当今世界的经济，国与国之间依存度越来越高。由于信息时代的到来，全球经济一体化势在必行，其进程的快慢受多种因素所制约，其中健康、安全和环境是关键的因素之一。现在全国各地、各级政府都在招商引资，促进本地区经济发展。但是一些企业也在吸取20多年前的教训，凡是对环境有影响，对员工和公众的健康、安全有威胁的项目，效益再好也不感兴趣。而且，企业的产品要出口，若产品对用户的健康、安全有威胁，对环境有影响，即使产品再便宜，也很少有人去买它，甚至会受到相关的国际法律法规的制约。

在中国推行“责任关怀”后，化工企业能自觉地把健康、安全和环保工作做好，对其产品的全过程负责任，对用户百分之百地做好服务，中国化学工业融入全球经济的步伐也就加快。由于全球跨国化学工业大公司都在推行“责任关怀”，他们在采购原材料，选择供应商时，将推行“责任关怀”的企业作为首选的供应商。因此，实施“责任关怀”后，必将促进全球经济一体化的进程。

二、促进构建和谐社会的前进步伐

和谐社会由多种要素构成，其中诚信友爱、充满活力、安定有序、人与自然和谐相处是最重要的要素。实施责任关怀，就是化工企业追求、落实“零事故”、“零排放”的目标。企业与周边社区、社会公众通过沟通与交流，达到互相理解的要求。公众对企业可以不断提出他们的期望和要求，企业通过自身努力，不断满足公众的愿望和要求。企业为用户提供真诚的服务，使用户买到放心的产品，并为用户提供帮助，促进用户也实施“责任关怀”。这些都有利于为企业构建和谐的发展环境。

三、促进化学工业的可持续发展

可持续发展的基本概念与人类经济、社会和环境目标协调一致，与当前发展和长远发展目标协调一致。可持续发展就是既满足当代人的需求，而又不对后代人满足其自身需求的能力构成危害的发展。换句话说，就是指经济、社会、资源和环境保护协调发展，它们是一个密不可分的系统，既要达到发展经济的目的，又要保护好人类赖以生存的大气、淡水、海洋、土地和森林等自然资源和环境，使子孙后代能够安居乐业。随着工业化的发展，尤其是作为重要组成部分的化工行业，对环境、安全及健康的危害已经越来越受到社会的重视。如何持续的发展化工工业，成为目前亟待解决的问题。而责任关怀作为一个化学工业计划，其实施是促进化工行业持续发展的有效措施之一。

责任关怀是化工可持续发展战略与对策。从责任关怀的含义来看，它是针对化工行业对自身发展情况提出的自律性的、持续改善的自主活动。终极目的是实现零污染排放、零人员伤亡、零财产损失，实现化工行业的可持续发展。责任关怀不是着眼于近期的商业利益，而在于树立良好的行业公众形象。责任关怀的实施，一方面能够提高企业的效率，促进发展；另一方面确保化学工业产品，并减少对人类健康和环境的不利影响。

第三节 化工类中职学校进行“责任关怀”教育与社会信任重建的必要性

一、化工类中职学校人才培养目标的需要

目前，化工类中职学校教育的培养目标是为化工行业培养各种高素质的劳动者和技术技能型人才。重点是敬业守信、精益求精、勤勉尽责等职业精神的培养以及文化素质、科学素养、综合职业能力和可持续发展能力的培养。目的是为成为适应企业和社会发展的基层建设者的需要，并最终承担起社会公民的责任和义务。因此，将“责任关怀”是化工类中职学校人才培养目标的需要。

二、化工类职业院校校园文化建设的需要

《教育部人力资源社会保障部关于加强中等职业学校校园文化建设的意见》（教职成［2010］8号）文件要求，中职学校校园文化建设要贴近社会、贴近职业、贴近学生。要结合专业培养目标要求，体现民族文化特点，体现行业、企业文化特征，体现时代精神，开展喜闻乐见、富有成效的教育教学活动。职业学校承担着引领先进文化建设的社会责任，要积极推动优秀企业文化进校园，就要引进和融合优秀化工行业文化——“责任关怀”，促使学生养成良好的职业道德和职业行为习惯，帮助学生顺利实现从学校到企业的跨越。

三、推进专业课程内容与职业标准对接的需要

《教育部关于深化职业教育教学改革全面提高人才培养质量的若干意见》提出，职业学校课程建设要“适应经济发展、产业升级和技术进步需要，建立完善专业教学标准和职业标准联动开发机制。要对接最新职业标准、行业标准和岗位规范，紧贴岗位实际工作过程，更

新课程内容，调整课程结构，深化多种模式的课程改革”。《责任关怀实施准则》（HG/T 4184—2011）是工业和信息化部颁布的化工行业职业标准，是中国石化行业向世界践行承诺实施“责任关怀”的基础性参照文件。作为培养化工人才的中职学校，对行业号召及时发出响应，主动将专业课程内容与职业标准对接，在学生中进行责任关怀理念教育，将使培养的学生更适应行业企业发展的需要。

四、化工类中职学校毕业生可持续发展的需要

当今社会是人才的社会，但对人才的要求也在不断增加，如果只靠大量书本知识已经无法满足现代社会对人才的要求，复合型、高素质的人才才是社会需求的重点，化工行业也不例外。化工类中职学校培养出的毕业生要想在未来社会具有竞争力，同样也要具备一定的素质。不仅要在学校学习基本的书本知识和简单设备的操作方法，更重要的是还要在学习期间领会更多的社会责任意识、职业道德意识，从而具备良好的职业态度和职业精神，不断提高自己的素质，让自己在社会竞争中保有核心竞争力，而“责任关怀”教育正是提高此竞争力的有效手段。因此，化工类中职学校进行“责任关怀”教育可促进学生可持续发展。

问题讨论

1. 什么是“责任关怀”？ 为什么“关怀”？
2. 开展“责任关怀”的意义是什么?

本章小结

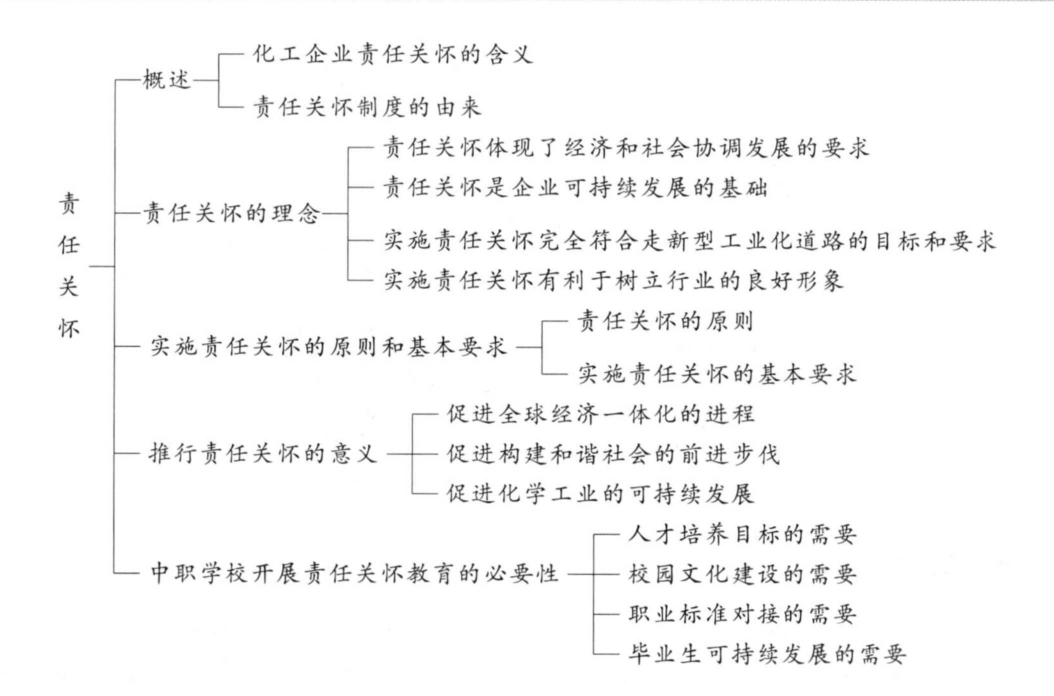

第十章

责任关怀的六项实施准则

学习目标

1. 理解责任关怀实施准则的要点、基本要求。
2. 掌握实施六项准则的规则、程序以及关键环节。

责任关怀的六项准则包括社区认知和应急响应准则、储运安全准则、污染防治准则、工艺安全准则、职业健康安全准则、产品安全监管准则。

第一节　社区认知和应急响应准则

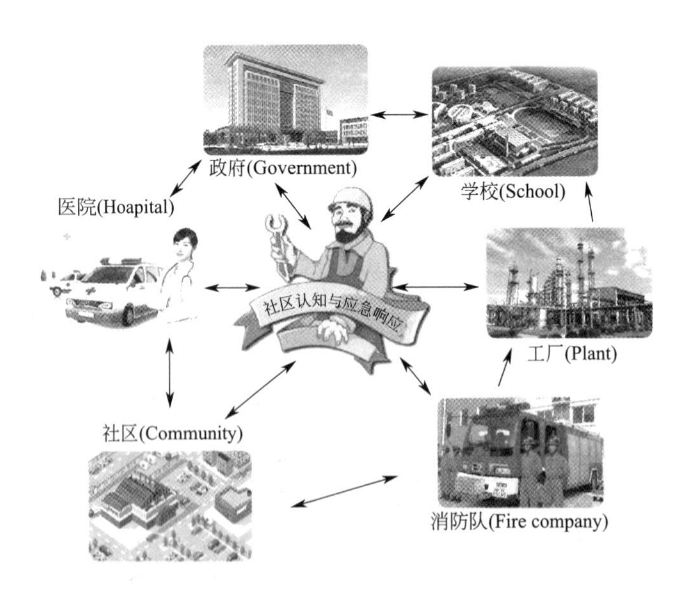

一、概述

化工企业在生产过程中，总要与周边社区的公众打交道。如何创建企业与社区和谐友好的氛围是非常重要的。一旦企业发生安全事故，能做出快速应变与有效处理，将事故的危害降至最低程度，是本准则要解决的问题。

社区认知和应急响应准则就是规范化工企业推行“责任关怀”而实施的社区认知管理。通过信息交流和沟通，提高社区对企业的认知水平，创建和谐友好的企业社区认知氛围。通过实施应急响应管理，使企业能对事故进行快速应变与有效处理，将事故造成的危害降至最低程度。

社区认知和应急响应准则适用于化工企业在生产和经营等活动中所涉及的社区认知管理过程和应急响应管理的全过程。

二、管理要素

1. 法律法规

企业应建立识别和获取与社区认知和应急响应相关的法律法规、标准及其他要求，明确责任部门及获取的渠道、方式和时机，并及时进行更新，以确保有关规章制度与现行法律法规的要求相符合。

企业应定期根据相关的法律法规、标准和其他要求，对本企业制订的应急响应计划进行综合性评价。

2. 企业的最高管理者与承诺

企业的最高管理者应承诺建立良好的企业社区认知氛围，明确提出对事故快速应变的承诺，并提供资源保障。

企业应设置相应的管理机构，配备管理人员和技术人员，负责与社区的交流、沟通和协调及企业社区认知管理制度的实施。企业应成立由企业领导和相关部门组成的应急响应小组，并配备管理人员。

企业应根据本准则的要求，结合本企业的实际情况，制订企业社区认知及应急响应工作的目标和计划，从而达到持续改进绩效的目的。

3. 评估

(1) 社区关注问题的评估　企业应制订社区认知计划，就利益相关者（包括员工、当地社区、政府等）关注的产品、工艺、运输、储存等方面的安全、环保和健康问题进行评估和公示。该计划应能确保那些被关注的问题在实施过程中如何得到有效控制。

(2) 风险评估　企业应评估事故或其他紧急状况对员工和周围社区造成危害的潜在风险，并提出有效的风险防范措施。

4. 沟通

企业应与社区建立快速有效的联络渠道，并保持其畅通。企业应及时了解社区的公众对企业最关注的问题，针对这些关注的问题，企业应及时提供相关的信息，尤其是将企业内部已有的信息，如可能发生的危险化学品事故、可能产生的危害、应急防护措施、疏散措施等告知社区的公众。

5. 培训

企业应对负责员工和社区交流的相关人员提供培训，提高其与员工和社区公众就健康、安全和环保以及应急响应方面进行交流沟通的能力。

企业应定期组织全体员工进行培训，使其了解企业的应急响应要求，并利用各种形式进行宣传教育。组织应急响应人员进行针对性的培训，如消防、急救等。不断提高应急响应能力。

企业应根据应急响应的具体要求，配备足够的应急设备和个人防护器材。企业应定期开展应急演练，并积极配合和参与社区的相关应急演习。

6. 应急响应

企业应积极参与建立完善的社区应急响应计划，使社区公众知晓在企业紧急情况下的应急措施以及能获得的援助。

企业应针对原材料、工艺、设备及产品的特殊性，制订有效的应急响应总体计划。明确应急响应目标、机构及其职责，建立具有针对性的应急响应预案。

企业应将其制订的应急响应计划与社区进行交流和沟通。企业应积极参与制订和实施社区的应急响应计划，必要时提供一切可能的援助。

7. 绩效考核

企业建立绩效考核制度，定期对本准则实施情况进行综合考核，纠正存在的问题，不断提高绩效。根据考核发现的问题和调查分析结论，提出整改措施，修改相关管理制度，持续改进社区认知管理水平和提高紧急事件应变能力。

第二节　储运安全准则

一、概述

化工产品被生产出来后都要在工厂暂时储存，然后采取不同的运输方式运往本地或外地的分销商、用户等。在储运过程中管理稍有不慎，则会发生安全事故。近年来危险化学品在运输途中发生泄漏造成群体中毒事故已有多起。但只要采取严格的规范化管理措施，则能保障储运的安全。

储运安全准则就是规范化工企业推行“责任关怀”而实施的化学品储运安全管理，包括储存、运输及转移等各个阶段，并确保应急预案得以有效实施，从而将其对人和环境可能造成的危害降至最低。

储运安全准则适用于化学品（包括化学原料、化学制品以及化学废弃物）储存（包括化学品的转移、再包装和库存保管）及经由公路、铁路、航空、水路及管输等各种形式的运输全过程。

二、管理要素

1. 法律法规符合性

（1）法律法规　企业应建立识别和获取适用的储运法律法规及其他要求的制度。明确责任部门及获取渠道、方式和时机，并及时进行更新。企业应建立有关程序，为员工和储运链中涉及的物流服务供应商和承包商提供有关法律法规、标准等信息。

（2）符合性评价　企业定期依据相关的化学品储运法律法规、标准和其他要求进行符合性评价，及时清除不适用的文件。企业应定期审查员工和承包商的行为是否符合适用的法律法规、标准以及企业在健康、安全及环境方面的要求。

2. 企业的最高管理者与承诺

企业的最高管理者是化学品储存运输安全的第一责任人，应做出相应承诺，通过提供适当的资源，如时间、财务以及人力资源等，致力于支持和维持储运过程中健康、安全及环境方案的不断改善。

企业应设置相应的管理机构，配备管理人员，明确责任分工，确保化学品储运安全。

3. 管理制度

企业应有文件化的方针和标准规定。企业应根据相关法律法规、标准的规定，结合企业的实际情况，制订完善的化学品储存运输管理制度，发放到有关部门和工作岗位，并严格执行。

4. 风险管理

企业应制订风险管理计划，通过减少与储运活动相关的风险，包括对储存和运输商的管理，不断改善企业在健康安全及环保方面的表现。

（1）风险分析　企业应分析诸如储存和运输等活动中每一种化学品的危险性以及相关风险。

（2）风险评估　企业应评估并记录发生事故或事件及潜在风险的可能性以及人和环境暴露在泄漏的化学品之下的风险。

企业应在化学品储运前进行适当的风险评估，包含对储存和运输商的法规符合性及健康、安全及环境绩效的评价。

（3）风险控制措施　企业应根据风险类型及等级制订相应的风险控制措施。

5. 沟通

为了向储运链中有关各方提供有关危险化学品的必要信息，包括社区进行有效沟通，企业应制订适用的文件化程序。

（1）化学品安全技术说明书　企业应向储运链中与危险化学品相关的内、外部的部门或人员提供有关危险化学品的最新《化学品安全技术说明书》（MSDS）。

（2）安全标签　企业应提供清晰的与法律要求相符合的安全标签。安全标签是用文字、图形符号和编码组合形成的表示化学品所具有的危险性和安全注意事项。安全标签由生产企业在货物出厂前粘贴、拴挂或喷印在包装或容器的明显位置上；若改换包装，则由改换单位重新粘贴、拴挂或喷印。化学品生产企业必须按照《化学品安全标签编写规定》（GB 15258）的要求对本企业全部危险化学品产品编制出安全标签。安全标签的各项内容不能随意缺少或合并，正文应简捷、明了，容易理解，要采用规范的汉字表达，标签内各项内容的位置不可随意改变。

企业的化工产品出厂时应提供符合要求的安全标签，以便与储运链中的有关各方进行有效沟通。

（3）建立定期沟通渠道　企业应与承运商和经销商就化学品的转移、储存和运输活动进行定期沟通。沟通内容包括：危险化学品的有关信息、储运安全状况、运输商和经销商的资源认定情况及复审情况、运输工具定期检验情况、运输人员的定期培训和考核情况，安全管理的状况等。在沟通中发现问题应及时提出对策及解决办法，落实解决方案，予以解决。若运输商的运输资源存在问题，则应解除承运合同。

（4）提供信息　企业应确保向储运链中相关各方包括当地社区，提供有关化学品的装卸、储存、运输等过程中的风险因素和控制要求方面的信息，尤其是公众所关注的信息。

6. 化学品的转移、储存和处理

企业应建立化学品装卸、运输、储存和处理的控制程序（必要时含子程序）。该程序应明确职责、权限、规范的作业行为和控制办法、措施（含紧急情况的措施）等。

企业应合理选择与化学品的特性及搬运量相适应的运输容器和运输方式。

企业应明确与储运过程相关的所有程序，从而减少向外界环境排放化学品的风险，并保护储运链中涉及的所有人员。

企业应减少化学品容器及散装运输工具在归还、清洗、再使用和服务过程中涉及的风险，并保障清洗残余物及废弃容器的正确处置。

7. 物流服务供应商的管理

企业应制订物流服务供应商管理制度，对所有物流服务供应商的选择、运作、培训以及评估进行管理，从而确保企业在储运链中的合作方有能力进行化学品的转移、储存以及运输。

企业应设定物流服务供应商的选择标准，物流服务供应商应具有运输危险化学品的合法储运资质；其相关人员持有相应的安全资格证书，从而确保企业与能够胜任工作的供应商签订合同。

企业应对有关健康、安全、环境的关键过程进行策划并形成程序文件。有关物流服务过程的程序文件，企业和物流服务供应商共享。

企业应要求其物流服务供应商制订相应的程序，如储运链中的搬运程序、出入库程序、账库符合程序、安全检查程序等；运输链中的装货程序、卸货程序、运输路线申请程序、押运程序、运输运行程序、事故处理程序等。并加强对分包商的管理，以确保安全运行。

企业应要求其物流服务供应商明确培训需求，并为员工和分包商提供适当的培训。

企业应确保其物流服务供应商符合相关法律法规、标准和健康、安全、环境保护等相应的要求。

8. 培训

企业应明确其培训需求，制订培训计划，向所有员工包括物流服务供应商和承包商，提供适当的培训。

9. 应急响应

（1）制订应急预案　企业应根据相关法律法规的要求制订储运专项应急预案，并要求物流服务供应商也制订相应的预案，并进行演练，从而对突发事件可以进行有效管理和应对，减少事故对操作人员、当地社区公众及环境造成的危害。

（2）储运事故管理　企业应对化学品储运过程中发生的事故或事件进行记录和调查，对事故根本原因进行分析，提出预防措施，防止同类事故重复发生。

（3）要求物流服务供应商对事故的处理过程进行报告　企业应要求物流服务供应商对所发生的事故和事件以及处理过程进行报告。这种报告要有事故发生过程、事故原因、经济损失情况，并进行分析，提出防止同类事故重复发生的措施等。

10. 检查与绩效考核

企业建立化学品储存运输安全检查制度，定期进行检查、考核，保证本准则的有效实施。

企业建立绩效考核制度，设立绩效考核指标，每年至少进行一次对本准则实施情况的综合考核，提出改进的计划和措施，不断提高储运安全管理绩效。

第三节　污染防治准则

溶剂回收精制设施

污水处理设施

污染防治

固液焚烧处理设施

脱硫除尘设施

一、概述

化工企业在生产过程中总会产生一定量的“废气、废水、废渣”，这些“三废”不加处理而排放，则对环境会造成污染。“三废”污染已成为某些化工企业发展的瓶颈，不解决“三废”问题，不可能持续发展。承诺实施“责任关怀”的企业都在执行“零排放”、“零污染”的目标，只要严格按照“污染防治准则”进行规范化管理，则这一目标完全可以达到的。

污染防治准则是规范化工企业推行“责任关怀”而实施的污染防治管理，使企业在生产经营活动中对污染物的产生、处理和排放进行综合控制和管理，最大限度地减少或控制污染物的产生和排放以及企业在生产经营过程中对环境的影响。

污染防治准则适用于化工企业在生产经营活动中污染防治的全过程，以防止企业一切活动中对环境的负面影响。

二、管理要素

1. 企业的最高管理者与承诺

（1）企业的最高管理者　企业的最高管理者是企业环境保护工作的第一责任人，应明确提出污染防治的承诺，通过提供适当的资源，如时间、财务以及人力等资源，保障环境保护和污染控制过程的持续改善。

（2）机构设置　企业应设置相应的管理机构和组织，配备管理人员和技术人员，明确其职责，确保污染防治准则得到贯彻和实施。

（3）方针和目标　企业应明确污染防治的方针，制定可持续的污染防治工作计划，从而达到持续改进环境绩效的目的。

2. 法律法规符合性

（1）法律法规　企业应建立识别、获取和更新适用的环境保护法律法规、标准及要求，明确责任部门及获取方式，确保有关的规章制度与现行的法律与环境保护要求相符合。

企业应该根据法律法规和标准，制订相关环境保护程序，为员工以及在污染物处置过程中的承包商提供有关规章制度和工作指导。

（2）符合性评价　企业应监督、解释并实施适用的法规和行业标准，使其在企业活动中得以运用，并定期依据相关的环境保护法律法规、标准和其他要求进行符合性评价，如发现问题或偏差，应及时予以纠正或整改。

3. 风险管理

企业应建立环境因素识别和评价程序，制订并落实控制计划，减少与企业活动相关的潜在环境污染风险，并应定期评估，以不断改善企业在环境保护和污染控制方面的表现。为了有效地管理风险以及防止事故的再发生，企业应该在事故发生后立即组织调查小组进行调查，形成调查报告，并采取有效的补救措施。

4. 沟通

企业应该进行环境风险评估，将评估结果与员工交流，并参照“社区认知和应急响应准则”与周边社区进行污染防治沟通。

（1）相关方沟通　企业应建立内部和外部沟通程序，实施并加以协调，从而确保相关方了解企业在生产过程中存在的环境风险因素和危险源的有关信息，以及企业用以控制这些风险因素可能产生的危害所采取的预防措施。

（2）危害沟通　企业应提供污染物的相关数据，并告知相关人员污染物存在的安全和健康方面的危害性。

5. 污染物处理和控制

企业应依据企业的环境目标和为完成这些目标制定环境管理方案，降低环境污染风险。

（1）3R原则　企业应该以“减量化（Reducing）、再利用（Reusing）、再循环（Recycling）”的3R原则作为经济活动的行为准则，倡导污染物“低排放、零排放”的理念，既有环保意识和理念，也有节能意识和理念——节能减排。

（2）正确处置污染物　为了降低污染物对环境的影响，企业应建立就污染物的产生、分类、储存、处理和排放全过程的操作程序，记录并保存污染物处置的清单和数据，相关的程序和处理结果应符合当地法律、法规规定的环保要求。企业还应确保污染防治方面的规定和程序得到有效的执行，从而使污染物得到合法、合理和安全的处置，并监督确认废弃物得到正确的最终处理，不产生二次污染。

（3）应急处理方案　企业应制订相应的环境污染应急处理方案，在发生污染事故后，由企业的指挥机构立即启动相应的专项应急预案，组织相关人员进行应急处理（含外部专业救援的应急处理）。

（4）监测方案　企业应建立并实施定期的环境监测方案，确保污染物排放符合标准。以此评估控制效果，以便持续改进。

6. 实施清洁生产

（1）清洁生产的概念　清洁生产是指将整体预防的环境战略持续应用于生产过程、产品、服务中，以增加生态效益和减少对人类和环境的危害和风险。

（2）清洁生产的目标

① 通过资源的综合利用，短缺资源的高效利用或代用，二次资源的利用及节能、降耗、节水，合理利用自然资源，减缓资源的耗竭。

② 减少废物和污染物的生成和排放，促进工业产品的生产、消费过程与环境相容，降低整个工业活动对人类和环境的风险。

（3）企业在产品的生产经营过程中，应采取以下清洁生产措施

① 采用无毒、无害或者低毒、低害的原料替代毒性大、危害严重的原料。

② 采用资源利用率高、污染物产生量少的工艺和设备，替代资源利用率低，污染物产生量多的工艺和设备；禁止使用被国家有关部门列入禁止采用的工艺方案和设备。

③ 采用能够达到国家或者地方规定的污染物排放标准和污染物排放总量控制指标的污染防治技术。

④ 对生产过程中产生的废物、废水和余热等进行综合利用或者循环使用。

⑤ 产品和包装物的设计，应考虑其在生命周期中对人类健康和环境的影响，优先选择无毒、无害、易于降解或者便于回收利用的方案。

7. 环境事件及补救行动

（1）环境事件调查　企业应建立环境事件调查体系和程序，其中包括未遂事件。在确定事件的根本原因后，应提出补救措施的建议，以便及时加以补救，防止污染事件的进一步扩大。

（2）补救、预防措施　落实调查得出的补救和采取的预防措施，并将这些措施的完成情况应该被记录归档，并将得到的心得体会告知员工，从而防止类似事件发生。

8. 培训

企业应建立培训体系，确保员工获得与其工作相关的环境保护方面的知识，从而提高认知能力。尤其就环境安全、风险因素以及突发事件应对方面，对相关人员以及承包商进行专门培训。

9. 绩效考核

企业应建立绩效考核制度，明确考核目的，并结合企业实际，制定考核实施方案，确定角度多样化、内容全面化、方法科学化的绩效考核体系，对考核内容进行分解和细化，逐条逐项落实到责任部门和相关责任人，做到分工明确、责任清楚。

企业绩效考核指标的设定应符合企业的业务特点，建立合理、科学的评价标准，使评价

结果既具有行业范围内的可比性，又使公正性、客观性得到保证。

第四节 工艺安全准则

一、概述

化工生产具有高温、高压、工艺过程复杂、生产操作复杂等特点，存在燃烧、爆炸、中毒、腐蚀等危险因素。管理者在工艺技术、生产装置、安全设施等方面应采取先进技术、严密组织、统一协调与控制等措施，进行严格的规范管理，从而达到工艺安全要求，确保装置长期、连续、安全运行。

工艺安全准则就是规范化工企业推行“责任关怀”而实施的工艺安全管理，防止事故发生，避免在质量、环境、安全等方面产生不利影响。

工艺安全准则适用于化工企业在生产活动中的工艺安全管理，包括企业创建阶段选择先进的、合理的工艺路线，建造的厂房符合安全设计规范的要求，生产设备符合国家有关标准的要求，制定符合和达到工艺路线和各项参数指标要求的安全操作规程和安全检修规程等。

二、管理要素

1. 企业的最高管理者与承诺

（1）企业的最高管理者　企业的最高管理者是企业工艺安全工作的第一责任人，通过政策颁布、亲身参与、沟通和资源提供，明确作出工艺安全承诺以期持续改进。

（2）机构设置　企业应设置工艺安全的管理机构并配备工艺安全专业人员。

（3）方针和目标　企业应制订书面的工艺安全方针和目标，为工艺安全的实施提供资源保障。

(4) 法律法规　企业应根据相关法律法规、标准及其他良好的工业实践，结合企业的实际情况，制订完善的工艺安全管理制度。

(5) 持续改进　企业应定期进行绩效考核和评审，提出并实施改进措施，持续改进工艺安全管理水平。

2. 培训

制订严格的培训计划和方案，在培训对象上，不仅要加强对岗位操作人员的培训，而且要搞好管理人员、技术人员、生产调度员、维修人员、外来人员的培训，达到“全员培训，共同提高”的目的。在培训内容上，应结合岗位操作实际，加强操作规程和安全技术规程等专业知识的学习，注重对紧急事故应急处理能力的学习，全面提高员工的业务技能和处理突发事故的能力。

3. 风险管理

企业应树立“零事故”的安全理念，科学地评估风险，辨识生产过程中存在的危险源，采取有效的风险控制措施，将风险降到可接受程度，避免事故的发生。

(1) 评估范围　企业应对生产活动的全过程进行风险评估，包括生产、新产品新工艺开发、技术改造、工程设计、装置建设、投产运行直至废旧设备及厂房的拆除与处置。

(2) 评估依据　风险评估的标准包括相关的法律法规、设计及施工规范、安全管理制度、技术标准、最佳的工业实践经验等。

(3) 风险评估　企业应成立评估小组，依据已确定的方法，适时进行风险评估。评估时应从对人员的身体健康与生命安全、环境、财产和周围社区等方面影响的可能性和严重程度进行分析，确定风险等级。

(4) 风险控制　企业应根据风险评估的结果及生产经营情况，确定以重要环境因素、重大危险源作为优先控制对象。

按环境因素、危险源进行识别和评价的方法本身要有一定的群众基础。在此基础上企业还应对从业人员进行有针对性的培训，告知风险评价的结果及相应控制措施的具体内容。

(5) 风险信息更新　企业应做好对危险源的识别、重大危险源的评价过程和活动。及时更新有效的“危险源清单”、“重大危险源清单”及相关控制程序等。

定期进行评审，检查风险控制措施的有效性。

(6) 变更管理　必须对化工操作（工艺参数、化工工艺、设备和关键人员等）的变更进行管理，建立专门程序针对所有的变更进行风险评估、批准、授权、沟通、实施前检查并作变更记录，必要时实施相应的培训。

4. 工艺和技术

化工工艺与技术路线是生产厂房设计和设备选择的依据，是保证安全生产、产品质量和减少污染的基本条件。

(1) 生产工艺　在产品方案确定后，应选择具有先进性、安全性高的技术、工艺、设备和材料。

被列为国家重点监管目录的危险化工工艺的企业，项目设计原则上应由具有甲级资质的化工设计单位进行。

装置应采用自动控制系统，并设计独立的紧急停车系统，提高生产过程的安全性。

（2）工艺文件　在生产工艺确定后，应制订相关的各项技术文件。工艺或技术改造时应进行风险评估并及时更新原始文件。

（3）技术控制　企业应本着工艺安全的要求保持工艺技术的先进性，以实现安全和稳定生产。

（4）操作记录　在日常生产过程中，如实记录各类参数、各种操作过程、设备状况等，并存入档案。

5. 厂房与设施

根据法规和最佳工程实践建造厂房和设施，对于预防重大事故如泄漏、火灾或爆炸是至关重要的。

（1）新建、改建、扩建项目　当新建、改建、扩建项目发生时，安全设施应与建设项目的主体工程同时设计、同时施工、同时投入生产和使用。建立工艺安全、设备安全联锁管理控制程序，以保证新建、扩建、改建项目的各个重要阶段进行环境安全和健康的评估来识别和消除危害。

项目开车前应进行包括开车前安全检查、应急响应检查、设备设施完整性检查、工艺危险性分析检查等工作。

（2）潜在高危害对策　企业应建立有厂外影响的潜在重大危害情况的记录，并针对每种情况建立必要的技术或管理预防措施以降低事故后果的严重性，这些措施的有效性必须通过模拟演练以求持续改进。

（3）技术措施　严重事故的风险必须采取技术措施来预防，通过包括技术、设施和人员等足够的多重保护方式来预防事故由简单失效事件扩大为灾难性事件。

（4）设备维修　加强对化工装备的日常运行维护及管理，对其进行检测、检修及故障排除等；包括装备的动设备、静设备、各类仪表、自动控制系统（含报警系统）、防雷、防静电设施等。

对化工企业装备的大型机组，由于风险大，一旦出现故障对人员、财产、环境将造成极大危害。故做好机组状态连续监测及故障诊断的早期报警是十分必要的。应实行特级维护，为保证大型机组的运行安全，还应对其保护系统实行特级维护。

企业须制订书面的维修和检查计划来确保设施的完整性以及所有工艺安全相关设备的定期维护计划，定期评估这些计划以期持续改进。

（5）维护记录　建立维修和验证程序以确保设备的功能的稳定性。

6. 应急响应管理

企业发生工艺安全事故后应迅速启动应急响应预案，采取有效措施降低事故损失，按事故分类和等级，组织相关部门进行应急处理。

（1）应急救援指挥系统　企业应按其规模和风险建立相应的事故应急响应指挥系统，并明确职责和权限。

（2）应急响应　企业应根据风险评估的结果，编制应急响应预案，定期进行演练并写出演练报告以期持续改进。

（3）应急救援设备　企业应配备足够的应急救援设备，定期检查维护，保持状态完好。

（4）应急通信　企业应建立应急通信网络，并确保其畅通。

（5）应急救援队伍　企业应建立相应的应急救援队伍。按报警、联络、消防、救护、治安保卫等确定人员和职责。

（6）事故报告　对工艺安全管理不善或操作失误造成事故，生产管理部门应严格按照“四不放过”原则，及时组织相关人员调查处理，分析事故原因，制订防范计划，防止事故蔓延。并按照国家有关规定立即如实报告当地安全生产监督管理部门和环保管理等有关部门。

7. 检查与绩效考核

企业应建立工艺安全检查制度，定期对生产安全状况进行检查、考核，保证工艺安全准则的有效实施。

（1）检查要求　企业应明确工艺安全检查的目的、要求、内容，并制定检查计划。企业应根据工艺安全检查计划，定期或不定期开展综合检查、专业检查、季节性检查和日常检查。

（2）隐患整改　企业应针对各种工艺安全检查所查出的风险进行分析，制订整改措施，及时整改，并对整改结果进行验证。

（3）绩效考核　企业应建立绩效考核制度，提出进一步完善工艺安全工作的计划和措施，不断提高工艺安全管理绩效。

8. 管理评审

（1）评审要求　企业应建立工艺安全工作评审制度，成立评审小组，明确评审目的，制订评审计划，应每年进行一次评审活动，并写出评审报告。通过评审以实现工艺安全的不断改进。

（2）评审内容　评审的主要内容包括：企业的工艺安全管理与有关法律法规的符合性；企业生产全过程中的危险因素是否辨识和有效控制；组织机构、规章制度的有效性；今后的改进措施。

第五节　职业健康安全准则

一、概述

化工生产具有高温高压、易燃易爆、有毒有害、腐蚀性强等特点。纵观历史，很多事故多发生在员工的操作中，他们既是物质财富的创造者，往往也是因错误操作引发事故的受害者。只要提高员工的素质，加强管理，提高安全意识，避免错误操作，许多事故是可以避免的。

化工企业在生产中，不可避免产生粉尘、毒物，尤其一些中小企业的劳动环境空气中的粉尘、毒物浓度比较高，危害比较严重。职业中毒、尘肺病时有发生，这应该引起有关部门高度重视。

职业健康安全准则就是规范化工企业推行“责任关怀”而实施的职业健康安全管理、职业卫生管理等方面的行动准则，消除、减低或控制作业场所内与职业活动有关的安全健康风险。防止安全事故和职业病发生，确保全员健康安全。

职业健康安全准则适用于化工企业及其承包商所从事的生产经营等一切活动。

二、管理要素

1. 企业的最高管理者与承诺

企业应建立持续的职业健康与安全程序并确保其持续实施。这些程序应明确并评估危险性，防止不安全行为和状况的发生。企业应具备有关的管理系统，以保护员工以及现场其他人员和社区成员的安全和健康，避免其材料和运行过程对职业健康和安全造成不良影响。

（1）方针和标准　企业应该有文件化的方针和标准。而其方针和标准应满足所有适用的法律法规的要求。

（2）责任分工　为满足职业健康安全准则的要求，企业内部应该有明确的责任分工。企业的最高管理者是企业职业健康安全工作的第一责任人，应明确提出职业健康安全承诺，并提供资源保障。

（3）管理机构　企业应设置职业健康安全管理机构，配备管理人员。

（4）绩效指标　企业应该设立关键目标、关键绩效指标，从而持续改善企业在职业健康与安全方面的表现。企业应审查并分享其关键绩效指标，而且在可能的情况下，这些关键指标应该在协会的企业中普及。

（5）资源　高层管理部门应该在其整体管理运作中通过提供适当的资源，如时间、个人承诺以及人力资源，致力于实施职业健康与安全方案，并持续改进。企业要建立提取职业健康安全费用制度。

2. 风险管理

企业应制订职业健康与安全的风险管理程序，识别生产经营活动中存在的危险源和危害因素，依据风险评价结果采取有效的监测和控制措施，通过减少与企业活动相关的潜在危害和风险，持续改善企业在职业健康与安全方面的表现，将风险降到最低或控制在可以容忍的程度。

职业健康与安全的风险管理程序应包括以下内容。

① 危险源识别和评价控制程序。

② 运行控制程序。

③ 应急响应控制程序。

④ 其他必要控制程序。

3. 沟通

企业应制订文件化的内部和外部沟通程序并予以实施，为企业内部有关部门及相关社区提供职业健康与安全的危险因素及危险源有关信息，保障社区公众对企业职业健康安全危害因素的知情权，并收集反馈意见。

① 内部和外部沟通程序应得以制订、实施并加以协调，从而确保所有利益相关者，如管理者、员工、承包商、供应商、客户、分销商、社区、学者、股东、媒体、相应的政府机构和非政府组织以及其他部门等，都能接收到有关企业运作中职业健康与安全危害因素的信息，特别是了解危险化学品的特性和预防措施及应急处理措施。请公众对任何违反《中华人民共和国职业病防治法》的行为进行监督、投诉。

② 企业对其内部所有可能接触和产生的化学品进行普查、分类，建立化学品档案。企业的产品属于危险化学品时，应按国家法规、标准的要求，编制《化学品安全技术说明书》与《安全标签》。企业编制应急救援预案，并建立应急咨询服务机制，或委托危险化学品应急救援服务机构作为应急咨询代理。凡生产、储存、运输、使用危险化学品的企业，都要根据国家的要求进行危险化学品登记。

4. 法律法规

企业建立识别和获取适用的职业健康安全法律法规、标准及其他职业健康安全要求。明确责任部门及获取渠道、方式和时机，并及时进行更新。企业应设定一项程序，确保对所有的变更进行检查、批准、传达和记录，并在必要时实施相应的培训。企业应具有制度来监督和解释新订以及现行的法规和行业标准。其目的在于确保企业符合相关法律法规中职业健康与安全方面的现行要求。

企业应定期检查其员工和承包商的行为是否符合适用的法规、标准以及企业的职业健康与安全要求。

5. 操作控制

企业应拥有文件化的工程、操作以及维修程序，这些程序应该明确在正常和非正常情况下对设备进行重要操作的步骤。

(1) 工艺研发和设计 在工艺流程的研发、设计、改造阶段，企业应确保关键性的团队成员中有负责职业健康与安全的人员。

(2) 风险控制措施 建立与职业风险相对应的控制措施，并将这些措施加以实施，而且要考虑到以下几个层次的控制：本质安全设计、材料替换、工程控制、管理控制以及个人防护用品。

(3) 操作程序 为了将企业员工、承包商、参观者以及邻近机构的职业健康与安全风险降至最低，企业应建立并实施与职业风险相关的作业文件化程序，确保设备的安全操作，包括工艺中所有使用到或生产出的化学品的适当控制、储存和搬运。

(4) 维修程序 维修程序应被文件化并加以实施，从而确保那些从事维修工作的人员的安全。这包括与风险相称的作业安全分析。

（5）应急响应程序和设备　企业应建立应急响应程序。程序主要应该强调企业员工、承包商、来访者和公众的职业健康与安全因素。

应急响应程序和设备应该定期维护和测试。

（6）个人防护用品体系　工作场所应提供适用的个人防护用品。应正确选择、使用和维护个人防护用品，与设备的设计或现行的风险评估以及相关标准保持一致。

（7）安全作业许可　企业应建立安全作业许可制度，严格履行审批手续。对机械作业、动火作业、密闭空间作业、动土作业、高处作业、临时用电作业、电气作业、盲板抽堵作业以及其他相关风险类别之下的作业都应实施安全作业许可制度，严格履行审批手续。企业对安全作业许可实行分级管理，明确哪一级安全作业证应由哪一级管理者审批。应加强操作人员、监护人员与现场维修人员之间的沟通。

（8）整洁规范　应建立一个程序来加强并保持整洁规范工作的高标准，从而保护现场作业人员的安全，尤其是在使用了工具和设备的情况下。

（9）健康监护　企业应建立并保持健康监护体系来评估员工的健康状况是否能胜任被委派的工作以及是否符合为工作环境危害量身订制的员工职业健康监督标准。企业对从事接触职业病危害因素的员工进行定期职业健康体检，并建立健康监护档案。

（10）急救　企业应制订有关制度，向因公受轻伤或病情轻微的人提供有效的急救帮助，以及在伤病较为严重的情况下能够立即将其转诊救治。

（11）警示标志　企业应按现场的实际情况分别在相应的场所、区域设置警示标志、告知牌、公告栏等进行告知和警示。在易燃、易爆，有毒、有害场所的明显位置设置警示标志或告知牌。

（12）变更　企业应建立变更管理制度，对人员、管理、工艺、技术、设施等永久性或暂时性的变更进行有效控制。

6. 培训和工作技能

企业应有确保其员工接受要求的培训以及其在所需工作技能方面的能力培训的体系，该体系确保企业所有员工获得其活动中有关职业健康与安全方面的正确知识。培训应包括以下主要内容。

① 岗位的作用和职责。

② 作业指导书（包括所执行的危险作业任务的细节）。

③ 危害辨识、风险评价和风险控制的结果。

④ 安全操作规程。

⑤ 职业安全健康方针和目标。

⑥ 作业安全健康工作计划。

7. 承包商和供应商管理

企业应建立承包商管理制度，对承包商的选择、运作、培训以及评估进行管理，并对开工前准备、作业过程等进行监督评估，考核并审查承包商在安全问题上的表现，从而决定哪些承包商可以继续为企业工作。

企业应建立供应商资质审查、选择与续用的管理制度，识别与采购有关的风险。风险一经识别，应立即反馈给有关部门，引起足够的重视，并予以控制。

8. 绩效评估及纠正措施

企业应有文件化的程序和流程来帮助衡量其职业健康与安全表现以及考核符合本准则的要求。当意料之外的事件发生时，应进行报告、调查并实施纠正措施。应定期对职业健康安全准则进行评估。

（1）工作场所检查　企业应制订工作场所检查计划，其中包括确认持续使用正确程序以保证工作场所安全。健康安全检查的主要任务是查找不安全因素和有害因素，提出消除或控制不安全和有害因素的方法及采取的措施。按照健康安全检查计划，定期或不定期地开展综合检查及采取的专业检查、季节性检查和日常检查。

（2）职业卫生监督　企业应制订职业卫生监督方案，以便满足法律、标准和本企业的要求，并将监测结果存入职业卫生档案，在岗位公布。该方案至少包括：测量工作场所中的有害因素；具有适用的职业健康监督评估标准，从而明确员工接触某些特殊因素的潜在风险；减少工作区域对健康潜在的不利影响。

（3）伤病汇报　企业应建立一种对工作场所发生的伤病情况必须进行汇报的文化氛围，管理部门应该鼓励和支持员工汇报。这种文化还应该鼓励员工汇报没有造成受伤的事件以及侥幸脱险的情况。这种汇报型的氛围还应包括汇报工作以外发生的受伤状况和事件。

（4）事件记录　个人事件、事故以及生病状况应当得以记录。进行健康和安全事件趋势分析，从而采取纠正措施并减少职业健康与安全事件的发生。

（5）社区影响　企业应该在社区健康监督领域与政府部门进行合作，尤其是涉及的健康资料可能与该企业运作有关的情况下。如果有关部门索要企业员工的健康趋势资料，那么员工个人信息的隐私权应得到保护。

（6）健康与安全方案的进展以及关键绩效指标　企业应定期审查关键绩效指标以及健康和安全方案在工作场所、区域或企业部门方面的目标的进展，并定期向协会进行汇报（以信息共享为目的）。

（7）事件分析和纠正措施

① 事件调查　企业应建立事件调查体系和程序，记录、调查和分析事件。最好是以工作小组的方式进行，工作重心应该是在不谴责过错的情况下确定事件的“根源”和导致因素。工作小组应提出纠正措施的建议，从而防止类似事件再次发生。

② 纠正和预防措施　经过调查得出的纠正和预防措施应该文件化，这些措施的完成情况应该记录下来。从每一次事故（包括未遂事故）得到的经验、教训可以与协会分享，从而防止其他企业发生类似事件。

③ 记录保存　企业应确保将实施本准则所要求的记录内容全部进行记录，并按其一定的顺序保存，以便需要的相关人员能够得到该信息。

9. 管理评审

（1）评审要求　企业建立员工职业健康安全评审制度，每年至少进行一次。评审最终结果应形成评审报告。

（2）评审内容　评审的主要内容有：企业生产经营活动、产品或服务过程中的危险因素，特别是重大危险源是否已辨识和采取监控措施；企业所有现行的职业健康安全程序、规章制度、组织机构及职责分配的有效性；事故、事件、不符合发生情况及其纠正和预防措施。

第六节 产品安全监管准则

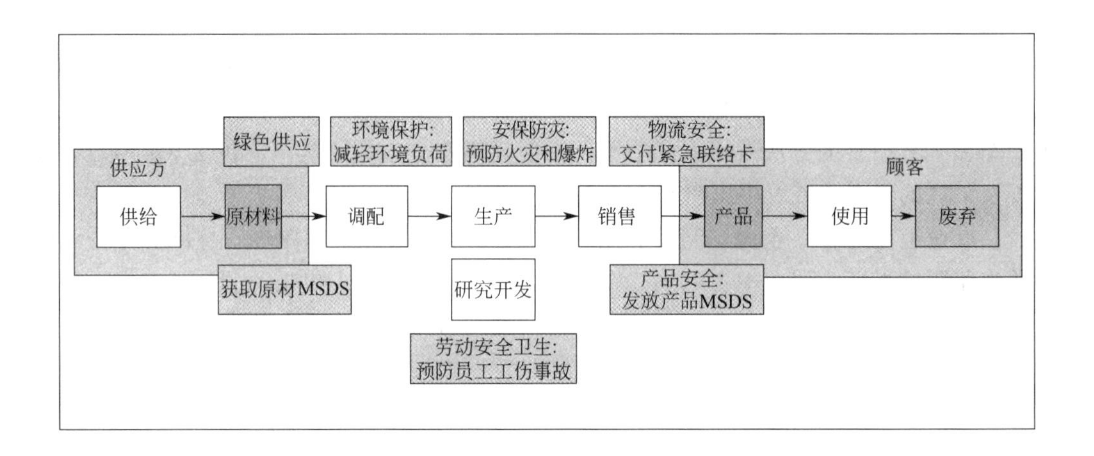

一、概述

一些化工产品在其生产周期中的各个环节，可能会产生具有一定的毒性和危害性的物质，只有采取先进的技术手段、严密的组织措施和严格的控制措施，进行规范化管理才能达到产品的安全。

产品安全监管准则就是规范化工企业推行“责任关怀”而实施的产品安全监督管理，使健康、安全及环保成为产品生产周期（包括设计、研发、生产、经营、储运、使用、回收处置）中不可分割的一部分，以减少产品对健康、安全和环境构成的危险。

产品安全监管准则适用于产品生产周期的所有阶段。产品生命周期中所涉及的每一个人和企业都有承担起有效管理人身健康和环境风险的责任。各个企业应采取独立和合理的判断，将准则应用于其产品、客户与业务之中。

二、管理要素

1. 企业的最高管理者与承诺

（1）企业的最高管理者　企业的最高管理者是企业产品安全监管工作的第一责任人，应明确提出加强产品安全监管的承诺，通过提供适当资源（例如时间、财务与人力资源），支持与维护产品安全监管计划并持续改进。企业应制定相关方针、标准和产品安全监管计划及管理制度，确保满足相关法规的要求。

（2）职责　企业应配备相应的管理人员负责产品安全监管。其职责和权限应包括：组织识别和评价产品风险；制订并实施产品安全监管措施；制订产品安全监管应急措施；建立有效的产品安全监管制度并持续改进。

2. 法律法规

（1）法律法规　企业应建立识别、获取和更新适用的产品安全监管法律法规、标准及其他要求的制度，明确责任部门及获取渠道、方式和时机，并对从业人员进行宣传和培训。

（2）符合性评价　企业应根据相关的产品监管法律法规、标准和其他要求定期进行符合性评价，及时取消不适用的文件。

3. 风险管理

（1）产品风险特征 企业应根据健康、安全、环境信息对新产品和现有产品可预见的风险特征加以描述；建立定期评估危害因素和暴露状况的体系；与公众分享其产品风险特征的确定过程；并公开已确定的产品风险特征。

（2）产品危害因素和暴露状况识别 企业应制定相关体系，对产品存在的危害因素和暴露状况进行识别、记录和管理，这些识别应涉及产品生命周期的全过程。同时，依据产品的变化，必要时进行产品危害因素和暴露状况的再识别。

（3）产品危害因素和暴露状况评价 企业应对已识别的产品危害因素和暴露状况做出评价。评价应对产品可能的危害因素和暴露状况做出分析并确定其风险，以便采取相应措施。

（4）应急响应 企业应建立产品危害应急响应系统，制订响应措施，消除或减少产品危害。

4. 沟通

企业应获取并及时更新有关现有产品和新产品的健康、安全、环境危害信息以及此类产品在生产周期中可预见的风险信息。

企业应制订与产品使用者及相关方就产品危害性进行沟通的程序。

产品均应附有《化学品安全技术说明书》及安全标签。对相关方的产品安全监管绩效进行定期审核，达不到要求的，要帮助和指导其提高健康、安全及环保的管理水平，从而达到产品安全监管准则的各项要求。

5. 培训与教育

企业应建立产品安全培训制度，制订培训计划，根据不同岗位的要求为员工提供有关产品安全的教育与培训。培训对象应特别包括产品的分销商以及与客户接触的员工。通过培训帮助他们理解产品（或包装）的危害，如何正确使用、操作，重新使用，循环利用和处置产品及相关的程序。提高相关人员对产品使用与处理的安全意识，提高企业的产品安全监管水平。

企业对任何可能改变现有风险管理措施和方案的新信息都能及时收集到，并准确反映到产品风险特征描述或者产品的风险表征中。

6. 合同制造商

企业应根据健康、安全及环保要求选择合适的合同制造商，并提供适用于产品和流程的风险信息和指导，以实现正确操作、使用、回收和处置。定期对合同制造商的产品安全监管的绩效进行审查。目的是鼓励在商业合作中，能够与在合同所规定的具体业务中健康、安全及环保的管理体系比较健全的合同制造商合作。

7. 供应商

企业采购原料时，应要求原料供应商提供相关产品及制造过程的健康、安全及环境信息和指导方针，并以此作为选择供应商的重要依据。企业还应对供应商的绩效进行定期审核，根据审核结果决定与供应商是否继续签订合同。

8. 分销商与客户

分销是产品得以配送到最终用户的重要步骤和环节。企业应为分销商及客户提供产品健康、安全及环保信息，针对产品风险，提供相应指导，使产品得以正确使用、处理、回收和处置。当企业发现对产品使用不当时，应与分销商和客户合作，采取措施予以改善。如改善情况不明显，企业应采取进一步措施，直至终止产品的销售。企业应提供产品安全监管支持，并针对产品风险定期审核分销商绩效。

9. 检查与绩效考核

企业应对可能具有的产品风险进行例行监控和检查并形成报告。建立绩效考核制度，定期对本准则实施情况进行综合考核，纠正存在的问题，不断提高绩效。

问题讨论

1. 编制应急救援预案的基本要求是什么?
2. 试述危险化学品的包装和运输原则。
3. 企业的哪些危险作业需要办理安全许可证?

本章小结

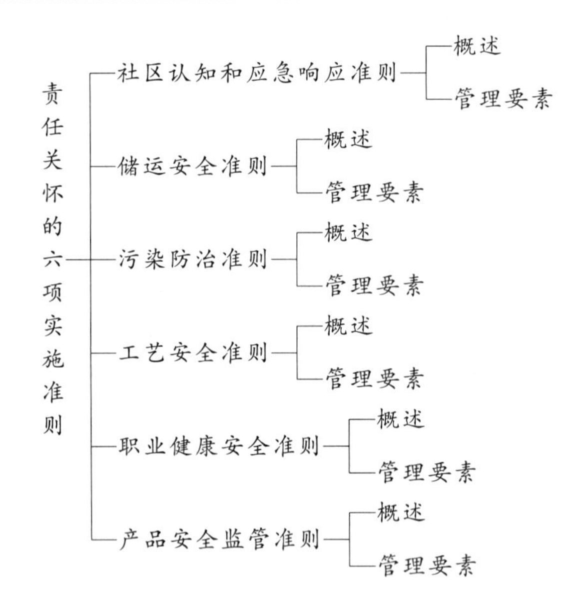

第三篇

环境保护

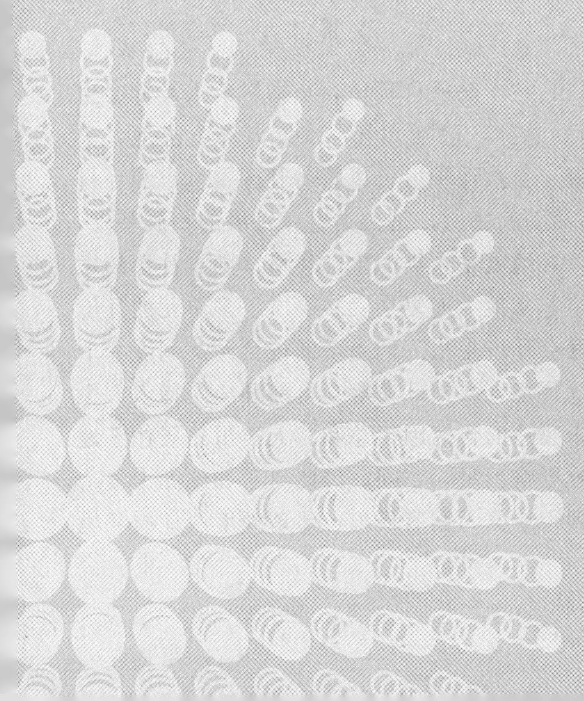

第十一章 环境保护概述

学习目标

1. 掌握温室效应、臭氧层破坏、酸雨等全球性环境产生原因、危害及控制措施。

2. 理解环境、环境问题及环境科学。

3. 了解当前全球性环境问题和中国环境问题；了解我国环境保护法律法规体系的组成，了解环境标准的构成。

环境保护是我国的一项基本国策，随着社会主义现代化建设的快速发展以及经济改革的深入进行，环境保护工作已经深入到各个行业中和人们的生活中，越来越引起人们的关心和重视。

第一节 环境和环境问题

一、环境及其分类

《中华人民共和国环境保护法》第2条明确指出：“本法所称环境，是指影响人类社会生存和发展的各种天然的和经过人工改造的自然因素总体，包括大气、水、海洋、土地、矿藏、森林、草原、野生动物、自然古迹、人文遗迹、自然保护区、风景名胜区、城市和乡村等”。由此而见，环境是人类进行生产活动和生活活动的场所，是人类生存发展的物质基础，是作用于人类客体上的所有外界事物。简而言之，环境就是人类的生存环境。随着社会的发展、经济的繁荣，人类的生存环境已经形成了一个非常庞大而复杂、多层次、多单元的环境系统。这种环境系统包括社会环境和自然环境。社会环境是指人们生活的社会经济制度和上层建筑的环境条件，如教育环境、经济环境、医疗环境、政治环境等；自然环境是指人们生存和发展的物质条件，是人类周围的各种改造与未改造的自然因素总和。人类虽然居住于地球表层，但其活动领域不仅深入地壳深处，同时也影响到星际空间，因此对于如此庞大复杂的环境系统，为了便于研究，可由近及远、由小到大地分为聚落环境、地理环境、地质环境和星际环境。

1. 聚落环境

聚落环境是人类聚居的地方，是与人类的生产和生活关系最密切、最直接的环境，是人类活动的中心，见图 11-1。聚落环境是人类有计划、有目的地利用和改造自然环境而创造出来的生存环境。

2. 地理环境

地理环境位于地球表层，处于岩石圈、水圈、大气圈、土壤圈、生物圈等相互作用、相互渗透、相互制约、相互转化的交错带上，是由人类生产和生活密切相关的水、土、气、生物等环境因素组成的，其厚度约为 10～20km，见图 11-2。

图 11-1 聚落环境

图 11-2 地理环境

3. 地质环境

地质环境是指自地表而下的坚硬的壳层，即岩石圈，见图 11-3。地理环境是在地质环境的基础上、宇宙因素的影响下发生和发展起来的。地质环境为人类提供了丰富的矿产资源。

4. 星际环境

星际环境是指包括整个地球直至大气圈以外的星际空间，见图 11-4。而地球是太阳系中的一个成员，人类自下而上环境中所需的能量主要来源于太阳的辐射，人类如何充分有效地利用太阳的辐射能，在环境保护中也是十分重要的。

图 11-3 地质环境

图 11-4 星际环境

二、环境问题

一切不利于人类生存发展的环境结构和状态的变化都属于环境问题。按其产生的原因，可分为由自然灾害引起原生环境问题和由人为因素引起的次生环境问题。环境科学和环境保护所研究的问题主要是次生环境问题。次生环境问题一般分为两类：一类是由于不合理开发自然资源，超出环境的承载能力，使生态环境质量恶化或自然资源枯竭的现象；另一类是由于人口迅速膨胀、工农业的高速发展引起的环境污染和生态破坏。

随着农业与畜牧业的发展，人类在盲目地改造环境，如大量的砍伐森林、破坏草原、盲目开荒等现象从而引起植被的破坏，造成严重的水土流失、土地沙漠化、旱灾水灾的频繁出现、土壤盐渍化、沼泽化等一系列的环境问题。荒漠化是当今世界最严重的环境与社会经济问题。据1991年联合国环境规划署对全球荒漠化状况的评估，全球荒漠化面积已近36亿公顷，全球每年有600万公顷的土地变为荒漠，其中320万公顷是牧场，250万公顷是旱地，12.5万公顷是水浇地，另外还有2100万公顷土地因退化而不能生长谷物。亚洲是世界上受荒漠化影响的人口分布最集中的地区，遭受荒漠化影响最严重的国家依次是中国、阿富汗、蒙古、巴基斯坦和印度。

生产力的高度发展及现代化大工业化的出现，增强了人类利用和改造环境的能力。大规模地改变环境的组成和结构，使深埋于地下的矿产资源被开采出来，投入到环境中，生产人类生活的生产资料及生活资料，极大地丰富了人类的物质生活条件，同时也产生了“废气、废水、废渣”，影响了人类赖以生存的环境质量。

人口增长不仅从环境中索取大量的食物、资源、能源，而且要求工农业迅速发展，为人类提供越来越多的工农业产品，这些产品再经过人类的消费，将变为“废物”排入环境中，影响了环境质量。

由此可见，造成环境问题的根本原因是由于人类对环境的认识不足，缺乏科学合理的发展计划和环境规划。所以环境问题的实质是由于盲目发展、不合理开发利用资源而造成的环境质量恶化和资源浪费甚至枯竭。

当前全球性的环境问题突出表现在温室效应、臭氧层的破坏、酸雨以及不断加剧的水污染、自然资源和生态环境的持续恶化等，已引起联合国及各国政府的重视。

1. 温室效应

大气中的CO_2如温室里的玻璃一样，能让太阳光中可见光透过被地面吸收，转变为热能，也能阻止地面增温后放出热辐射，从而使大气温度升高，这种现象称为温室效应。能够引起温室效应的气体称为温室气体，如CO_2、CFCs（氯氟烃）、CH_4等。其中引起温室效应的主要气体是CO_2。正常的温室效应可以使地球表面保持15℃左右，保护地球上的生命。但由于人类活动的规模越来越大，对能源的开采利用逐年增加，排放到大气中的CO_2浓度也正逐年增加；另外，人类大面积地砍伐森林、毁坏草原、破坏植物等，降低了植物对CO_2的吸收，致使全球大气中CO_2浓度逐年增加。

大气中CO_2浓度过高阻止了地面的辐射热，导致全球气温变暖，从而引起海水膨胀、陆地冰川融化等。近百年来，全球平均气温上升0.3～0.7℃，海平面上升14.4cm。预计到2100年，海平面将上升50cm。气候变暖引起的海平面上升会使海滩和海岸受侵蚀，海水倒灌，洪水加剧土地恶化，港口受损，破坏养殖业，影响自然生态平衡，造成大范围的气候灾害。

由于使大气变暖、产生温室效应的主要因素是大气中CO_2的浓度过高造成的，因此控制CO_2的排放量是缓解温室效应的重要措施。一方面通过恢复自然生态环境减少大气中CO_2的量，其最切实可行的办法是广泛植树造林，加强绿化建设，停止滥伐森林，利用太阳光的光合作用大量吸收和固定大气中的CO_2；另一方面要限制工业化生产向大气排放的CO_2量，其控制途径是改变能源结构，控制化石原料的使用量，增加核能和可再生能源的使用比例。

2. 臭氧层破坏

自然界中的臭氧有90%集中在地面以上15～35km的大气平流层中，形成臭氧层，作为地球屏障保护地球上的一切生命。臭氧层能过滤掉太阳光中的99%以上的紫外线。臭氧层保护了人类和生物免遭紫外线的伤害。过度的紫外线辐射会引发人体皮肤癌和白内障等。1985年首次在南极上空探测到“臭氧空洞”，并且臭氧层的损耗在不断加剧，地域在不断扩大。经研究表明，臭氧浓度每减少1%，紫外线辐射将增加2%，皮肤癌的发病率将增加3%，白内障发病率将增加0.2%～1.6%。臭氧浓度的减少还造成农作物减产、光化学烟雾的形成等不良现象。而人类的生产活动和生活活动不断地向大气排放出一些破坏臭氧层的化合物，如氯氟烃（CFCs）、哈龙（Halon，属于卤代烷的一类化学品）、四氯化碳（CCl_4）、甲基氯仿（CH_3CCl_3）、溴甲烷（CH_3Br）等，其中破坏力最大的是氯氟烃及哈龙。

大气中臭氧层的破坏主要是由于消耗臭氧的化合物所引起的，因此必须对这些物质的生产量及消耗量加以限制。1985年以来，联合国环境规划署召开了多次国际会议通过了多项关于保护臭氧层的国际公约。其中重要的有：1985年鉴定的《保护臭氧层的维也纳公约》；1987年签订的《消耗臭氧层物质的蒙特利尔议定书》，规定发达国家1994年停用哈龙，1996年停用氯氟烃，发展中国家可以宽限10年等。进行这样的规定后，预计到2050年，北极臭氧减少率低于现在；到2100年以后，南极臭氧空洞将消失。为了让全人类行动起来，保护臭氧层，1995年联合国大会指定每年的9月16日为“国际保护臭氧层日”，进一步表明了国际社会对保护臭氧层问题的关注。

由于《蒙特利尔议定书》规定了哈龙、氯氟烃等的生产和使用时间，将给日化、制冷、轻工等工业部门带来巨大的经济损失，因此开发和研制新的替代品和技术将是保护臭氧层的重要措施。发达国家对替代品的开发和研制工作做得比较充分，而发展中国家则缺乏这种能力，因此发达国家除了应该履行议定书上规定的义务，在资金和技术方面应给予支援，让全球全世界全人类共同行动起来，保护臭氧层，保护我们的地球，保护我们的家园。

3. 酸雨

酸雨是指pH值为5～6的酸性降雨。随着生产的发展、社会的进步、人口的增长、燃料的消耗不断增加，酸雨的问题也越来越严重。酸雨中绝大部分是硫酸和硝酸，主要来源于人类广泛使用化石燃料向大气排放了大量的SO_2和NO_x。欧洲是世界上一大酸雨区，美国和加拿大东部也是一大酸雨区。亚洲的酸雨主要集中在东亚，其中中国南方是酸雨最严重的地区，成为世界上又一大酸雨区。

酸雨的降落使土壤pH值降低，土壤里的营养元素钾、镁、钙、硅等不断溶出、流失，影响微生物的活动，使微生物固氮和分解有机质的活动受到限制，导致土壤贫瘠化，影响植物生长；同时可以使水体酸化，影响水体鱼类的发育和繁殖，使水体生物的组织和结构发生变化，耐酸的藻类、真菌增多，有机物的分解率降低；酸雨还会伤害植物的新芽，影响其生长发育，常使森林和植物树叶枯黄，病虫害加重，最终造成大面积死亡；酸雨腐蚀建筑材料、桥梁、古建筑等；酸雨对人体健康也有害，可使儿童免疫功能下降，慢性咽炎、支气管哮喘发病率增加，同时可使老人眼部、呼吸道患病率增加。

酸雨的控制措施就是减少SO_2和NO_x的人为排放量。国际社会提倡包括煤炭加工、燃烧、转化、烟气净化等措施在内的清洁生产技术。

此外，全球性环境问题还有土地荒漠化、森林植被破坏、生物多样性减少、水资源和海洋资源破坏等。

三、中国环境问题

我国的环境污染问题是与工业化相伴而生的。20 世纪 50 年代前，我国的工业化刚刚起步，工业基础薄弱，环境污染问题尚不突出，但生态恶化问题经历数千年的累积，已经积重难返。50 年代后，随着工业化的大规模展开，重工业迅猛发展，环境污染问题初见端倪。但这时候污染范围仍局限于城市地区，污染的危害程度也较为有限。到了 80 年代，随着改革开放和经济的高速发展，我国的环境污染渐呈加剧之势，特别是乡镇企业的异军突起，使环境污染向农村急剧蔓延，同时，生态破坏的范围也在扩大。时至如今，环境问题与人口问题一样，成为我国经济和社会发展的两大难题。

1. 大气污染

我国大气污染属于煤烟型污染，以煤尘和酸雨（SO_2）污染危害最大，并呈发展趋势。2014 年我国 SO_2 排放总量为 1974.4 万吨，其中，工业 SO_2 排放量是 1740.3 万吨，城镇生活 SO_2 排放量是 233.9 万吨，集中式治理设施（不含污水厂）SO_2 排放量 0.2 万吨。氮氧化物排放总量为 2078.0 万吨，其中，工业排放量为 1404.8 万吨，城镇生活排放量为 45.1 万吨，机动车 627.8 万吨，集中式治理设施排放量 0.3 万吨。

我国 SO_2 排放量呈急剧增长之势。目前，我国已成为世界 SO_2 排放的头号大国。研究表明，我国大气中 87%的 SO_2 来自燃煤。我国煤炭中含硫量较高，西南地区尤甚，一般都在 1%～2%，有的高达 6%。SO_2 污染较严重的主要有山西、河北、甘肃、贵州、内蒙古、云南、广西、湖北、陕西、河南、湖南、四川、辽宁、重庆等省市。

近几年来，我国主要大城市机动车的数量大幅度增长。机动车尾气已成为城市大气污染的一个重要来源。特别是北京、广州、上海等大城市，大气中氮氧化物的浓度严重超标，北京和广州氮氧化物空气污染指数已达四级，已成为大气环境中首要的污染因子，这与机动车数量的急剧增长密切相关。

SO_2 等致酸污染物引发的酸雨是我国大气污染危害的又一重要方面。由于我国迄今尚未对燃煤产生的 SO_2 采取有效措施，而煤炭消耗量不断增加，造成区域性大面积酸雨污染严重。广东、广西、四川盆地和贵州大部分地区形成了我国西南、华南酸雨区，已成为与欧洲、北美并列的世界三大酸雨区之一。除西南、华南酸雨区之外，近年来又逐渐形成了以长沙、南昌为代表的华中酸雨区，以厦门、上海为代表的华东沿海酸雨区和以青岛为代表的北方酸雨区。

2. 水污染

2014 年，全国化学需氧量（Chemical Oxygen Demand，简称 COD）排放总量为 2294.6 万吨（其中工业排放量为 311.3 万吨，生活排放量为 864.4 万吨，农业排放量 1102.4 万吨，集中式 16.5 万吨），氨氮排放总量为 238.5 万吨（其中工业排放量为 23.2 万吨，生活排放量为 138.1 万吨，农业排放量 75.5 万吨，集中式 1.7 万吨）。如此巨大的污水排放，造成全国 70%以上的河流、湖泊受到不同程度的污染，90%的地下水不同程度遭受有机和无机污染物的污染，目前已经呈现出由点向面的扩展趋势，75%的湖泊出现不同程度的富营养化，大部分湖泊氮、磷含量严重超标，水生生态系统全面退化。

工业水污染主要来自造纸业、冶金工业、化学工业以及采矿业等。而在一些城市和农村水域周围的农产品加工和食品工业，如酿酒、制革、印染等，也往往是水体中化学需氧量和生化需氧量（Biochemical Oxygen Demand，简称 BOD）的主要来源。农业废水、作物种植和家畜饲养等农业生产活动对水环境也产生重要影响。最近的研究结果表明，氮肥和农药的大量使用是水污染的重要来源。尽管我国的化肥使用量与国际标准相比并不特别高，但由于大量使用低质化肥以及氮肥与磷肥、钾肥不成比例的施用，其使用效率较低。近年来，杀虫剂的使用范围也在扩大，导致物种的损失（鸟类），并造成一些受保护水体的污染。牲畜饲养场排出的废物也是水体中生物需氧量和大肠杆菌污染的主要来源。水污染危害人体健康、渔业和农业生产（通过被污染的灌溉水），也增加了清洁水供应的支出。水污染还会对生态系统造成危害——水体富营氧化以及动植物物种的损失。一些疾病与人体接触水污染有关，包括腹水、腹泻、钩虫病、血吸虫、沙眼及线虫病等，可通过改善供水卫生条件来极大地减少此类疾病的发病率和危害程度。

3. 固体废弃物污染

2014 年全国固体废物产生总量达 325620.0 万吨，综合利用量 204330.2 万吨，储存量 45033.2 万吨，处置量 80387.5 万吨。在产生固体废弃物的工业行业中，矿业、电力蒸汽热水生产供应业、黑色金属冶炼及压延加工业、化学工业、有色金属冶炼及压延加工业、食品饮料及烟草制造业、建筑材料及其他非金属矿物制造业、机械电气电子设备制造业等的产生量最大，占总量的 95%左右。其中尤其以矿业和电力蒸汽热水生产供应业固体废物产生量为主，占总量的 60%。

我国城市生活垃圾产生量增长较快，每年以 8%～10%的速度增长，而目前城市生活垃圾处理率低，仅为 55.4%，近一半的垃圾未经处理随意堆置，致使 2/3 的城市出现垃圾围城现象，达到无害化处理要求的不到 10%。塑料包装物和农业薄膜导致的白色污染已蔓延全国各地。

4. 土地荒漠化和沙灾问题

我国是世界上土地沙漠化严重的国家之一，近十年来土地沙漠化急剧发展。20 世纪 50～70 年代年均沙漠化面积为 1560 平方公里，70～80 年代扩大到 2100 平方公里，总面积已达 20.1 万平方公里。目前，我国国土上的荒漠化土地占国土陆地总面积的 27.3%，而且，荒漠化面积还以每年 2460 平方公里的速度增长。中国每年遭受的强沙尘暴天气由 20 世纪 50 年代的 5 次增加到了 90 年代的 23 次。土地沙漠化造成了内蒙古一些地区的居民被迫迁移他乡。

5. 水土流失问题

我国是世界上水土流失最严重的国家之一。全国每年流失的土壤总量达 50 多亿吨，每年流失的土壤养分为 4000 万吨标准化肥（相当于全国一年的化肥使用量）。而目前水土流失面积已达 356 万平方公里。我国的耕地退化问题也十分突出，如原来土地肥沃的北大荒黑土带，土壤的有机质已从原来的 5%～8%下降到 1%～2%（理想值应当是不小于 3%）。同时，由于农业生态系统的严重失调，全国每年因灾害损毁的耕地约 200 万亩。据 1993 年林业部公布，我国森林覆盖率仅 13.9%。尽管新中国成立后开展了大规模植树造林活动，但森林破坏仍十分严重，大量林地被侵占。同时草原面临严重退化，几十年来，由于过度放牧和管理不善，造成了 13 亿亩草原严重退化、沙化、碱化，加剧了草地水土流失和风沙危害。

6. 旱灾和水灾问题

20 世纪 50 年代中国年均受旱灾的农田为 1.2 亿亩，90 年代上升为 3.8 亿亩。1972 年黄河发生第一次断流，1985年后年年断流，1997年断流天数达227天。有关专家经调查推测：未来15年内中国将持续干旱。而长江流域的水灾发生频率却明显增加，500多年来，长江流域共发生的大洪水为53次，但近50年来，每三年就出现一次大涝，1998年的大洪水更是造成了巨大的经济损失。

7. 生物多样性破坏问题

中国是生物多样性破坏较严重的国家，高等植物中濒危或接近濒危的物种达4000～5000种，约占中国拥有的物种总数的15%～20%，高于世界10%～15%的平均水平。世界濒危物种中，中国约占总数的1/4。中国滥捕乱杀野生动物和大量捕食野生动物的现象仍然十分严重，屡禁不止。

8. 持久性有机物污染问题

随着中国经济的发展，难降解的持久性有机物污染开始显现。我国于2005年签署了《关于持久性有机污染物的斯德哥尔摩公约》，其中确定的首批禁止使用的12种持久性有机污染物在中国的环境介质中多有检出。这类有机污染物具有转移到下一代体内并在多年后显现其危害的特点，也被称为“环境激素”或“环境荷尔蒙”，危害严重。目前这类有机污染物广泛存在于工农业和城市建设等使用的化学品之中。

我国环境污染和生态破坏已到了岌岌可危的地步，同时又面临着全球环境问题和国际贸易竞争的巨大压力。为了保证国民经济的持续快速健康发展，对于那些突出的环境问题和相关问题，已经到了非解决不可的地步。

问题讨论

1. 什么是环境？ 环境是如何分类的？

2. 查资料说明当前全球性环境问题突出表现在哪些方面？ 请叙述温室效应、臭氧层破坏、酸雨等现象产生的原因、危害及控制措施。

3. 请查资料说明最近几年的中国环境状况。

第二节 近代环境科学

环境科学是在人类亟待解决环境问题的社会形势下，迅速发展起来的多学科、跨学科的庞大学科体系，也是介于自然科学、社会科学和技术科学之间的边际学科。环境科学主要是运用自然科学和社会科学的有关科学理论、技术和方法来研究环境问题，在与有关学科相互渗透、交叉中又形成了许多分支学科。

一、环境科学的研究对象及任务

随着社会生产力的高度发展，人类面临的环境问题也越来越严重，人类与环境之间的矛盾也越来越尖锐。环境科学就是研究“人类-环境”系统的发生和发展、调节和控制以及改造和利用的科学。显然，环境科学的研究对象是“人类-环境”这一对立统一体，是以人类为中心的生态系统，其目的是为了调整人类的社会行为，保护环境、发展环境、建设环境，使环境为人类的社会发展提供持续的、稳定的、良好的物质基础。因此，环境科学的研究任务主要有以下方面。

1. 研究全球范围内的环境演化规律

全球性的环境包括大气圈、水圈、土壤圈、岩石圈、生物圈，它们相互作用、相互影响，并不断地进行演化，环境质量的变异也会随时随地发生变化。在社会发展进程中，人类在不断地利用环境、改造环境。为了使环境向有利于人类的方向发展，避免环境质量的退化，就必须了解环境的演化过程，包括环境系统的基本特征、结构和组成以及演化机理等。

2. 研究人类活动与自然生态之间的相互关系

环境是人类赖以生存和发展的物质基础。尽管人类在生产活动和生活活动所消费的物质和能量在迁移、转化过程中十分复杂，但必须遵守物质和能量的守恒规律。即一要做到排入环境中的废弃物的种类和数量不要超过环境的自净能力，避免造成环境污染，恶化环境质量；二是要做到从环境中获取的资源要有一定的限度，保障资源能永被利用。在“人类-环境”系统中，人是矛盾的主要方面，必须调整人类的经济活动和社会行为，选择正确的发展战略，使得人类与环境稳步协调发展。

3. 研究全球范围内人与环境之间的关系

人类生存在环境中的生物圈内，生物圈的善变影响着人类的生存与发展。首先要研究生物圈的结构特征，二是要研究人类经济活动和社会行为对生物圈的影响。人类的这些活动都将消耗环境中的资源，同时产生废气污染物，因此研究人与环境之间的关系实际上是在研究污染物在环境中的物理变化和化学变化过程、在生态系统中的迁移及转化以及进入各生物体内发生的各种作用，尤其是对人类的影响。这些研究对制定各类环境保护标准、保证人类的生存质量提供科学依据。

4. 研究区域、 污染综合防治措施

引起环境问题的因素很多，不同区域有着不同的情况。运用工程技术及管理措施，从区域环境的整体出发调节控制人类与环境之间的相互关系。

二、环境科学的内容

由于环境问题涉及到各行各业，关系到人类的生存与健康，因此环境科学的内容也相当丰富。环境科学不仅要研究环境质量的变化发展在人类活动影响下的规律，也要研究如何调控环境质量的变化和改善环境质量。而当前研究的重点是控制污染破坏和改善环境质量，包括污染的综合防治、自然保护和促进人类生态系统的良性循环。由此可见，环境科学是介于社会科学、技术科学及自然科学之间的边缘科学，是一个由多学科到跨学科的庞大的科学体系。

环境科学按其研究任务，可分为以下三大类。

1. 理论环境学

理论环境学的形成时期较晚，20 世纪 70 年后才开始出现，主要任务是研究人类生态系统的结构和功能、环境质量变化对人类活动的影响。它的主要内容包括：环境科学方法论；环境质量评价的理论和方法；环境综合承载力的分析；合理布局的原理和方法；生产地区综合体优化组合的理论和方法；环境区域与环境规划的原理和方法等。其最终目的是建立一套调控“人类-环境”系统的理论和方法，促进人类生态系统的良性循环，为解决环境问题提

供方向性、战略性的科学依据。

2. 综合环境学

综合环境学是把环境系统作为一个整体，全面研究“人类-环境”系统的发展、调控、利用和改造的科学。它包括全球环境学、区域环境学和聚落环境学。

随着人口增长、生产力的提高、生产规模的扩大、人类活动范围的扩张，人类在利用环境、改造环境上也日益增长。人类的活动应引起全球性的关注，全球性的对策则需要全球环境学来研究。不同地区、环境的组成结构性质也有不同，人类在利用和改造环境的途径、方法也因之而异，也需要区域环境学来研究。与人类活动最直接、最密切的环境是聚落环境，一些重大的污染事件大都发生在聚落环境中，如何保护和改善聚落环境则是聚落环境研究的内容。

3. 部门环境学

部门环境学是指对“人类-环境”系统进行分门别类的研究，即根据环境的组成和性质以及人类活动的种类和性质来研究“人类-环境”的对立统一的科学。它包括属于自然科学方面的环境地学、环境生物学、环境化学、环境物理学、环境医学、环境工程学；属于社会科学方面的有环境管理学、环境经济学、环境法学等。

环境科学所涉及的学科体系，范围非常广泛，各学科相互交叉渗透，同时不同地区的环境条件、生产布局、经济结构的千差万别使人与环境之间的具体矛盾也各有差异，结果使环境科学具有强烈的综合性和鲜明的区域性。因此在环境工程中控制和消除污染危害时，应组织多专业、多学科的协同作战队伍，采取多途径、创效益的综合防治措施，选择最佳优化组合方案，为人类生存创造一个清洁无污染的环境系统。

三、环境工程学简介

环境工程学是环境科学的一个分支，是主要研究运用工程技术的原理和方法，防治环境污染、合理利用自然资源、保护和改善环境质量的学科。

环境工程学的研究内容主要有大气污染防治工程、水体污染防治工程、固体废弃物的处理和利用、环境污染综合防治、环境系统工程等几个方面。

废气、废水和固体废物的污染是各种自然因素和社会因素共同作用的结果。控制环境污染必须根据当地的自然条件，弄清污染物产生、迁移和转化的规律，对环境问题进行系统分析，采取经济手段、管理手段和工程技术手段相结合的综合防治措施，改革生产工艺和设备，开发和利用无污染能源，利用自然净化能力等，以便取得环境污染防治的最佳效果。

环境工程学是一个庞大而复杂的技术体系。它不仅研究防治环境污染和公害的措施，而且研究自然资源的保护和合理利用，探讨废物资源化技术、改革生产工艺、发展少害或无害的闭路生产系统，以及按区域环境进行运筹学管理，来获得较大的环境效果和经济效益，这些都成为环境工程学的重要发展方向。

问题讨论

1. 什么是环境科学？ 环境科学的研究任务是什么？ 包括哪些内容？
2. 简述环境工程学。

第三节　环境保护法律、法规体系

由各种环境法律法规，按照一定的原则、功能和秩序组成的相互作用、相互联系、相互制约、相互补充的内部协调一致的统一整体，称为环境法律法规体系。各种具体的环境法律法规其立法机关、法律效力、形式、内容、目的和任务等各不相同，但从整体上又具有内在协调统一性，形成一个完整的有机体系，是协调人类与自然关系、保护人民健康、保障社会经济持续发展的基础。

一、环境保护法律、法规体系的结构

环境保护法律法规体系可以从不同角度加以划分。按照国别来分，可分为中国环境保护法和外国环境保护法；按照法律规范的主要功能来分，可分为环境预防法、环境行政管制法和环境纠纷处理法；按照传统法律部门来分，可分为环境行政法、环境刑法（或称公害罪法）、环境民法（主要是环境侵权法和环境相邻关系法）等；按照中央和地方的关系来分，可分为国家级环境保护法和地方性环境保护法等。

我国的环境保护法律法规体系是按照宪法规定的立法体制建立的，其中包括：国家人民代表大会及常务委员会制定的环境保护法律法规；国务院制定的环境行政法规；国务院各部、委发布的环境规章；各省自治区直辖市人民代表大会制定的地方性环境法规和规章；省自治区直辖市人民代表大会同级政府制定地方规章。从法律调整的功能和作用来看，我国的环境法律法规体系由环境保护基本法、各种单项环境法律以及大量更具体的实施细则、条例、规定、办法、标准等规范性文件所组成。从内容来看，我国的环境保护法律法规体系主要包括：关于保护自然环境和资源的法律法规；关于防治环境污染的法律法规；关于保护城市乡村等区域环境的法律法规；关于对环境进行组织、管理、监督、监测的法律法规和环境保护标准。

二、环境保护法律、法规体系的组成

世界各国环境保护法是整个国家法律体系的重要组成部分，我国的国家级环境保护法律法规体系主要包括下列几个组成部分。

1. 宪法

宪法关于保护环境资源的规定在整个环境保护法律法规体系中具有最高法律地位和法律权威，是我国环境保护法立法的基础和环境行政的根本依据，是国家的基本大法。宪法第26条规定："国家保护和改善生活环境与生态环境，防治污染与其他公害。"第9条规定："矿藏、水流、森林、山岭、草原、荒地、滩涂等自然资源都属于国家所有，即全民所有；由法律规定属于集体所有的森林和山岭、草原、荒地、滩涂除外。国家保障自然资源的合理利用，保护珍贵的动物和植物。禁止任何组织或个人用任何手段侵占或者破坏自然资源。"第10条规定："一切使用土地的组织和个人必须合理使用土地。"可见宪法确认了环境保护是国家的基本政策，是国家的基本职责，并为环境保护法提供了立法根据、指导思想和基本原则。

2. 环境保护基本法的颁布与修改

环境保护基本法是对环境保护方面的重大问题作出规定和调整的综合性立法，在环境法体系中具有仅次于宪法性规定的最高法律地位和效力。它是我国环境保护法的主干，确定了环境保护在国家生活中的地位，规定了国家在环境保护方面的总方针、政策、目标、原则、制度，规定了环境保护的对象，确定了环境管理的机构、组织、权利、职责以及违法者应该承担的法律责任。

1989年12月26日第七次人民代表大会常务委员会第十一次会议通过了《中华人民共和国环境保护法》，它是我国的环境保护基本法。其主要内容是：①规定环境法的目的和任务是保护和改善生活环境和生态环境，防治污染与其他公害，保障人体健康，促进社会主义现代化建设的发展；②规定环境保护的对象是大气、水、海洋、土地、矿藏、森林、草原、野生生物、自然遗迹、人文遗迹、自然保护区、风景名胜区、城市和乡村等直接或间接影响人类生存与发展的环境要素；③规定一切单位和个人均有保护环境的义务，对污染或破坏环境的单位或个人有监督、检举和控告的权利；④规定环境保护应当遵循预防为主、防治结合、综合治理原则、经济发展与环境保护相协调原则、污染者治理、开发者养护原则、公众参与原则等基本原则，应当实行环境影响评价制度、“三同时”制度、征收排污费制度、排污申报登记制度、限期治理制度、现场检查制度、强制性应急措施制度等法律制度；⑤规定防治环境污染、保护自然环境的基本要求及相应的法律义务；⑥规定中央和地方环境管理机关的环境监督管理权限及任务。

《中华人民共和国环境保护法》由中华人民共和国第十二届全国人民代表大会常务委员会第八次会议于2014年4月24日修订通过，新修订《中华人民共和国环境保护法》于2015年1月1日起施行。

这部新修订法律增加了政府、企业各方面责任和处罚力度，被专家称为“史上最严的环保法”。

修订后的环保法加大惩治力度：“企业事业单位和其他生产经营者违法排放污染物，受到罚款处罚，被责令改正，拒不改正的，依法作出处罚决定的行政机关可以自责令更改之日的次日起，按照原处罚数额按日连续处罚。”

新环保法还明确：国家在重点生态功能区、生态环境敏感区和脆弱区等区域划定生态保护红线，实行严格保护。

修订后的环保法，进一步明确了政府对环境保护的监督管理职责，完善了生态保护红线、污染物总量控制、环境监测和环境影响评价、跨行政区域联合防治等环境保护基本制度，强化了企业污染防治责任，加大了对环境违法行为的法律制裁，还就政府、企业公开环境信息与公众参与、监督环境保护作出了系统规定，法律条文也从原来的47条增加到70条，增强了法律的可执行性和可操作性。

3. 环境保护单行法

我国环境保护单行法在环境保护法律法规体系中数量最多，占有重要的地位。单行法是针对某一特定的环境要素或特定的环境社会关系进行调整的专门性法律法规，是宪法和环境保护法的具体化，是环境保护法的支干。它的特点是量多面广，具有控制对象的针对性和专一性。主要有：《中华人民共和国水污染防治法》、《中华人民共和国大气污染防治法》等。

4. 环境保护行政法规

国务院出台了一系列环境保护行政法规，几乎覆盖了所有环境保护行政管理领域，如《中华人民共和国水污染防治法实施细则》、《建设项目环境保护管理条例》等。

5. 环境保护部门规章

在我国环境保护领域存在着大量的行政规章，如《环境保护行政处罚办法》、《排放污染物申报登记办法》、《环境标准管理办法》等。

6. 环境保护地方性法规及规章

环境保护地方性法规及规章是享有立法权的地方权力机关和地方政府机关依据《宪法》和相关法律，根据当地实际情况和特定环境问题制定的，在本地范围内实施，具有较强的可操作性。目前我国各地都存在着大量的环境保护地方性法规及规章，如《北京市实施＜中华人民共和国水污染防治法＞办法》等。

7. 环境标准

环境标准是具有法律性质的技术标准，是国家为了维护环境质量、实施污染控制，而按照法定程序制定的各种技术规范的总称。我国的环境标准由五类三级组成。“五类”指五种类型的环境标准：环境质量标准、污染物排放标准、环境基础标准、环境监测方法标准及环境标准样品标准。“三级”指环境标准的三个级别：国家环境标准、国家环境保护总局标准及地方环境标准。国家级环境标准和国家环境保护总局级标准包括五类，由国务院环境保护行政主管部门即国家环境保护总局负责制定、审批、颁布和废止。地方级环境标准只包括两类：环境质量标准和污染物排放标准。凡颁布地方污染物排放标准的地区，执行地方污染物排放标准，地方标准未做出规定的，仍执行国家标准。

8. 环境保护国际公约

环境保护国际公约是指我国缔结和参加的环境保护国际公约、条约及议定书等。目前我国已缔结及参加了大量的环境保护国际公约，如《关于持久性有机污染物的斯德哥尔摩公约》等。

三、环境保护法的基本原则

环境保护法的基本原则是以保护环境、实现可持续发展为目标，以环境保护法为基础，调整环境保护方面的方针、原理和思想。我国环境保护法的基本原则有以下方面。

1. 协调发展原则

发展经济和保护环境是对立统一的关系。在过去，人们在注重经济发展的过程中，忽视了环境的保护，使环境遭到破坏和污染，从而又抑制了经济的发展，两者陷入了恶性循环。良好的环境是经济发展的前提，经济发展了，又为保护环境提供了经济和技术条件。为了实现社会经济的可持续发展，必须使环境保护和经济发展、社会发展相协调，将经济建设、城乡建设、环境建设同步规划、同步实施、同步发展，达到社会效益、经济效益、环境效益的统一。

2. 预防为主、防治结合、综合治理的原则

预防为主、防治结合、综合治理的原则就是如何正确处理防和治的相互关系。环境问题一旦发生就难以恢复和消除，这就要求将环境保护的重点放在事前预防，防止环境污染和破坏自然资源，积极治理和恢复现有的环境污染和自然资源，采用多途径相结合的办法实现效

益最大化的治理效果，以保护人类赖以生存的自然环境，保护生态系统的安全性。

3. 开发者保护、污染者治理的原则

开发利用自然资源的单位不仅有利用自然资源的权利，而且也有保护自然资源的责任和义务。开发资源的目的是为了利用，保护好自然资源是为了长效的开发。环境污染主要是由工矿企业及有关事业单位排放的污染物造成的，所以污染单位必须承担治理费用。我国参照国际社会提倡的“污染者付费原则”提出了“谁污染谁治理原则”，明确了污染单位有责任对其造成的污染进行治理。

4. 协同合作原则

协同合作是指以可持续发展为目标，在国家内部各部门之间、在国际社会之间实行广泛的技术、资金、情报交流与援助，联合处理出现的环境问题。治理环境问题不是靠一个国家、一个地区、一个部门就能完成的，应当由全世界、全人类携手合作共同努力，才能从根本上扭转环境恶化的局面。

5. 可持续发展原则

可持续发展就是既满足当代人的需要，又不对后代人满足其需要的能力构成危害的发展。合理有度地利用自然资源，发挥最大效益，不降低它的再生和永续能力，使保护环境与经济和其他方面的发展有机地结合起来，使环境和发展一体化。

四、环境标准

环境标准是为保护人类健康、社会物质财富和维持生态平衡，对大气、水、土壤等环境质量、对污染源和监测方法以及其他需要所制定的标准的总称。环境标准是评价环境状况和其他环境保护工作的法定依据，也是推动环境科技进步的动力。

1. 环境标准的种类

环境标准没有统一的分类方法。若按标准的用途分，可分为环境质量标准、污染物排放标准、污染物控制技术标准、污染警报标准和基础方法标准。

按环境要素分，可分为大气控制标准、水质控制标准、噪声控制标准、废渣控制标准、土壤控制标准。其中对单项控制要素又可以再细分，如水质控制标准又可以分为饮用水水质标准、渔业水水质标准、海水水质标准、地面水水质标准等。

按标准的适用范围分，可分为国家标准、地方标准和行业标准。

2. 我国的环境标准

我国根据环境标准的适用范围、性质、内容和作用，实行五类三级标准体系。五类是指环境质量标准、污染物排放标准、环保方法标准、环境样品标准和环境基础标准，三级是指国家级标准、地方级标准和行业级标准。其中，国家环境质量标准、国家污染物排放标准由国务院环境保护行政主管部门制定、审批、颁布和废止；省、自治区、直辖市人民政府对国家环境质量标准中未作规定的项目，可以制定地方环境质量标准，并报国务院环境保护行政主管部门备案；省、自治区、直辖市人民政府对国家污染物排放标准中未作规定的项目，可以制定地方污染物排放标准；对国家污染物排放标准中已作了规定的项目，可以制定严于国家污染物排放标准的地方污染物排放标准；地方污染物排放标准须报国务院环境保护行政主管部门备案；而且凡向已有地方污染物排放标准的区域排放污染物的，应当执行地方污染物排放标准。

环境质量标准是各类环境标准的核心，是环境管理部门的执法依据，是国家为保护公民身体健康、财产安全、生存环境而制定的空气、水等环境要素中所含污染物或其他有害因素的最高允许值。因此，环境质量标准是环境保护的目标，也是制定污染物排放标准的重要依据。如地面水环境质量标准、环境空气质量标准、渔业水质标准、城市区域环境噪声标准、保护农作物的大气污染物最高允许浓度等。

污染物排放标准是指为了实现环境质量标准和环境目标，结合环境特点或经济技术条件而制定的污染源所排放污染物的最高允许限额。它作为达到环境质量标准和环境目标的最重要手段，是环境标准中最为复杂的一类标准。

环保方法标准是指为统一环境保护工作中的各项试验、检验、分析、采样、统计、计算和测定方法所作的技术规定。它与环境质量标准和排放标准紧密联系，每一种污染物的测定都需要配套的方法标准，得出全国统一的、正确的标准数据和测量数量，只有这样在进行环境质量评价时才有可比性和实用性。

环境样品标准是指以标定仪器、验证测量方法、进行量值传递或质量控制的材料或物质。它可用来评价分析方法，也可评价分析仪器、鉴别灵敏度和应用范围，还可评价分析者的水平，使操作技术规范化。在环境检测站的分析质量控制中，标准样品是分析质量考核中评价实验室各方面水平、进行技术仲裁的依据。

环境基础标准是对环境质量标准和污染排放标准所涉及的技术术语、符号、代号、制图方法及其他通用技术要求所作的技术规定。目前我国的环境基础标准主要有管理标准、环境保护名词术语标准、环境保护图形符号标准、环境信息分类和编码标准。

环境标准是环境政策目标的具体体现，是制定环境规划时提出环境目标的依据，是制定国家和地方各级环保法规的技术依据，它用条文和数字定量地规定了环境质量及污染物的最高允许限度，具备法律效力。环境标准一经批准发布，各有关单位必须严格贯彻执行，不得擅自变更或降低。作为环境法的一个有机组成部分，环境标准在环境监督管理中起着极为重要的作用，无论是确定环境目标、制定环境规划、监测和评价环境质量，还是制订和实施环境法，都必须以环境标准作为其基础和依据。

问题讨论

1. 我国的环境保护法律法规体系的组成如何?
2. 我国环境保护法的基本原则是什么?
3. 我国的环境标准是如何分类的?

阅读材料

一、中国应锁定五大清洁能源项目

人类社会的发展必须建立在大量消耗能源的基础上，然而过度的开采能源使我们面临资源枯竭和环境破坏两大突出问题。 目前人类使用的主要能源有石油、天然气和煤炭三种。 根据国际能源机构的分析，石油仅能供人类开采约 40 年、天然气约 50 年、煤炭约 240 年。而中国剩余的煤炭开采储蓄仅为 1390 亿吨标准煤，按照中国 2003 年的开采速度 16.67 亿吨/年，仅能维持 83 年。中国石油资源不足，天然气资源也不够丰富，中国已成为世界第二大石油进口国。所以，开发新能源，特别是清洁能源的开发可能成为 21 世纪最重要的经济增长引擎。清洁能源是不排放污染物的能源，包括核电站和“可再生能源”。可再生能源是指原材料可以再生的能源，如水力发电、风力发电、太阳能、生物能（沼气）、海潮能等，可再生能源不存在能源耗竭的可能。专家们对比分析了水电、风能、太阳能、氢能和生物质能源这五种清洁能源的发展前景，认为中国能源发展方向可以锁定在这五大项目上。

（1）水电　世界上有 24 个国家靠水电为其提供 90%以上的能源；有 55 个国家依靠水电为其提供 50%以上的能源。中国水能资源丰富，总量位居世界首位，可开发量 3.78 亿千瓦，占全世界可开发水能资源总量的 16.7%。

（2）风能　从世界先进国家风力发电技术发展的历史来看，中国应继续提高单机的发电容量等级和效率，建立具有规模的组群体，即风电场。目前中国新建成和在建的风电场主要在新疆、内蒙古和沿海地区，设备基本是由外国提供或引进技术和部件组装而成。

（3）太阳能　中国太阳能资源非常丰富，太阳能资源开发利用的潜力非常广阔。在中国“光明工程”等国家项目及世界光伏市场的有力拉动下，中国光伏发电产业迅速发展。

（4）氢能　中国在全球环境基金和联合国的支持下，启动了“中国燃料电池公共汽车商业化示范项目”，推广燃料电池技术用于中国城市公共交通。

（5）生物质能　由植物与太阳能的光合作用而储存于地球上植物中的太阳能，最有可能成为 21 世纪主要的新能源之一。据估计，植物每年储存的能量约相当于世界主要燃料消耗的 10 倍；而作为能源的利用量还不到其总量的 1%。通过生物质能转换技术可以高效地利用生物质能源，生产各种清洁燃料，替代煤炭、石油和天然气等燃料。

二、天然气水合物——未来洁净的新能源

科学家发现，地球上有一种可燃气体和水结合在一起的固体化合物，因外形与冰相似，所以叫它“可燃冰”，“冰块”里甲烷占 80%～99.9%，可直接点燃，燃烧后几乎不产生任何残渣。这种可燃冰的形成途径有两条：一是气候寒冷致使矿层温度下降，加上地层的高压力，使原来分散在地壳中的碳氢化合物和地壳中的水形成气-水结合的矿层；二是由于海洋里大量的生物和微生物死亡后留下的尸体不断沉积到海底，很快分解成有机气体甲烷、乙烷等，这样，它们便钻进海底结构疏松的沉积岩微孔，和水形成化合物。

$1m^3$ 这种可燃冰燃烧相当于 $164m^3$ 的天然气燃烧所产生的热值。据粗略估算，在地壳浅部，可燃冰储层中所含的有机碳总量大约是全球石油、天然气和煤等化石燃料含碳量的两倍。但目前开发技术问题还没有解决，一旦获得技术上的突破，可燃冰将加入新的世界能源的行列。

可燃冰在自然界分布非常广泛，海底以下 0～1500m 深的大陆架或北极等地的永久

冻土带都有可能存在。海底可燃冰分布的范围约4000万平方千米，占海洋总面积的10%，海底可燃冰的储量够人类使用1000年。世界上有79个国家和地区都发现了天然气水合物气藏。根据地质条件分析，可燃冰在我国分布十分广泛，我国南海、东海、黄海等近300万平方千米广大海域以及青藏高原的冻土层都有可能存在。

本章小结

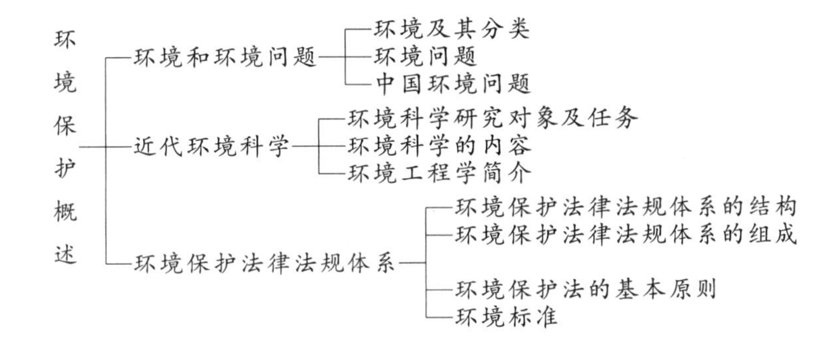

第十二章 化工“三废”的污染与治理

学习目标

1. 掌握化工废气污染常见处理技术及二氧化硫、氮氧化物的脱除技术；掌握物理法、化学法、物理化学法、生物化学法等废水处理技术的常用方法；掌握化工废渣的一般处理技术。

2. 理解化工废气的治理原理；理解化工废水的治理原理、水体污染指标的意义；理解化工废渣的治理原理。

3. 了解化工生产过程造成污染物的来源、化工废气污染物的种类及危害；了解水体污染种类及危害；了解固体废渣的种类及危害。

在现代生活中，人们无时无刻不在使用化工产品，而化学工业的蓬勃发展不仅给人类带来了福音，也给社会环境带来了负面影响。在生产化工产品时，由于工艺复杂化、生产连续化、原料多样化，使得化工生产原料消耗量大，产品量多，形成的污染物也多种多样，产生的废弃物量也很多。这些废弃物排放到环境中，将造成环境体系的失衡，使环境受到污染，因此，应该尽量减少废弃物的产生，同时尽量将废弃物的产生消除在萌芽阶段，从而达到预防的目的。

化工污染物的种类按污染物的性质可分为无机化工污染物和有机化工污染物；按污染物的形态可分为废气、废水和废渣，简称“三废”。

化工生产中的污染问题不仅带来的是成本的增加，而且使人类的生存环境受到威胁，因此大搞综合利用，采用无污染工艺，向循环经济生产方向努力，做到治理达标排放，少排放或不排放有毒有害物质，才是消除或控制环境污染的根本方法。

第一节 化工废气污染及治理

大气，即通常说的空气。一般对于室内供人和动植物生存的气体，习惯上称为空气，而对大区域或全球性的气流为研究对象时，则称为大气。人们应该生活在洁净新鲜的大气中，而人类所从事的生活、生产活动则向大气排放出各种污染物，导致大气质量严重恶化，直接影响着人类的生存和其他生物的生存发展。因此，对大气污染进行综合防治是非常有意义的。

一、化工废气主要污染物及其危害

1. 化工废气主要污染物的种类

化工废气按所含污染物的性质，可分为含无机污染物的废气、含有机污染物的废气和既含无机污染物又含有机污染物的废气；按污染物存在的形态，可分为颗粒污染物和气态污染物；按与污染源的关系，可分为一次污染物与二次污染物。污染物直接排放大气，其形态没有发生变化，则称为一次污染物；排放的一次污染物与大气中原有成分发生一系列的化学反应或光化学反应所形成的新的污染物称为二次污染物，如硫酸烟雾，光化学烟雾等。

（1）颗粒污染物　进入大气中的固体粒子（粉尘）和液体粒子（烟雾）均属于颗粒污染物。

① 烟尘。在燃料燃烧、高温熔化和化学反应等过程中所形成的飘浮于大气中的颗粒物，称为烟尘，颗粒直径小于 $1\mu m$。

② 粉尘。固体物料在输送、粉碎、分级、研磨等机械加工过程中或岩石、土壤风化等自然过程所产生的悬浮于大气中的颗粒物，称为粉尘。一般颗粒直径在 $1 \sim 75\mu m$ 之间。

③ 飘尘。粒径小于 $10\mu m$ 的，不易沉降，长期飘浮在大气中的，称为飘尘。

④ 尘粒。粒径大于 $75\mu m$ 的颗粒物，易于沉降到地面，称为尘粒。

⑤ 煤尘。燃烧过程中未被燃烧的煤粉、大中型煤码头的煤扬尘及露天煤矿的煤扬尘等，称为煤尘。

⑥ 雾尘。小液体粒悬浮于大气中的悬浮物称为雾尘，包括水雾、酸雾、碱雾、油雾等，粒子直径小于 $100\mu m$。

（2）气态污染物　以气态形式进入大气的污染物称为气态污染物。

① 含硫化物。含硫化物主要指 SO_2、SO_3、H_2S，其中 SO_2 的数量最大，危害也大。如冶炼厂、硫酸厂、磷肥厂、间接浓硝酸、硫酸法制合成酒精、异丙醇、石油化工厂燃烧含硫燃料油等排放 SO_2 数量较多，是影响大气质量的最主要的气态污染物。

② 含氮化物。含氮化物主要是指 NO、NO_2、NH_3 等，主要来源于燃料的燃烧、工业生产和机动车排气、化工生产中硝酸、硫酸、氮肥、硝酸铵、己二酸等的生产过程中。

③ 碳氧化物。碳氧化物主要包括 CO 和 CO_2，主要来自于燃料的燃烧及汽车尾气。CO_2 是人类向大气排放的最大污染物。

④ 烃类化合物。指有机废气，包括烷烃、烯烃、芳烃化合物，主要来自石油的不完全燃烧和石油类物质的蒸发。

⑤ 卤素化合物。指含氯化合物及含氟化合物，如 HCl、HF、SiF_4 等，主要来自于氯碱厂、氯加工厂、聚氯乙烯、有机氯农药等生产排放的气体。

颗粒污染物与气态污染物都是由污染源排放大气，其性质、状态均未发生改变，属于一次污染物。

（3）二次污染物　主要指光化学烟雾、伦敦型烟雾等。

① 光化学烟雾。大气中的氮氧化合物、碳氢化合物等一次污染物在太阳光紫外线的作用下发生光化学反应生成浅蓝色的烟雾型物质，称为光化学烟雾。主要是大气中的 NO_2 在太阳紫外线下分解成活性很高的新生态的氧原子［O］，该氧原子与空气中的氧分子结合成臭氧，然后再与烯烃作用生成过氧乙酰硝酸酯（PAN）。

② 伦敦型烟雾。当大气的相对湿度比较高，气温比较低，大气中未燃烧的煤尘、SO_2与空气中的水蒸气混合并发生反应所形成的烟雾，也称为硫酸烟雾。当大气中存在 NH_3 时形成硫酸铵气溶胶。

③ 酸雨。大气中的 SO_2、含氮物质在自然界中发生催化转化而形成 H_2SO_4、HNO_3 随降水而形成的污染。

案例 12-1

1952 年 12 月 5～9 日，英国伦敦发生了前所未有的浓雾。这场人类有史以来第一次发生的严重的大气污染导致了 4000 余人死亡。家庭烧煤是引起这起惨祸的原因。

1930 年 12 月 1 日，比利时 Muse 溪谷发生了大气污染，导致了比平时多 10 倍的居民死亡。当时，这个地区持续低温和无风天气，炼钢厂、硫酸工厂、炼锌厂、玻璃厂等工厂排放的 SO_2 等有害气体导致了很多急性呼吸道病患者。

2. 化工废气污染物的危害

化工废气污染物可通过各种途径降到水体、土壤、植物中而影响环境，并可通过呼吸、肌肤、饮食等进入人体中，对人类的生存环境及人体健康产生近期或远期的危害。

（1）颗粒污染物的危害　大气中的颗粒污染物通过呼吸系统侵害人类的身体健康。大气中的尘粒和煤尘通过呼吸系统时可被鼻腔、咽喉捕集，不能进入肺泡。飘尘对人体危害最大，它可通过呼吸直接深深地浸入肺部而沉积。滞留在鼻腔、咽喉气管、支气管等部位的颗粒物刺激腐蚀腔内的黏膜，将引起鼻咽炎、慢性气管炎及支气管炎等病变；浸入到肺泡的飘尘刺激肺泡壁纤维增生，从而诱发肺纤维发生病变、肺气肿、哮喘等病症，并使肺部血管阻力增加，加重心脏负担，导致心肺病。若沉积在肺部的飘尘被溶解，可直接进入血液，造成血液中毒。

大气中颗粒物的沉积会使电气装置接触不良或引起短路，使金属材料发生电化学腐蚀。

大气中的颗粒物可作为水蒸气凝聚的核心，形成云雾，使雨水增多，影响气候。大量的烟尘和水蒸气还可以吸收太阳辐射和紫外线，降低大气透明度，从而减弱太阳光的辐射。

（2）气态污染物的危害　大气中的硫氧化物主要是 SO_2。SO_2 是无色、有特殊臭味的刺激性气体。当浓度比较低时，主要对结膜和上呼吸道黏膜产生刺激，长时间接触，损害鼻、喉、支气管等。当浓度比较高时，对呼吸道深部产生刺激，对骨髓、脾等造血器官也有损伤作用。此外，SO_2 对植物还会产生漂白作用，形成斑点，抑制生长，损坏叶片；还能腐蚀金属器材，使建筑物表面损坏；还能使纤维织物、皮革制品发生变化。

大气中的氮氧化合物主要指 NO 和 NO_2。NO 能使人体中的血红素结合生成亚硝基血红素，影响血液的输氧功能，危害人体健康。浓度高时，将导致肺部充血、水肿，严重时将窒息而亡。NO_2 将严重刺激眼、鼻、呼吸系统，使血红素发生硝化，损害造血组织。长期吸入一定浓度的 NO_2，可引起支气管、肺部发生病变。

大气中的碳氧化合物主要指 CO 和 CO_2。高浓度的 CO 能与人体血液中的血红蛋白化合，生成碳氧血红蛋白，降低血液的输氧能力，导致人体缺氧，轻者出现头痛、恶心、虚脱等症状，重者则昏迷，中毒而死亡。大气中 CO_2 浓度的增高阻碍了地球表面向外散热的过程，导致全球气温上升，从而影响环境平衡。

大气中的碳氢化合物与氮氧化合物一样，也是形成光化学烟雾的主要物质。油炸食品、抽烟产生的多环芳烃，如1，2-苯并芘，是一种强致癌物。

大气中含有的 Cl_2、HCl 刺激眼、鼻、咽喉，可损伤肺部，浓度高时可中毒致死。

总之，大气中的污染物除上述之外，还有如 H_2S、HF、NH_3 等以及其他含硫有机物、含氧有机物、胺等，对人体均有一定的危害。因此要求各化工生产企业在将废气排入大气之前，要进行比较彻底的治理，达到排放标准后再排入大气。

二、化工废气污染物的治理

1. 颗粒污染物的治理

煤尘、烟尘、飘尘等颗粒污染物主要来自于燃料燃烧及固体物料在粉碎、筛分或输送等机械加工过程。从化工废气中除去或收集这些颗粒的方法称为除尘，所用设备称为除尘器。常用除尘装置及主要用途见表12-1。

表 12-1 常用除尘装置及主要用途

类型		工作原理	特点	主要用途	处理粒度/μm	除尘效率/%
机械式除尘器	重力沉降器	含尘气体通过横截面积比较大的沉降室，尘粒因重力作用而自然沉降	构造简单，施工方便，除尘效率低	主要用于高浓度含尘气体的预防处理	50～100	40～60
	惯性除尘器	含尘气体冲击挡板或使气流急剧改变流动方向，借助粒子本身的惯性力作用，使尘粒从气体中分离出来	气流速度越大，转变次数越多，净化效率也越高	常被用作高效除尘器的预除尘使用	10～100	50～70
	旋风分离器	含尘气流作旋转运动产生离心力，将尘粒从气流中分离出来	结构简单，造价便宜，体积小，维修方便，效率较好	可作一级除尘装置，也可与其他除尘装置串联使用	20～100	85～95
湿式除尘器（文丘里式）		含尘气体与液体（一般用水）密切接触，尘粒与液体所形成的液膜、液滴、雾沫等发生碰撞、黏附、凝聚而达到分离	结构简单，造价低，除尘效率高；缺点是动力消耗大，用水量大，易产生腐蚀性物质以及污泥	适用于净化高温、易燃、易爆的含尘气体	0.1～100	80～95
过滤式除尘器（袋式）		含尘气体通过多孔滤料，将气体中的尘粒捕集从而达到分离。袋式除尘器是将许多滤布作为滤袋挂在除尘室内，气体通过各个滤袋时，尘粒被拦截。使用一段时间后要及时清灰	除尘效率高，属于高效除尘器；其缺点是设备体积大，占地多，维修费用高	广泛应用于各种工业废气的处理中，不适宜于处理高温、高湿的含尘气体	0.1～20	90～99
静电除尘器		含尘气体通过高压电场，在电场力的作用下，尘粒沉积在集尘极表面上，再通过机械振动等方式使尘粒脱离集尘极表面而达到分离	也是一种高效除尘器，处理量大；能捕集腐蚀性极强的尘粒和酸、油雾等；能连续运行，阻力小，压力损失小	用于高温高压场合，广泛应用于化工工业、火电、冶金建材等到的除尘；其缺点是设备庞大，占地面积大，一次性投资费用高	0.05～20	85～99.9

工业生产中选择一个合适的除尘装置，不仅要考虑所处理气体和颗粒物的特性，还要考虑除尘装置的性能，即处理气体量、压力损失、除尘效率、一次投资费用、运行管理费用等，要进行技术、经济的全面考虑。理想的除尘器在技术上不仅要满足工艺生产的许可，符

合环境保护的指标，同时在经济上要合理核算。

2. 气态污染物的治理

（1）气态污染物治理原理　化工生产排放大气中的气态污染物种类繁多，要按照不同物质的物理性质和化学性质，采用不同的技术进行治理防治。常用的防治方法有吸收法、吸附法、催化转化法、燃烧法、冷凝法、生物法、膜分离法等。

① 吸收法。吸收是利用气体混合物中不同组分在吸收剂中溶解度不同或与吸收剂发生选择性化学反应，将废气中的有害组分分离出来的过程。在吸收过程中，根据吸收质与吸收剂是否发生化学反应而将其分为物理吸收和化学吸收。在处理有害组分浓度低、气量较大的废气时，采用化学吸收法的效果较好。

吸收法处理废气具有设备简单、捕集效率高、一次性投资低等优点，被广泛应用于气态污染物的防治中。常用吸收设备有填料塔、喷淋塔、泡沫塔、文丘里洗涤器、板式塔等。但由于在吸收过程中，有害组分被吸收到吸收剂中，因此要对吸收液进行处理，否则会引起二次污染。

② 吸附法。吸附法是使气态污染物通过多孔性固体吸附剂，使废气中的一种或多种有害物质吸附在吸附剂表面，将废气中的有害成分分离出来的过程。常用的吸附剂有活性炭、分子筛、氧化铝、硅胶、离子交换树脂等。当吸附过程进行到一定程度时，吸附剂的吸附能力下降，达不到净化目的，要对吸附剂进行再生（脱附）。因此，吸附法治理气态污染物应包括吸附-再生的全过程。

吸附净化法的净化效率高，可回收有用组分，设备简单，操作方便，易实现自动控制，适用于低浓度气体的净化，常用作深度净化或联合应用几种净化方法的最终控制手段。由于吸附剂的再生使得吸附流程变得复杂化，操作费用也大大增加。尽管如此，吸附净化法还是以其高效的净化优势广泛应用于化工、冶金、石油、食品、轻工等工业部门的净化过程。

③ 催化转化法。催化转化法是利用催化剂的作用，使气态污染物中的有害组分转化为无害物质或易于去除的物质而达到净化的目的。这种方法可直接将有害物质转变为无害物质，无需将污染物与主流气体分离，避免了二次污染，简化了操作过程。催化转化法的净化效率高，反应热效应不大，简化了反应器的结构，但所用催化剂价格较高，操作要求高，难以回收有用物质。

④ 燃烧法。燃烧法是将气态污染物中的可燃性有害组分通过氧化燃烧或高温分解转化为无害物质而达到净化的目的。主要用于一氧化碳、碳氢化合物、恶臭、沥青烟、黑烟等有害物质的净化。常用的燃烧法有以下三种。

直接燃烧是把废气中的可燃性组分在空气或氧气中当作燃料直接燃烧的方法。因此它是有火焰的燃烧，温度高达1100℃以上。只适用于净化可燃组分浓度高或有害组分燃烧时热值较高的废气。

热力燃烧是把废气利用辅助燃料燃烧放出的热量加热到要求温度，使可燃性有害物质进行高温分解而变为无害物质的方法。因此它也是有火焰的燃烧，但温度较低（760～820℃），一般用于可燃有机物含量较低的废气或燃烧热值低的废气治理。

催化燃烧是在催化剂作用下，使有害组分在200～400℃下氧化分解成二氧化碳和水的方法，同时放出燃烧热，因此是无火焰燃烧。

燃烧法工艺简单，操作方便，净化程度高，可回收燃烧后的热量，常放在所有工艺流程之后，又称后烧法，所用设备称为后烧器。

⑤ 冷凝法。冷凝法是利用降低温度或提高系统压力使处于蒸气状态的气态污染物冷凝成液体并从废气中分离的过程。这种方法设备简单，操作方便，适合于处理高浓度的有机废气，常作为吸附、燃烧等净化方式的前处理。

(2) 主要气态污染物治理　大气中的污染物主要是指 SO_2 和氮氧化物 NO_x。

①大气中含 SO_2 的治理。SO_2 是数量大、影响面较大的污染物。燃烧及工业生产排放的 SO_2 浓度较低，治理方案还不太完善。目前在工业生产中废气脱硫方法主要为湿法和干法两种。

湿法脱硫是用液体为吸收剂洗涤燃烧产生的烟气，吸收其中所含的 SO_2。常用的方法有氨法、钠碱法、钙碱法等。

氨法是用氨水作为吸收剂，吸收废气中的 SO_2，生成亚硫酸铵、亚硫酸氢铵吸收液。氨法工艺成熟，流程、设备简单，操作方便，副产物 SO_2 可制得液态 SO_2 或 H_2SO_4。该法适用于处理生产硫酸尾气中的脱硫过程。但由于氨易挥发，吸收剂消耗量大，只适用于有廉价氨源的地方，因此使用较少。

钠碱法是用氢氧化钠、碳酸钠的水溶液作为吸收剂，生成的亚硫酸钠（Na_2SO_3）继续吸收 SO_2 而形成 $NaHSO_3$，得到的吸收液为 Na_2SO_3 和 $NaHSO_3$ 的混合物。用不同的方法处理吸收液可得到不同的副产物。钠碱法工艺简单，吸收剂不易挥发，吸收能力大，吸收效率高，净化度高，吸收系统无结垢、堵塞等现象。

钙碱法是用石灰石、生石灰和消石灰制成的乳浊液作吸收剂来吸收烟气中的 SO_2，得到的亚硫酸钙经空气氧化得到副产品石膏。该法吸收剂价廉易得，吸收效率高，是目前国内广泛采用的方法之一。其缺点是系统容易结垢、堵塞，石灰物质循环量大，设备体积庞大，操作费用高。

除以上方法外，还有双碱法、金属氧化物吸收法等。

干法是用吸附剂或催化剂将烟气中的 SO_2 转化为 SO_3 的方法。常用的方法有活性炭吸附法和催化氧化法。

活性炭吸附法是在有氧气和水蒸气存在的条件下，用活性炭吸附 SO_2。由于活性炭表面具有催化作用，使吸附在表面的 SO_2 被烟气中的 O_2 氧化成 SO_3，而 SO_3 再和水蒸气生成 H_2SO_4，生成的 H_2SO_4 可用水洗涤下来，也可用加热的方法使其分解生成高浓度的 SO_3，SO_3 可以制酸。被吸附在活性炭表面的 H_2SO_4，降低了活性炭的吸附能力，需要脱附使活性炭再生，以回收 H_2SO_4。该法适用于大气量烟气的脱硫处理，但得到的 H_2SO_4 浓度很低，需浓缩才能用。但吸附剂要不断再生，操作麻烦，限制了该法的使用。

催化氧化法是适合高浓度的 SO_2，可以用以 SiO_2 为载体的 V_2O_5 作催化剂，将 SO_2 转化为 SO_3，从而制得 H_2SO_4。干式催化氧化法可用来处理 H_2SO_4 尾气及有色金属冶炼尾气，技术成熟，但在处理电厂锅炉尾气及炼油尾气中还存在一些问题。

② 大气中含 NO_x 的治理。NO_x 主要是指 NO 和 NO_2，对含 NO_x 的废气的治理通常采用湿法和干法。

湿法是采用吸收的原理进行废气中脱氮氧化物。常用的方法有氨法、碱法、稀硝酸法等。

氨法是用氨水作吸收剂或向废气中通入气态氨，使氮氧化物转变为硝酸铵和亚硝酸铵。此法脱氮效率高，但生成的物质使废气呈白雾，造成二次污染，若与碱法配合使用，效果更好。

碱法是用烧碱、纯碱、水溶液作为吸收剂，生成 $NaNO_3$ 和 $NaNO_2$。NO_x 的脱除率可达 80%～90%，但此法只能应用于 HNO_3 的生产尾气处理中，应用范围有限。

稀硝酸法是用 30%的稀 HNO_3 吸收氮氧化物。将吸收液在 30℃下用空气吹脱，吹出的氮氧化物返回至 HNO_3 生产系统中，剩下的吸收液经冷却后再作为吸收剂再循环使用，此法在 HNO_3 生产中被广泛使用。

干法常用方法有吸附法和催化还原法。吸附法常用的吸附剂有活性炭、硅胶、分子筛等。通过吸附剂将 NO 转化为 NO_2，再加上吸附而脱除活性炭时对低浓度的 NO_x 具有较高的吸附能力，脱附后可以回收 NO_x。但不适用高温废气，因此此法受到了限制。

硅胶和分子筛吸附 NO_x 的效果较好，吸附后的 NO_x 可用水蒸气脱附，达到净化的目的。此法适用于净化硝酸尾气。

催化还原法是在催化剂的作用下，用还原剂将废气中 NO_x 还原为无公害的 N_2 和 H_2O。此法适用于 HNO_3 尾气与燃烧烟气的治理，可处理大气量的废气，技术成熟，净化效率高。但由于催化剂的存在，对废气中其他杂质含量要求很高。因此需对废气进行预处理，增加了运转费用，催化剂价格也比较昂贵。

案例 12-2

水泥生产中排放的烟气含尘浓度高，温度、湿度变化大，治理难度相应较困难，若采用湿法水膜除尘技术来治理窑尾烟气比用一般沉降室来治理，效果将好得多。图 12-1 是湿法水膜除尘技术的工艺流程示意图。含尘气体从排风管到达水膜除尘器内部，通过烟囱的扩径使烟气中的颗粒物流速降低，较大颗粒物沿烟囱壁沉降下来。进入到水膜除尘器中的烟气被环行均匀分布在除尘腔内喷水嘴喷出的半雾化的水膜所覆盖，使烟气进一步降低流速，烟气中颗粒物黏附在水珠表面而沉降下来。除尘器排出的含尘污水流入净水器，分离后的浓浆从排污管流入双轴搅拌器与水泥生料混合进入成球机内成球，然后进入机立窑中进行煅烧生成水泥熟料。净水器浓浆上部的污水流入沉淀池沉淀，泥浆流入搅拌器。净水器和沉淀池分离净化的清水流入储水箱，通过水泵打入水膜除尘器的喷水嘴循环使用。在整个除尘过程中，不向外界排放污水，从而解决了废水的二次污染问题。

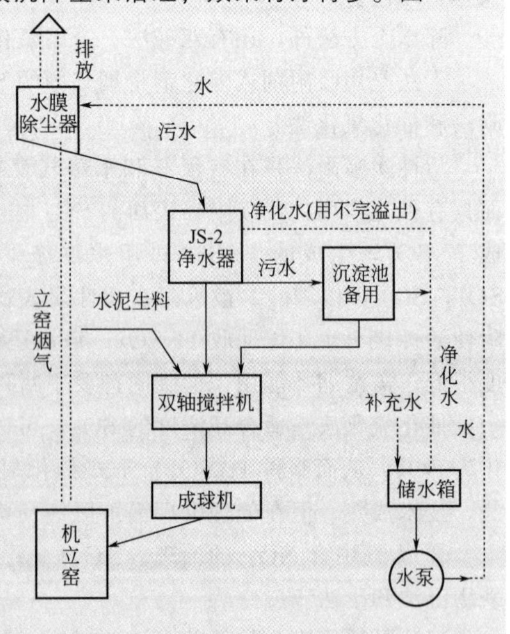

图 12-1 水膜除尘工艺流程图

问题讨论

1. 简述化工污染物的来源。
2. 大气主要污染物有哪些？分别有什么危害？
3. 简述大气污染物治理中的除尘技术。
4. 简述大气污染物中脱除 SO_2 和脱除 NO_x 的常用技术。

第二节　化工废水污染及治理

化工生产过程中需要大量的水用来作为溶剂、吸收剂等，排放量也相当大。这些废水最终排放到水域中，对水域将造成严重的污染。化工生产排放的废水具有量大、污染物种类多、生化需氧量和化学需氧量高、营养化物质多、pH 值超标、废水温度较高等特点。废水中污染物成分随产品种类、生产工艺不同而不同。

一、水体污染物及其危害

1. 水体污染物的种类

化工生产排放废水按其种类和性质的不同可分为以下几种。

（1）含无机物的废水　主要来自于无机盐、氮肥、磷肥、硫酸、硝酸、纯碱等工业生产时排放的酸、碱、无机盐及一些重金属和氰化物等。通常将含有酸、碱及一般无机盐的废水称为无机无毒物，将含有金属氰化物的废水称为无机有毒物。

（2）含有机物的废水　主要来自于基本有机原料、三大合成材料、农药、染料等工业生产排放的碳水化合物、脂肪、蛋白质、有机氯、酚类、多环芳烃等。通常将含有碳水化合物、脂肪、蛋白质等易于降解的废水称为有机无毒物（也称需氧有机物），将含有酚类、多环芳烃、有机氯等废水称为有机有毒物。

（3）含石油类的废水　主要来自于石油化工生产的重要原料、各种动力设施运转过程消耗的石油类废弃物等。

2. 水体污染物的危害

（1）含无机物废水的危害　废水中的酸、碱会使水体的 pH 值发生变化，消灭或抑制了微生物的生长，削弱了水体的净化功能，腐蚀桥梁、船舶等，使土壤改性，危害农、林、渔业生产等。人体接触可对皮肤、眼睛和黏膜产生刺激作用，进入呼吸系统能引起呼吸道和肺部发生损伤。无机盐可增大水体的渗透压，对淡水和植物的生长不利。

氮、磷等营养物能促进水中植物生长，加快水体的富营养化，使水体出现老化现象，促进各种水生生物的活性，刺激它们异常繁殖，生成藻类，从而带来一系列严重的后果。

废水中各类重金属主要是指镉、铅、铬、镍、铜等。这些物质在水体中不能被微生物降解，只能产生分散、富集、转化等在水体中的迁移。如果进入人体，将在某些器官中积蓄起来造成慢性中毒，产生各种疾病，影响人体正常生活。废水中的无机有毒物对人体健康的危害非常大。氰化物本身就是剧毒物质，可引起呼吸困难，造成人体组织的严重缺氧。

（2）含有机物废水的危害　废水中的有机无毒物在有氧条件下，分解生成 CO_2 和 H_2O，但若需要分解的物质太多，将消耗水体中大量的氧气，造成各种耗氧生物（如鱼类）

的缺氧死亡。

废水中的有机有毒物比较稳定，不易分解。长期接触，将会影响皮肤、神经、肝脏的代谢，导致骨骼、牙齿的损害。

酚类排入水体后，严重影响水质及水产品的质量。水体中的酚浓度低时，影响了鱼类的回游繁殖，浓度高时引起鱼类大量死亡，甚至绝迹。进入人体可引起头昏、出疹、贫血等。

多环芳烃一般都具有很强的毒性，如1,2-苯并芘、1,2-苯并蒽等有很强的致癌作用。

（3）含石油类废水的危害　当水体含有石油类物质，不仅对水资源造成污染，而且对水生物有相当大的危害。水面上的油膜使大气与水面隔绝，减少氧气进入水体，从而降低了水体的自净能力。水体中的油类物质含量高时，将造成水体生物的死亡。

案例 12-3

1953年，在日本九州熊本县水俣镇的居民出现了口齿不灵、视觉缩小、手指颤动、身体像弓一样弯曲等不良现象，主要原因是由于氮肥生产中排放含甲基汞的废水、废渣污染了水体，甲基汞富集在鱼体内，人类食用鱼而引起的中毒。这一事件有10000多人受害，283人发病，50多人死亡。

二、化工废水污染物的治理

1. 水体污染物的治理原则

（1）水污染指标　为了防止水体污染，净化人类生活环境，保障人体健康，很多国家通过立法颁布各类水污染指标，用来衡量水体受污染的程度，也是控制和检测水处理设备运行状态的重要依据。在工程实际中，采用以下几个综合水质污染指标来描述。

① pH值。表示水体的酸碱性。水体受到酸碱污染后，水中的微生物生长受到抑制，降低了水体的自净能力，腐蚀水下建筑物、船舶、水处理设备等。

② 生化需氧量（BOD）。表示在有氧条件下，好氧微生物氧化分解单位体积水中有机物所消耗的游离氧的数量，单位mg/L。通常在20℃下，5天时间来测定BOD指标，用BOD_5表示。

③ 化学需氧量（COD）。在严格条件下用强氧化剂（通常用的有$K_2Cr_2O_7$、$KMnO_4$等）氧化水中有机污染物所消耗的游离氧的数量，单位为mg/L。COD越多，表示水中有机物多。用$K_2Cr_2O_7$作氧化剂时，记作COD_{Cr}；以$KMnO_4$作氧化剂时，记作COD_{Mn}。

④ 总需氧量（Total Oxygen Demand，简称TOD）。表示有机物完全被氧化时，C、H、N、S分别被氧化为CO_2、H_2O、NO_2和SO_2时所消耗的游离氧的数量，单位为mg/L。

⑤ 总有机碳（Total Organic Carbon，简称TOC）。表示水体中有机污染物的总含碳量，单位为mg/L。

⑥ 溶解氧（Dissolved Oxygen，简称DO）。表示溶解水体中氧分子的数量，单位为mg/L。DO值越小，表示水体受污染程度越严重。

⑦ 有毒物质。表示水体中所含对生物有害物质的数量，如氰化物、砷化物、汞、镉、铬、铅等，单位mg/L。

⑧ 大肠杆菌群数。表示单位体积水中所含大肠杆菌群的数量，单位为个/L。水体中一

且检测出有大肠杆菌，说明水已受到污染。

（2）水体污染的治理原则 首先是清洁生产过程，改革生产工艺，一水多用，进行综合利用和回收。尽量不用或少用易产生污染的原料、设备和工艺，将生产过程中产生的污染物减少到最低；尽可能采用重复用水及循环用水系统，使废水排放量减至最少；尽可能回收废水中有价值的物质，减少污染物，降低生产成本，增加经济效益。

其次加强操作管理，控制污染。加强管理，防止生产中的跑、冒、滴、漏，确定岗位用水定额，控制各污染物浓度的限量，同时做到先净化后排放的原则。

2. 化工废水的治理

按废水治理的原理，习惯上化工废水处理方法常分为物理处理法、化学处理法、物理化学处理法和生物处理法；按废水处理程度，可分为一级、二级和三级处理。一级处理主要去除废水中的悬浮固体、胶状物、漂浮物等；二级处理主要去除废水中胶状物和溶解状态的有机物，它是废水处理的主体部分；三级处理主要去除难降解的有机物及无机物。

（1）物理处理法 物理处理法主要去除废水中的漂浮物、悬浮固体、沙和油类物质，具有设备简单、成本低、操作方便、效果稳定等优点，在工业废水处理中占有很重要的地位，一般用作预处理或补充处理。主要方法有沉淀法、离心分离法、过滤法等。

① 沉淀法。是利用废水中悬浮状污染物与水的密度不同，借助重力沉降作用使其与水分离的方法。主要用来作预处理或再处理。一般采用沉淀池。

② 离心分离法。是利用离心力的作用，使悬浮物从水中分离出来的方法。常用设备有水力旋转器、离心机等。该法具有体积小、结构简单、使用方便、单位容积处理能力高等优点，但设备易磨损，电耗较大。

③ 过滤法。是让废水通过具有微细孔道的过滤介质，悬浮固体颗粒被截留从水中分离出来的方法。常作为废水处理过程中的预处理。常用过滤介质有格栅、筛网、滤布、粒状滤料。

（2）化学处理法 化学处理法是利用化学反应的作用来处理废水中的溶解物质或胶体物质。它既可以去除废水中的无机污染物或有机污染物，还可回收某些有用组分。常用方法有中和法、混凝法、氧化还原法和电解法等。

① 中和法。是利用酸碱性物质中和含酸碱废水以调整废水中的 pH 值，使其达到排放标准的处理方法。对含酸性废水的处理，常采用方法有在废水中加入石灰石、烧碱、纯碱等碱性药剂；让废水通过装填有如石灰石、大理石等碱性材料的过滤池；与碱性废水混合，以废治废。对含碱性废水的处理常采用方法是与酸性废水混合或加入一定浓度的硫酸；向废水中通入烟道气，达到以废治废。

② 混凝法。是向废水中投加混凝剂，使细小的悬浮颗粒和胶体粒子聚集成较大粒子而沉淀下来的处理方法。混凝法不但可以去除废水中粒径在 $10^{-6}\sim10^{-3}$mm 的细小悬浮颗粒，还可以去除色度、油分、微生物、氮、磷等营养物质、重金属以及有机污染物等。它是工业废水处理工艺中关键环节之一，既可以自成独立的水处理系统，又可以与其他单元过程组合，作为预处理、中间处理或最终处理。混凝法具有既经济、处理效果又好、操作运行简单等特点，在废水处理中得到广泛应用。

混凝剂的种类很多，主要有无机混凝剂和有机混凝剂。在选择混凝剂时应注意价格要便宜、用料要少、原料易得、处理效率高、沉淀要快且易与水分离等。

混凝处理流程应包括投药、混合、反应及沉淀分离等几个部分。如图 12-2 所示。

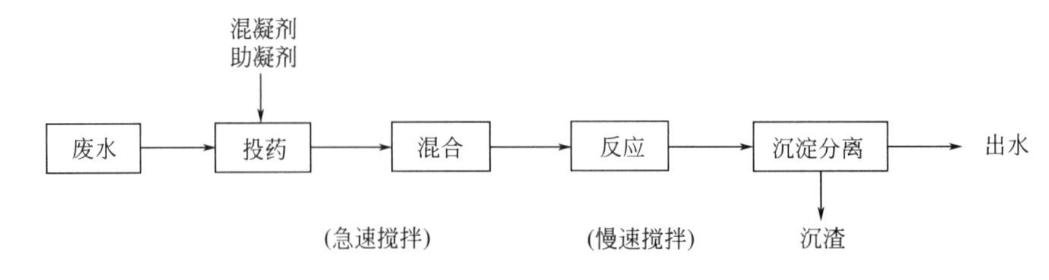

图 12-2 混凝沉淀处理流程示意图

③ 氧化还原法。利用氧化还原反应，使废水中有毒害的无机物质或有机物质转变成无毒或毒性较小的物质，从而达到净化的目的。氧化还原法几乎可以处理各种工业废水以及脱色、脱臭，特别是对废水中难以降解的有机物处理效果较好。目前常用的方法有空气氧化、氯氧化、臭氧氧化及铁屑还原等方法。

空气氧化法是利用空气中的氧气氧化废水中的可被氧化的有害物质而达到废水净化的目的。因为空气中氧的氧化能力较弱，主要用于处理含还原性较强的废水。

在实际处理废水过程，应首先考虑以废治废的处理原则，既可达到废水净化的目的，还节约成本。

案例 12-4

某炼油厂的含硫废水的处理如图 12-3 所示。含硫废水经过隔油池沉淀除渣后与水蒸气、压缩空气混合，在换热器内升温至 80～90℃后进入空气氧化塔。氧化塔塔径一般不大于 2.5m，分四段，每段高 3m，每段进口处设喷嘴，雾化进料，塔内气水比例不小于 15，废水在塔内平均停留时间为 1.5～2.5h。

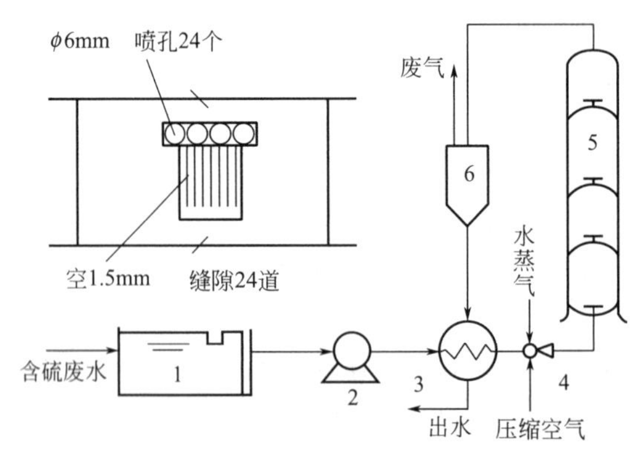

图 12-3 空气氧化法处理含硫废水流程

1—隔油池；2—泵；3—换热器；4—射流器；5—空气氧化塔；6—分离器

氯氧化法是利用含氯药剂中的有效氯除去一些有害的无机和有机污染物，主要起到消毒、杀菌、除臭等作用，常用的含氯药剂有液氯、漂白粉、次氯酸钠、二氧化氯等。在工业废水处理中，主要用于治理含氰、含酚、含硫化物的废水。

臭氧氧化法是利用臭氧的强氧化能力和杀菌能力，对各种有机物质氧化分解而达到处理废水的方法。在废水处理中主要作用是杀菌、增加溶解氧、脱色、脱臭等。臭氧氧化法在废水处理中不会产生二次污染。

铁屑还原法主要用于处理含铬、含汞的废水。

④ 电解法。是用适当材料作电极，在直流电场作用下，使废水中的污染物分别在两极发生氧化还原反应，形成絮凝物质或生成的气体从废水中逸出，以达到净化的目的。在工业废水处理中，主要用于处理含氰、铬、镉的电镀废水和染料工业废水。

（3）物理化学处理法　废水经过物理方法处理后，还会有少量细小的悬浮物和溶解于水中的有机物，为了进一步去除残存在水中的污染物，可采用物理化学方法作进一步的处理。常用的方法有吸附法、浮选法、膜分离法等。

① 吸附法。是利用多孔性固体吸附剂，使废水中的一种或多种污染物吸附在固体表面从废水中分离出来的方法。常用吸附剂有活性炭、磺化煤、焦炭、硅藻土、木炭、泥炭、白土、矾土、矿渣、炉渣、木屑、吸附树脂等。主要用来处理废水中用生化法难于降解的有机物或用一般氧化法难于氧化的溶解性有机物，如处理含酚、汞、铬、氰等的工业废水以及废水的脱色、脱臭，把废水处理到可重复利用的程度，因此吸附法在废水的深度处理中得到了广泛的应用。

② 浮选法。是将空气通入废水中，形成许多微小气泡，气泡在上升过程中捕集废水中的悬浮颗粒及胶体粒子后浮到水面上，然后从水面上将其除去的方法。根据产生气泡的方法不同又可分为加压浮选法和曝气浮选法。图 12-4 是加压溶气气浮流程图。将加压空气通入废水中，使空气在废水中的溶解达到饱和状态后，由加压状态突然减至常压状态，已经溶解到水中的空气迅速析出无数微小的气泡，气泡不断向水面上升，在上升过程中捕集废水中的悬浮颗粒以及胶体粒子等，一同带出水面，然后从水面上将其除去。这种方法可通过人为操作控制气泡与废水的接触时间，达到较好的净化目的，因而应用较为广泛。

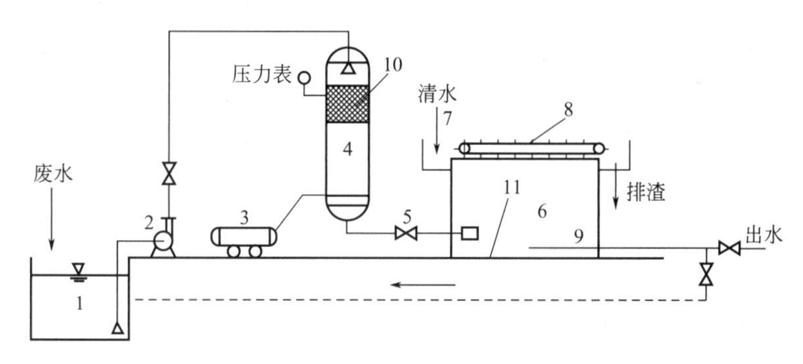

图 12-4　加压溶气气浮流程图

1—吸水井；2—加压泵；3—空压机；4—压力容器罐；5—减压释放阀；6—分离室；7—清水进水管；8—刮渣机；9—集水系统；10—填料层；11—隔板

曝气浮选法是将空气直接打入浮选池底部的充气器中，空气形成细小的气泡均匀地进入废水，气泡捕集废水中颗粒后上浮到水面，然后由排渣装置将浮渣刮送到泥渣出口处排出。

③ 膜分离法。是用一种特殊的薄膜将溶液隔开，使溶液中的某种物质或者溶剂渗透出来，从而达到分离溶质的目的。膜分离法可分为渗析法、反渗透法、电渗析法、超过滤法等。膜分离法具有不消耗热能、无相变转化、设备简单、易于操作、适用性广等优点，但处理能力较小，在处理之前，应进行预处理。

（4）生物处理法　当废水中 BOD_5/COD 比值大于 3 时，可以采用生物处理法。生物处理法是利用自然环境中微生物的生物化学作用氧化分解废水中的有害污染物。在生化处理前要进行预处理。这种方法具有投资少、处理效果好、运行操作费用低等优点，在工业废水处理中得到较广泛的应用。常用的方法有好氧生物处理法和厌氧生物处理法。

① 好氧生物处理法。是在有氧条件下，好氧微生物和兼性微生物将有机污染物分解为二氧化碳和水的过程。这种方法释放能量多，代谢速率快，代谢产物稳定，可将废水有机污染物稳定化。但对含有机污染物浓度高的废水，处理前应对废水进行稀释，这样将消耗大量的稀释水，并且在好氧处理过程中要不断地补充废水中的溶解氧，成本较高。常用的有活性污泥法、生物膜法等。

② 厌氧生物处理法。是在隔绝氧气的条件下，利用厌氧微生物将有机污染物分解为甲烷、二氧化碳和少量硫化氢、氢气等无机物的过程。这种方法不需要提供氧气，故动力消耗少，设备简单，可回收一定数量的甲烷气体作为燃料。缺点是发酵过程中产生少量硫化氢气体，与铁质材料接触形成黑色的硫化铁，从而使处理后的废水既黑又臭。

废水中的污染物种类繁多，性质各异，不能预期只用某种处理方法就能将污水中的有害物质去除，通常需要与多种方法组成一套处理系统，才能达到处理要求，使水质符合排放标准。废水在处理过程中，应遵循先易后难、先简后繁的原则。先采用物理方法去除大颗粒、漂浮物及悬浮固体等，再通过化学法、生物法去除溶解性有害物质。

案例 12-5

图 12-5 是合成染料废水处理工艺流程。被系统排出的废水进入沉淀池 1 分离出去废水中的固体悬浮物并送入污泥曝气池，上部的液体流入调节池内调节 pH 值为 7.0～8.0，以利于微生物的生长。调节好的废水进入分配槽，同时加入微生物所需要的营养成分氮和磷，然后送入生物处理工序的填料塔。来自分配槽的废水从填料塔上部喷淋而下，废水中污染物被生物膜所吸附，在生物催化剂的作用下，被溶解在水中的氧氧化分解。从填料塔底部出来的液体进入沉淀池 2 沉淀，分出污泥，上部液体进入分配槽，再从分配槽打入活性污泥池，打入空气，微生物和空气混合处理废水。处理好的废水送入沉淀池 3 沉淀，分出污泥，残液从分配槽排出。从沉淀池 1、沉淀池 2、沉淀池 3 排出的污泥进入污泥曝气池浓缩，浓缩后的污泥加入凝聚剂通过脱水机脱水而排出。

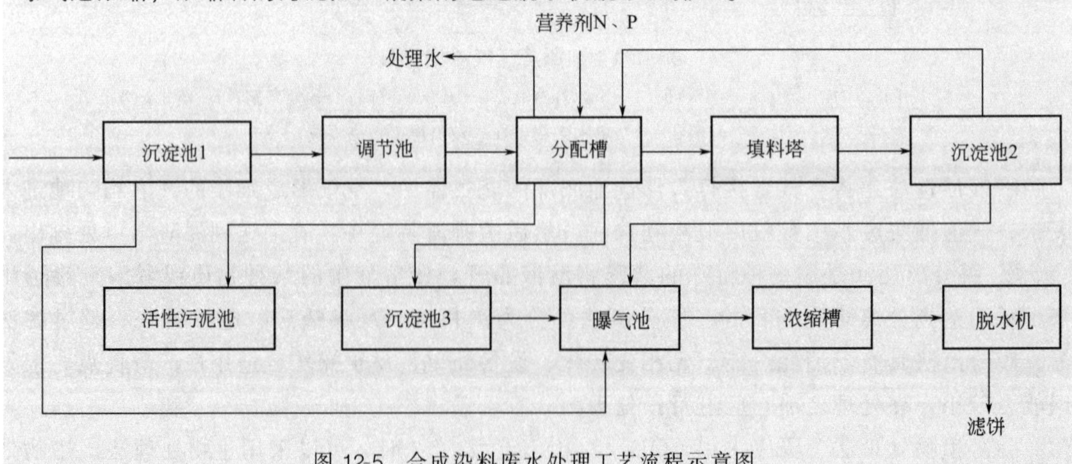

图 12-5　合成染料废水处理工艺流程示意图

问题讨论

1. 浅谈化工废水的危害。
2. 常用水体污染物指标有哪些?
3. 简述水体污染的治理技术。

第三节　化工废渣污染及治理

固体废弃物是生产和生活活动中被丢弃的固体状物质或泥状物质。生产活动中产生的固体废弃物简称废渣，生活中产生的固体废弃物俗称垃圾。化工废渣主要指化工生产过程中及其产品使用过程中产生的固体和泥浆废弃物。这些废弃物质进入环境，其中有毒成分将对大气、土壤、水体造成污染，不仅严重影响了环境卫生，而且威胁人体健康，成为社会公害。

一、固体废弃物对环境的污染

1. 固体废弃物的种类

固体废弃物来源范围广，种类繁多，组成复杂，分类方法也很多。按其性质可分为无机废弃物和有机废弃物。无机废弃物排放量大，毒性强，对环境污染严重。有机废弃物组成复杂，易燃，排放量不大。

按其形状分为固体废弃物（如粉状、柱状、块状等）和泥状废弃物（如污泥）。

按其危害性分为一般固体废弃物和危险性固体废弃物。对环境和人体健康危害较小的为一般废弃物，反之为危险废弃物。危险废弃物具有易燃、易爆、强烈的腐蚀性及毒性等特性。

按其来源分为矿业固体废弃物、工业固体废弃物、城市垃圾、农业固体废弃物和放射性固体废弃物等。矿业固体废弃物是指矿石开采、洗选过程中产生的废物，主要有矿废石、尾矿、煤矸石等；工业固体废弃物是指工业生产、加工、“三废”处理过程中排放的废渣、粉尘、污泥等，主要有煤渣、炼钢钢渣、有色冶炼渣、硫铁矿炉渣、磷石膏废渣等；城市垃圾是指居民生活、商业、市政维护管理中丢弃的固体废物；农业固体废弃物是指种植和饲养业排放的废物；放射性固体废弃物主要是核工业、核研究所及核医疗单位排出的放射性废物。

2. 固体废弃物的危害

固体废弃物若处理不当，其中的有害成分将通过多种途径进入环境和人体，对生态系统和环境造成多方面的危害。

（1）对土壤的危害　固体废弃物体积庞大，长期露天堆放，其中的有害成分在地表通过土壤孔隙向四周及土壤深层迁移。在迁移的过程中，有害成分被土壤吸附，在土壤中集聚，导致土壤成分和结构的改变，从而影响了植物的生长，严重时将使土地无法耕种。

（2）对大气的危害　固体废弃物在堆放、运输及处理过程中，不仅粉尘随风扬散，而且释放出的有害气体扩散到大气中，影响大气质量使大气受到污染。如炼油厂排放的重油渣及沥青块，在自然条件下将产生致癌物质多环芳烃。

（3）对水体的危害　如果固体废弃物不加处理直接排放到江、河、湖、海等水域中，或者飘入大气中的微小细粒通过降水落入地表水系，水体可溶解其中的有害成分，毒害生物，造成水体缺氧、污染、变性、富营养化，导致水体生物死亡，降低水体质量。

（4）对人体的危害　人类的生存离不开土壤、水、大气等媒介系统，固体废弃物使人类赖以生存的媒介受到了污染，有害成分将直接或间接由呼吸系统、皮肤、消化系统摄入人体，使人体受到有害成分的袭击而致病。

二、化工废渣的处理和利用

1. 化工废渣的治理原则

化工废渣对环境的污染是多方面、全方位的，不仅侵占土地，污染水体、大气，影响环境卫生，而且由于成分复杂，种类繁多，治理难度大。我国对固体废弃物污染控制工作起步较晚，于20世纪80年代制定了以“无害化”、“减量化”、“资源化”的“三化”政策，并确定了在较长时间内以“无害化”为主，从“减量化”向“资源化”过渡。1995年10月30日我国颁布了《中华人民共和国固体废弃物污染环境防治法》，以“三化”为控制固体废弃物污染的技术政策。

“无害化”处理的基本任务是将有害固体废弃物通过物理、化学或生物处理达到不污染环境、不损害人体健康为目的的处理工程。废弃物的“无害化”处理已发展成为一门崭新的工程技术。

“减量化”的基本任务是能通过适宜的手段，减少固体废弃物产生或排放的数量。要实现这一任务，就需要从“源头”开始治理，采用清洁生产工艺，开发和推广先进的生产技术和设备，减少或减轻固体废弃物对环境的污染和人体健康的危害，充分合理地利用自然资源，它是固体废弃物污染环境的优先措施。减量化不仅是减少固体废弃物的数量和体积，还应该减少其种类，降低危险废物有害成分的浓度、减小或消除其危险特性。

“资源化”的基本任务是采取工艺措施，从固体废弃物中回收有用的物质和能源，创造经济价值，它是固体废弃物的主要归宿。如从固废物中回收指定的二次物质（如纸张、玻璃、金属等）；可以利用利用炉渣生产水泥和建筑材料，利用有机垃圾生产堆肥等；通过对废弃有机物的焚烧处理来进行发电或通过热解技术生产民用燃料，或通过厌氧消化生产沼气等。

虽然控制固体废弃物污染的最佳途径是将其中的有用物质加以回收利用，但它必须是要依靠先进的科学技术为先导并应投入大量的资金。我国由于技术和经济的原因，目前难以实现大面积的“资源化”，只能暂时以“无害化”为主。但它的发展趋势是从“无害化”走向“资源化”。以“减量化”为前提，以“无害化”为核心，以“资源化”为归宿。

2. 固体废弃物的治理简介

固体废物的处理方法主要有卫生填埋法、焚烧法、热解法、微生物分解法、固化处理等，应用最多的是卫生填埋法。

（1）卫生填埋法　卫生填埋法俗称安全填埋法，属于减量化、无害化处理中最经济的方法。该法是在平地上或在天然低洼地上，逐层堆积压实，覆盖土层的处理方法。为防止废渣中有害污染物浸入地下水，填埋场底部与侧面均采用黏土做防渗层，在防渗层上设置收集管道系统，定期将浸沥液抽出。当填埋物可能产生气体时，则需用透气性良好的材料在填埋场不同部位设置排气通道，把气体导出。

（2）焚烧法 焚烧法是把可燃性固体废物集中在焚烧炉内，通入空气彻底燃烧的处理方法。焚烧法产生的热量可以生产蒸汽或发电，处理方法快速有效，故焚烧法不仅有环保意义，而且有经济价值。但容易造成二次污染，且投资和运行管理费用也较高。固体废弃物通过焚烧可减重80%以上，减小体积90%以上，体现了“减量化”原则；可以破坏固体废弃物的组织结构，杀灭细菌，达到“无害化”原则；回收热量，生产蒸汽和发电，体现了“资源化”原则。

（3）热解法 热解法是利用固体废物中有机物的热不稳定性，在无氧或缺氧条件下受热分解生成气、油和炭的过程。热分解主要是使高分子化合物分解为低分子，因此也称为“干馏”。其产物一般有以氢气、甲烷、一氧化碳、二氧化碳等低分子碳氢化合物为主的可燃性气体；以醋酸、丙酮、甲醛等化合物为主的燃料油；以纯炭与金属、玻璃、沙土等混合形成的炭黑。将可燃性固体废弃物在无氧条件下加热到500～550℃转化为油状，若进一步加热至900℃时可几乎全部气化。热解法因为是在缺氧条件下操作，产生的氮氧化物（NO_x）、硫氧化物（SO_x）、氯化氢（HCl）等较少，排气量也小，可减轻对大气的二次污染。但由于废物种类繁多，夹杂物质多，要稳定、连续地分解，在技术和运转操作上要求高、难度大。适合于热解的废物主要有废塑料、废橡胶、废轮胎、废油等。

（4）微生物分解法 微生物分解法是依靠自然界广泛分布的微生物，人为地促进可生物降解的有机物转化为腐殖肥料、沼气、饲料蛋白等，从而达到固体废物“无害化”的处理方法。目前应用较广泛的是好氧堆肥技术和厌氧发酵技术。

好氧堆肥是在通气的条件下，借助好氧微生物使有机物得以降解。堆肥温度一般在50～60℃，最高可达80～90℃，因此好氧堆肥又称为高温堆肥。

厌氧发酵是在无氧的条件下，借助厌氧微生物的作用来进行的，分为酸性发酵阶段和碱性发酵阶段。

（5）固化处理 通过物理或化学的方法将有害固体废弃物固定或包容在惰性固体中，使之具有化学稳定性或密封性，降低或消除有害成分的逸出，是一种无害化处理技术。其要求处理后的固化体具有良好的抗渗透性、抗浸出性、抗冻融性以及良好的机械强度。根据废弃物的性能和固化剂的不同，固化技术常用的有水泥固化法、石灰固化法、热塑性材料固化法、热固性材料固化法、玻璃固化法、高分子有机物聚合固化法等。

3. 典型化工废渣的治理技术

（1）塑料废渣的治理 随着合成材料的迅速发展，塑料在人们的生活和生产中的使用量高速增长，废弃的塑料制品也迅速增长。由于塑料性质较稳定，在自然环境中很难降解，所以对废塑料处理是非常重要的。常用处理方法有以下几种。

① 再生法。是将废弃塑料高温熔融制成新的生产和生活制品的过程。该法是回收热塑性塑料最简单、最有效的方法。废塑料在再生之前，应该尽可能按品种进行分类。再生时应加入一定比例新的塑料原料，以提高再生制品的性能。也可在再生塑料中加入一定量的廉价填料（如泥土、河沙等），制成花盆或鱼礁等。

② 热分解法。是通过加热的方法将塑料高分子化合物链断裂分解变成低分子化合物单体、燃料气和油类等，是一种从废塑料中回收能源的方法。热分解法希望尽量在低温下进行，可以节省能源，但由于未找到满意的催化剂，低温热分解技术受到限制，对于不能和不可再生的塑料目前主要还是采用焚烧法处理。

③ 焚烧法。是通过废塑料专用焚烧炉，让其和垃圾一起混烧的方法。该法在技术上和

经济上仍存在一些难以解决的问题。

④ 用于建筑材料。混杂塑料粉碎后可用作铺路石、砂子代用品。热固性塑料与增塑性塑料粉碎后加热混合，可作路表层铺料。聚苯乙烯泡沫塑料粉碎后，配加助剂，混入水泥，可制成轻质混凝土板。

（2）硫铁矿烧渣的治理　硫铁矿烧渣是通过焙烧硫铁矿生产硫酸时所产生的废渣。硫铁矿经过焙烧分解后，铁、硅含量较多，波动范围较大（见表12-2）。根据烧渣中铁含量的高低可将烧渣分为高铁硫酸渣和低铁硫酸渣。高铁渣中氧化硅含量大于35%，低铁渣中氧化硅含量高达50%以上，类似于黏土。

表12-2　硫铁矿烧渣的化学成分

Fe_2O_3	SiO_2	Al_2O_3	CaO	MgO	S
20%～50%	15%～65%	10%左右	5%左右	5%以下	1%～2%

硫铁矿烧渣在一些技术发达国家得到了很好的综合利用。近年来，我国许多厂矿企业克服了许多技术上的难题，在硫铁矿的综合利用方面摸索经验，开辟新的途径。目前，硫铁矿烧渣的利用有以下几个方面。

① 用作炼铁原料。炉炼铁对铁矿的含铁量要求大于50%，含硫要求低于0.5%。硫铁矿烧渣含铁一般只有45%，含硫在1%～2%，达不到高炉炼铁的要求；另外硫铁矿烧渣中的铜、铅、锌、砷等金属或非金属在冶炼过程对产品质量有一定的影响。因此要使硫铁矿烧渣符合炼铁需要的生铁质量，就应降低硫的含量，提高铁含量，降低有害杂质的含量。

② 联产生铁和水泥。对于含硫量较高的硫铁矿烧渣，可应用回转炉生铁-水泥法制得含硫合格的生铁，同时又可得到良好的水泥熟料。用炉渣代替铁矿粉作为水泥烧成时的助溶剂，既可满足需要的含铁量，又可降低水泥的成本。

③ 回收有色金属。硫铁矿烧渣中除含有大量的铁外，还含有一定量的铜、铅、锌、金、银等有色贵重金属。可通过氯化焙烧法和氯化挥发处理，回收其中的有色金属，同时提高烧渣的铁品位，作为高炉炼铁的原料。

④ 可生产建筑材料。若硫铁矿烧渣含铁品位低、回收价值不高时，可以与石灰按85∶15的比例直接混合，磨细至100目粒度，加12%的水进行消化，压成砖坯，再经24h蒸汽养护，可制成75号砖。

案例12-6

图12-6是转炉型工业废弃物焚烧炉处理工艺流程。将各种工业废弃物在垃圾槽内混合，然后送入旋转炉内加热裂解，产生 的可燃性气体送入再燃烧室与空气混合进行焚烧。从旋转炉内排出的热解残渣送入加煤机中燃烧后完全灰化，经出灰输送器排出。从再燃烧室出来的气体经废热锅炉回收热量后进入气体冷却室进一步降温，然后送入电除尘器除去气体中粉尘，再送入吸收塔用碱液吸收气体中的二氧化硫、氯化氢等有害气体，处理好的气体从吸收塔上部烟囱排出。

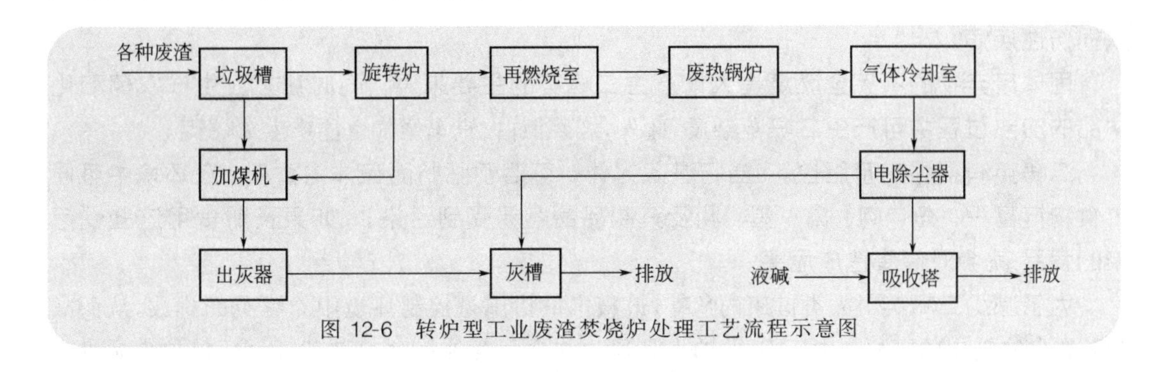

图 12-6　转炉型工业废渣焚烧炉处理工艺流程示意图

工业生产规模的不断扩大给人类社会带来巨大财富的同时，也在加快自然资源的消耗，不断向环境排放大量的废水、废气、废渣等各类破坏生态平衡和危害人体健康的污染物，致使地球资源锐减、污染扩大、生物物种减少、森林和草原面积缩减、土地荒漠化、酸雨蔓延、生态环境日益恶化等全球性环境问题。面对这些问题，世界各国都在努力寻求一种利用资源少、消耗能源少、排污量小而经济最佳的生产方式，使经济、社会、环境、资源协调发展。这种方式就是 1976 年提出的清洁生产。我国于 2002 年 6 月 29 日颁布了《中华人民共和国清洁生产促进法》，并于 2003 年 1 月 1 日起实施，从法律上确定了发展清洁生产的重要地位。清洁生产主要包括三方面的内容：第一是生产清洁的产品，应该从产品的设计源头开始，设计选择安全、高效的化学反应，采用无毒、少毒的原料，尽可能采用二次资源作原料，所用产品在使用过程中易于回收、再生等；第二是采用清洁的生产工艺过程，应消除或减少生产过程中高温、高压、易燃、易爆等各种操作因素，选用无废、少废的生产工艺，采用高效的生产设备，进行简便可靠的操作控制及先进的管理等；第三是使用清洁能源，提高常规能源的清洁利用，充分开发和利用各种再生能源，开发利用如风能、潮汐能、太阳能、水能、地热能等。

清洁生产是一种预防性方法，打破了传统的末端治理模式，注重从源头开始使污染减小到最小化的途径。清洁生产的实施能够节约能源、降低原材料消耗、减少污染、提高生产效率，它既要求对环境的破坏最小，又要求企业经济效益的最大化。

问题讨论

1. 简述我国对固体废弃物的处理原则。
2. 简述化工废渣的一般处理技术。

阅读材料

二噁英

二噁英是由两组共 210 种氯代三环芳烃类化合物组成，包括 75 种多氯二苯并-对-二噁英(简称 PCDDs)和 135 种多氯二苯并呋喃(简称 PCDFs)。 其毒性比氰化钠要高 50～100 倍，比砒霜高 900 倍。 二噁英可通过呼吸道、皮肤和消化道进入体内，具有强烈的致癌、致畸形作用，同时还具有生殖毒性、免疫毒性和内分泌毒性，能够导致严重的皮肤损伤性疾病。

固体废弃物的不完全燃烧是大量产生二噁英的主要来源，同时在工业生产农药和化学品的加热过程中可产生二噁英杂质，此外，纸浆漂白、汽车尾气也能产生二噁英。

二噁英有很强的亲脂性。当它进入人体，可溶于脂肪而在体内蓄积，在环境中可通过食物链富积，鱼、肉、禽、蛋、乳及其制品最容易受到污染。如果长期食用这些受污染的食品，就会对健康造成危害。

为了减少二噁英对人类健康的危害，最根本的措施是控制环境中二噁英的排放，从而减少其在食物链中的富积。由于90%的人是通过饮食而意外接触二噁英，因此，保护食品供应是非常关键的一个环节。

本章小结

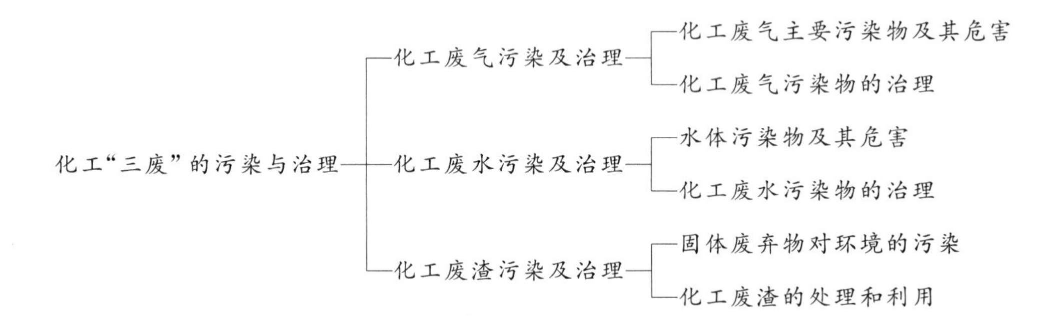

第十三章
安全与环保管理

学习目标

1. 理解安全管理的概念和基本理论。
2. 了解安全管理制度的内容。
3. 了解安全事故的管理要点。
4. 理解环境管理的概念和工业企业环境管理的基本内容。
5. 了解 HSE 管理体系。

第一节　安全管理概述

一、安全管理的概念

管理就是通过计划、组织、领导和控制，协调以人为中心的组织资源与职能活动，以有效实现目标的社会活动。所谓组织，是由两个或两个以上的个人为实现共同的目标组合而成的有机整体。管理的目的是有效地实现目标，所有的管理行为都是为实现目标服务的；管理是以计划、组织、领导和控制作为实现目标的手段；管理的本质是协调；管理的对象是以人为中心的组织资源与职能活动。

二、安全管理的内涵

安全管理是管理中的一个具体的领域，狭义的安全管理是指对人类生产劳动过程中的事故和防止事故发生的管理。从广义上来说，安全管理是指对物质世界的一切运动按对人类的生存、发展、繁衍有利的目标所进行的管理和控制。从化工企业生产角度来说，所谓的安全管理主要是指狭义上的安全管理。

三、安全管理理论

安全管理理论是指从人类安全管理活动中概括出来的有关安全管理活动的规律、原理、原则和方法。安全管理理论是安全管理活动的一般性的、规律性的认识，是指导安全管理活动开展的理论依据。

1. 安全管理的定义

安全管理从广义上可以把它定义为：为防止和控制人类活动的负效应和各种有害作用发生，最大限度减少其损失而采取的决策、组织、协调、整治和防范的行动。对生产领域而言，可以把安全管理定义为：在人类生产劳动过程中，为防止和控制事故发生并最大限度减少事故损失所采取的决策、组织、协调、整治和防范的行动。

2. 安全管理的性质

安全管理从安全管理活动的产生和发生作用的机制来看，具有如下一些特性。

（1）社会功能性　安全管理是造福于人类社会，为人类社会所需要的。

（2）功利性　所有的管理都是功利的，亦即追求在如经济等某个方面上有所收获。

（3）效益性　管理的目的就是追求效益。效益良好程度是评价管理好坏的标准之一。

（4）人为性　管理者的意志和意愿不同，管理行为就有不同。

（5）可变性　基于管理者的需要，管理的思想、方式、方法、手段以及管理机构、管理模式甚至管理机制都是可变的。

（6）强制性　管理即是管理者对被管理者施加的作用和影响，要求被管理者服从其意志、满足其要求、完成其规定的任务，这体现出管理的强制性。安全管理的强制性更突出。

（7）有序性　管理就是一种使无序变为有序的行动。

3. 安全管理的目的

人们在进行活动时，总会存在危险情况出现的可能。为了防止危险情况出现或防止危险情况转化成事故造成损害，必须进行安全管理。安全管理的目的就是为了利于人们正常生产活动的平稳顺利开展，是为人们的安全活动服务的。事实上，人们所进行的一切活动都是为了生存发展，避免伤害，确保安全。

4. 安全管理的功能

安全管理具有决策、组织、协调、整治和防范等功能，可以归纳为基础性功能、治理性功能和反馈性功能三大类。

（1）基础性功能　包括：决策、指令、组织、协调等。

（2）治理性功能　包括：整治、防范等。

（3）反馈性功能　包括：检查、分析、评价等。

5. 安全管理的对象

安全管理的对象就工业生产这个特定领域来说，其管理对象有人、物、能量、信息。

判别安全的标准是人的利益，所以对人的管理是安全管理的核心，一切都以人的需求为核心。物、能量、信息等都是按照人的意愿做出安排，接受人的指令发动运转。设备、设施、工具、器件、建筑物、材料、产品等是发生事故出现危害的物质基础，都可能成为事故和发生危害的危险源，都应纳入安全管理之内。能量是一切危害产生的根本动力，能量越大所造成的后果也越大，因此对能量的传输、利用必须严加管理。从安全的角度看，信息也是一种特殊形态的能量，因为它能起引发、触动、诱导的作用。

问题讨论

1. 什么是安全管理？ 安全管理的目的是什么？
2. 安全管理的核心是什么？ 管理的手段有哪些？

第二节 安全管理制度

一、安全标准与规章制度

为保护人和物品的安全而制定的标准，称为安全标准。安全技术标准从其适用范围可分为国际标准、国家标准、部颁标准、企业标准等几种。安全标准一般均为强制性标准，通过法律或法令形式规定强制执行。

规章制度包括法规、规程和条例三项基本内容。

法规是国务院根据宪法和法律所制定的具有法律效力的文件。与安全有关的法规有劳动法、安全法、环境保护法等。

安全规程是根据安全标准制定的工作标准、程序或步骤，是为执行某种制度而作的具体规定和对生产者进行安全指导的细则。如“压力容器安全监察规程”、“化工设备安全检修规程”等。

安全条例是由国家机关制定、批准的在安全生产领域的某一方面具有法律效力的文件。如原化学工业部颁布的“生产区内十四个不准”、“操作工人的六严格”等。

作为企业安全重要支柱的安全标准与规章制度，是安全生产的重要保证。各种安全标准和规程在相当广的范围内起到了普遍的指导作用，避免大量重复事故的发生，保证了生产的正常进行。

二、安全生产责任制

企业安全生产工作人人有责，从公司经理、工厂厂长、车间主任、工段长到生产岗位的班组长，管理职能部门的工作人员以及全体职工，都应该在各自的岗位工作范围内对实现安全生产和清洁文明生产负责。企业应有安全生产责任制度和监督制度，实行自上而下的行政管理和自下而上的群众监督，以达到安全生产的目的。

三、安全培训与教育

安全培训是化工企业安全管理工作的一项重要任务，是安全生产的重要环节。

1. 安全培训

安全培训包括以下内容。

（1）安全思想教育　安全思想教育主要是解决广大职工对安全生产重要性的思想认识，以提高全体领导和职工的安全思想素质，使之从思想上和理论上认清安全与生产的辩证关系，确立“安全第一”、“生产服从安全”、“安全生产，人人有责”的安全基本思想。

（2）劳动保护方针政策教育　劳动保护方针政策教育包括对企业各级领导和广大职工进

行国家政府的安全生产方针、劳动保护政策法规的宣传教育，以提高各级领导和广大职工贯彻执行这些政策、法令的自觉性，增强责任感和法制观念。

（3）安全技术教育　安全技术教育内容包括一般技术知识、一般安全技术知识、专业安全技术知识和安全工程科学技术知识。安全技术教育的目的是全面提高职工的自我防护、预防事故、事故急救、事故处理的基本能力。

2. 安全教育

我国化工企业安全培训教育的主要采取厂级、车间级、工段或班组岗位级的“三级”安全教育形式。

（1）厂级教育　厂级教育通常是企业安全管理部门对新职工、实习和被培训人员、外来人员等在其没有分配岗位工作或进入现场之前所进行的初步安全生产教育。教育内容包括：本企业安全生产情况，安全生产有关文件和安全生产的意义，本企业的生产特点、危险因素、特殊危险区域，以及本企业主要规章制度、厂史安全生产重大事故和一般安全技术知识。

（2）车间教育　车间教育是由车间安全员（或车间领导）对接受厂级安全教育后进入车间的新职工、实习和被培训人员进行的安全教育。内容包括：本车间概况，车间的劳动规则和注意事项，车间的危险因素、危险区域和危险作业情况，车间的安全生产和管理情况。

（3）岗位教育　岗位教育是新职工、实习和被培训人员进入固定工作岗位开始工作之前，由班组安全员（或工段长、班组长）进行的安全教育。内容包括：本工段、本班组安全生产概况和职责范围；岗位工作性质、岗位安全操作法和安全注意事项；设备安全操作及安全装置，防护设施使用；工作环境卫生事故；危险地点；个人劳保和防护用品的使用与保管常识。

对从事特殊工种的人员（如电气、起重、锅炉与压力容器、电焊、危险物资管理及运输等）必须进行专门的教育和培训，通过有关部门的考试合格取得上岗资格证后才允许正式持证上岗工作。

3. 安全技术考核

企业安全技术管理部门对企业员工培训教育后，组织安全技术考核，成绩合格后，发给安全作业证，这样才能持证上岗工作。以后每年组织一次安全技术考核，合格成绩，记入安全作业证。

四、安全检查

安全检查是化工生产安全管理的一项重要工作。

安全检查是对化工生产过程中的各种不安全因素进行深入细致的检查和研究，从而能及时整改，做到防患于未然，充分贯彻“预防为主”的安全管理原则。通过检查，可以促进企业认真贯彻和落实国家的有关法律法规、安全条例和安全规程，可以加强企业安全管理力度和水平，可以提高广大职工遵守安全制度的自觉性，最终达到安全生产的目的。

安全检查一般都采取经常性和季节性检查相结合、专业性检查和综合性检查相结合、群众性检查和劳动安全监察部门监督检查相结合的做法。安全检查主要有基层单位安全自查、企业主管部门安全检查、劳动安全监察机关的监督检查、联合性安全检查这几种形式。

安全检查主要对以下方面进行检查：一是检查企业领导的安全生产思想意识、重视程度，因为企业的领导对安全生产的认识与重视程度往往决定该企业的安全管理力度和水平；

二是深入生产现场检查不安全问题并组织整改，避免安全事故；三是检查企业安全制度、执行情况以及对安全生产存在问题，研究整改措施。

安全检查还要做到奖惩严明。对安全工作严格、防范事故有序、抢救事故有力的单位和个人，进行表扬奖励；对不重视安全工作、执行安全规章制度不认真、抢救事故无序等的单位和个人，根据责任大小、情节轻重给予批评教育、纪律处分，直至追究刑事责任。

问题讨论

1. 安全标准有哪几种?
2. 安全培训包括哪些主要内容?
3. 何谓“三级”安全教育?

第三节　安全事故管理

事故管理包括事故分类与分级、事故报告与抢救、事故调查与处理和事故预测等。

一、事故分类与分级

事故可根据其性质和后果进行分类与分级

1. 按事故性质分类

（1）生产事故　生产过程中，由于违反工艺规程、岗位操作法或操作不当等造成原料、半成品、成品损失或停产的事故，称为生产事故。

（2）设备事故　生产装置、动力机械、电气及仪表装置、运输设备、管道、建筑物、构筑物等，由于各种原因造成损坏、损失或减产等的事故，称为设备事故。

（3）火灾事故　凡发生着火，造成财产损失或人员伤亡的事故，称为火灾事故。

（4）爆炸事故　由于某种原因发生化学性或物理性爆炸，造成财产损失或人员伤亡及停产的事故，称为爆炸事故。

（5）工伤事故　由于生产过程中存在的危险因素影响，造成职工突然受伤，以致受伤人员立即中断工作的事故，称为工伤事故。

（6）交通事故　违反交通运输规则或由于其他原因，造成车辆损坏、人员伤亡或财产损失的事故，称为交通事故。

（7）质量事故　生产产品不符合产品质量标准，工程项目不符合质量验收要求，机电设备不合乎检修质量标准，原材料不符合要求规格，影响了生产或检修计划的事故，称为质量事故。

（8）环保事故　化工石油生产中的“三废”超标排放和“三废”处理设施停工直排等的事故，称为环保事故。

（9）破坏事故　因为人为破坏造成的人员伤亡、设备损坏等的事故，称为破坏事故。

2. 按事故损失分级

根据经济损失大小、停产时间长短、人身伤害和环境污染程度，可将事故分为微小事故、一般事故和重大事故三种（详见原化工部《化工企业安全管理制度》）。工伤事故分为轻伤、重伤、死亡和多人事故四种（详见国务院颁布的《工人职员伤亡事故报告规程》）。

二、事故报告与抢救

企业安全生产、环境保护工作实行行政主管负责制。安全环保各类事故由分管生产安全的领导负责，事故管理由安全技术管理单位统一管理，由专业管理的职能部门分管各自业务范围内的事故。

凡发生事故，事故所在单位或首先发现人员立即向单位领导和生产调度部门报告事故类别、事故地点、事故简况，然后逐级向上快速报告，重大事故由企业主管用最快速的方法向上级领导部门报告。

凡发生各类事故的企业基层单位或企业主管，必须立即组织抢险，正确处理救护，防止事故的蔓延扩大。

凡发生的各类事故，应按企业规定在事故处理后，由发生事故的车间或基层单位填写事故报告，分送企业主管安全环保、安全技术管理部门或专责人员。

三、事故调查与处理

事故调查与处理的目的是为了查出事故原因，查清事故责任，吸取教训，采取有效的防范措施，消除事故隐患，改进安全技术管理。对各类事故的调查与处理应本着“四不放过”的原则，即：事故原因未查明不放过，责任未查清或责任人未处分不放过，整改措施未落实不放过，事故责任人和职工未受到教育不放过。

事故调查工作应注意以下几点。

1. 查明事故原因

事故原因是在事故调查情况的基础上进行分析确认的。由于化工生产过程十分复杂，所以造成事故的原因也很复杂。事故原因一般可以从以下几方面分析确定：贯彻安全方针不力；组织管理不周；执行安全制度不严；违反工艺条件；设计不合理；工艺过程不完善；设备管道有缺陷；计控仪表不准；防护设施失效；警告标志不清或没有；天灾人祸预防不力等。

2. 查清事故责任及责任人

每一件事故都应认真查清发生事故的责任及责任人。

3. 落实防范措施

针对事故原因，吸取教训，制定防范措施，严格组织落实，做好安全工作。

4. 进行事故教育

发生事故的单位，进行事故调查处理后填写事故报告，召开事故报告会，对员工和责任人进行事故教育。

除此之外，企业还可以组织反事故演习和组织事故预想活动，以提高企业防范事故的能力。

问题讨论

1. 从性质来看，安全事故主要有哪些?

2. 为什么要进行安全事故调查?

3. 什么是安全事故管理的“四不放过”?

第四节　环境管理

一、环境管理的概念

对于环境，我国环境保护法把它定义为“是指影响人类生存和发展的各种天然的和经过人工改造过的自然因素的总体”。环境管理是指国家运用经济、科技、法律、政策、教育等多种手段对各种影响环境的活动进行规划、协调和监督。环境管理的基本任务是转变人类社会的一系列基本观念，调整人类社会的行为，以求达到人类社会发展与自然环境的承载能力相协调的目的。就企业而言，环境管理是指企业在生产经营活动中，既要追求经济效益又要关注社会效益和保护环境，通过管理，控制其对环境的影响，以实现企业与环境的和谐发展。

二、工业企业环境管理的基本内容

环境保护工作应是化工企业生产技术管理的重要任务，就其产品伴生的废气、废水、废渣中具有相应的有毒、有害物质，它们的超标排放和堆置将损害人类健康和危害生态平衡。

环境管理有下列几个方面的基本内容。

(1) 组织全企业贯彻执行国家和地方政府的环境保护法规和方针政策。国家和地方各级政府制订的各项环境保护方针、政策、法规、标准、制度和实施办法，是实现环境目标的法律依据和措施，工业企业必须认真贯彻和实施。企业要结合自己的具体情况制订出环境规划、计划以及相应的专业管理制度和实施办法，以保证国家和地方政府下达的各项环境保护任务的完成。

(2) 推进综合防治以减小和消除环境污染。治理企业现有的污染是环境保护管理工作中一项经常的、工作量大的任务。环境管理实践及环境科学研究都证明，综合防治才是企业减小和消除环境污染正确的途径。因此，必须坚持以防为主的原则，从采用新技术、新工艺入手，着眼于系统的综合防治，来保证生产过程少排放或不排放废弃物和污染物，做到清洁文明生产，向循环经济发展。

(3) 掌握监控企业环境质量的状况和变化。随着生产工艺技术的进步和生产规模的大型化，企业排放的污染物也日趋增多和复杂化，这些污染物对环境要素以及生态系统的影响也变得日益严重和复杂。因此，要随时掌握企业污染物排放情况及其对环境影响程度，预测环境质量的变化趋势，并据以调整企业生产排污状况。

(4) 控制新建、扩建、改建工程项目对环境的影响。实践证明，企业建成后，厂址已定，工艺装备和环境保护设施的技术水平在相当长的时期内是难以改变的。因此，对新建企业，必须从筹建时起就进行严格的环境管理和控制，以保证其投产后不致对环境造成严重的污染和危害。对现有企业的扩建、改建工程也要实行严格的控制管理。

(5) 组织开展环保宣传教育和环境科学技术研究，创建“绿色企业”。

三、工业企业环境管理体制

工业企业环境管理体制就是在企业内部建立全套从领导、职能科室到基层单位以及班组，在污染预防与治理、资源节约与再生、环境设计与改进以及遵守政府的有关法律法规等方面的各种规定、标准、制度甚至操作规程等，并有相应的监督检查制度，以保证在企业生产经营的各个环节中得到执行。

我国颁布的环境保护条例中明确规定，厂长、经理在环境保护方面对国家应负法律责任。企业的最高管理者的环境保护意识对企业的环境管理具有关键性的作用。

化工企业的环境管理具有突出的综合性、系统性、全员性、全过程性及专业性等特点，因此它必须渗透到企业全体员工和各项管理之中，同企业生产经营管理紧密结合。只有这样，企业环境管理才能得到真正的实现。

企业环境管理的基础在基层，环境管理要落实到车间与岗位，建立厂部、车间及班组的企业环境管理网络，明确相应的管理人员及职责，使企业环境管理工作在厂长、经理的领导下，通过企业自上而下的分级管理，自下而上的群众监督，才能得到有力、有效的实施。

企业环境管理机构的职能与职责如下。

1. 基本职能

（1）组织编制企业环境保护计划与规划。

（2）组织、协调环境保护管理工作。

（3）实施企业环境监测及报告。

2. 主要工作职责

（1）督促、检查本企业执行国家环境保护方针、政策、法规。

（2）按照国家和地区的规定制定本企业污染物排放控制指标和环境保护监督管理办法。

（3）组织污染源调查和环境监测，检查企业环境质量状况及发展趋势，监督全厂环境保护设施的运行与污染物达标排放。

（4）负责企业清洁生产的筹划、组织与推动。

（5）会同有关单位做好环境预测，负责本企业环境污染事故的调查与处理，制定企业环境保护长远规划和年度计划，并督促实施。

（6）会同有关部门组织开展企业环境科研以及环境保护技术情报的交流，以推广国内外先进的防治技术和经验。

（7）开展环境保护教育活动，普及环境科学知识，提高企业员工环境保护意识。

（8）组织环保事故调查处理等管理工作。

问题讨论

1. 何谓环境管理？ 工业企业环境管理的基本内容是什么？
2. 在企业环境管理中为什么要实行领导负责制？

第五节 HSE 管理体系

20 世纪 80 年代后期，国际上发生了几次石油化工生产重大事故，引起了国际工业界的普遍关注，大家都深深认识到，像石油石化等高风险作业，必须采取有效、完善的HSE管理系统才能避免重大事故的发生。1991年，在荷兰海牙召开了第一届油气勘探、开发的健康、安全、环保国际会议，HSE管理这一概念逐步为大家所接受。

一、HSE管理体系

HSE是英文Health、Safety、Environment的缩写，即健康、安全、环境，也就是健康、安全、环境一体化管理。H（健康）是指人身体上没有疾病，在心理上保持一种完好的状态；S（安全）是指在劳动生产过程中，努力改善劳动条件、克服不安全因素，使劳动生产在保证劳动者健康、企业财产不受损失、人民生命安全的前提下顺利进行；E（环境）是指与人类密切相关的、影响人类生活和生产活动的各种自然力量或作用的总和，它不仅包括各种自然因素的组合，还包括人类与自然因素间相互形成的生态关系的组合。由于安全、环境与健康管理在实际生产活动中有着密不可分的联系，因而把健康、安全、环境整合在一起形成一个管理体系，称为HSE管理体系。HSE管理体系是三位一体的管理体系。

二、建立HSE管理体系必要性

（1）现有的管理体系难以满足建立现代化企业管理的要求，主要表现几个方面。

① 企业虽然有一套现行的有效的管理方式和管理制度，但它们各管一方，健康、安全与环境管理有时各行一套，未形成科学、系统、持续改进的管理体系。

② 在健康、安全与环境管理的思维模式上与国外先进的管理思想存在较大的差距，如普遍缺乏国外的高层承诺和“零事故”思维模式。

③ 缺乏现代化企业健康、安全与环境管理所要求的系统管理方法和科学管理模式。

（2）石油行业是一种高风险的行业，健康、安全和环境风险同时伴生，应同时管理。

① 石油企业的健康、安全与环境事故往往是相互关联的，必须同时加以控制。

② ISO质量管理体系和ISO 14000环境管理体系都是先进的管理体系，其中也包括了一些健康、安全要素，但主要分别是针对质量和环境的，未形成一个整体。

（3）建立HSE管理体系是企业与国际市场接轨的需要。

① 国际上几乎所有大型石油天然气企业都在推行这一先进的HSE管理模式。

② 良好的HSE管理是进入国际市场的准入证。

③ 可保证HSE管理水平的不断提高，提高企业的名声，增加在国际市场上的竞争力。

三、建立HSE管理体系的目的

（1）满足政府对健康、安全和环境的法律、法规要求。

（2）为企业提出的总方针、总目标以及各方面具体目标的实现提供保证。

（3）减少事故发生，保证员工的健康与安全，保护企业的财产不受损失。

（4）保护环境，满足可持续发展的要求。

（5）提高原材料和能源利用率，保护自然资源，增加经济效益。

（6）减少医疗、赔偿、财产损失费用，降低保险费用。

（7）满足公众的期望，保持良好的公共和社会关系。

（8）维护企业的名誉，增强市场竞争能力。

四、HSE 管理体系的要素及其主要内容

管理体系要素是指为了建立和实施体系，将 HSE 管理体系划分成一些具有相对独立性的条款。从一些大型石油企业所建立的体系来看，分为几个到十几个一级要素的都有，因此要素的数目，即结构的形式如何，要根据自己企业的情况灵活确定。但是，综合分析一下这些管理体系，它们的结构模式和基本框架都是基本相同的。目前，世界上各个大型石油企业都在相互学习对方的 HSE 管理经验，取长补短，这种开发的形势使得各大石油公司的 HSE 管理体系在保持自己的特点的基础上，结构和要素逐渐趋于一致。HSE 管理体系的要素和内容如表 13-1 所示。

表 13-1 HSE 管理体系的要素和内容

要素	主要内容
领导和承诺	自上而下的承诺，建立和维护 HSE 企业文化
方针和战略目标	建康、安全与环境管理的意图，行动的原则，改善 HSE 管理的表现水平的目标
组织机构、资源与文件管理	人员组织，资源和完善的 HSE 体系文件
评价和风险管理	对活动、产品及服务中健康、安全与环境风险的确定和评价，以及风险控制措施的制定
规划	工作活动的实施计划，包括通过一套风险管理程序来选择风险削减措施，对现有的操作规划的变更管理，制定应急反应措施等
实施和监控	活动的执行和监测
审核和评审	对体系执行效果和适应性的定期评价

问题讨论

1. 什么是 HSE 管理体系？
2. HSE 管理体系的主要要素和内容包括哪些？

案例 13-1

2005 年，某石化公司双苯厂发生爆炸事故，致使双苯厂的 5 套装置全部停车，与事故装置相连的管线、相连接的装置全部切断。事故造成 8 人死亡，60 人受伤，并引发松花江水污染事件，污染带长约 80km。哈尔滨市因此停水 4 天，340 多万人的饮水受到影响，全市城区内中小学停课一周。如此大规模、长时间的停水，在哈尔滨市历史上还是第一次。

爆炸事故的直接原因是，硝基苯精制岗位操作人员违反操作规程操作，导致硝基苯精馏塔发生爆炸，并引发其他装置、设施连续爆炸。

这起特大安全生产责任事故和特别重大水污染责任事件引起国家领导人的高度关注。按照事故调查“四不放过”的原则，国务院对事故的责任人员给予了党纪、行政处分。

阅读材料

德国企业与环境保护

德国是个工业发达国家，但是即使是在鲁尔区这样的重工业区，也是空气清新，河流清澈，随处可见森林草场。

德国工业为环保做出了巨大努力而且成绩显著。环保成为德国企业安身立命的根本之一。环保成绩的好坏，极大程度上决定着企业的社会声誉，成为评价企业好坏的首要标准之一。在这种大环境下，很多企业都打环保牌，不仅要达到国家规定的环保标准，还常常努力“超标”，以证明自己是对环境、对后代负责任的企业。

由于工业企业对环保的注重，德国才能保证在工业发达的基础上维持着环境的优美。

德国的大企业基本都用标准的“环保管理系统”来管理企业环保工作。这个统一的系统包括环保的规划、管理和监督等环节，统一协调着企业各个部门的环保行为。

由于环保与德国企业水乳交融的关系，一个新的产业——环保咨询产业也在德国蓬勃发展。

本章小结

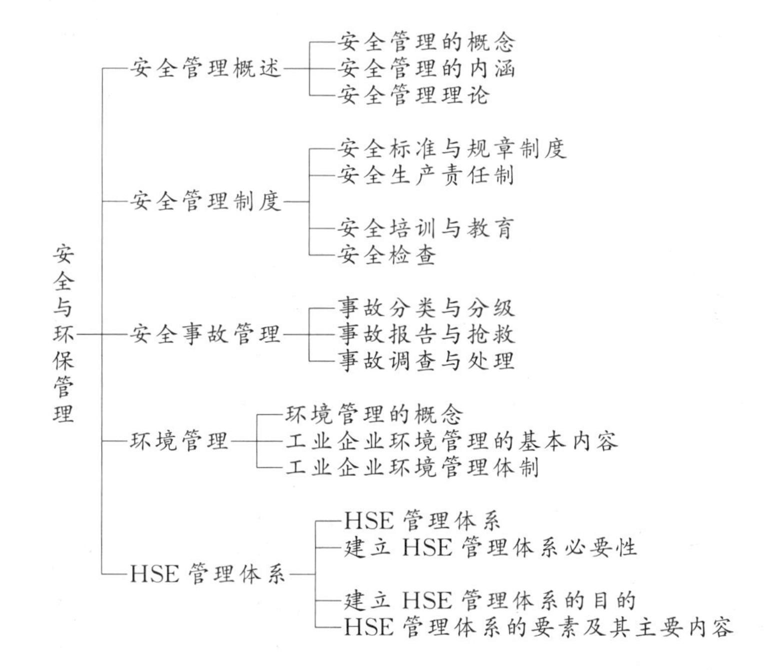

附　录

一、安全色标

禁止吸烟

禁止烟火

禁止用水灭火

禁止通行

禁放易燃物

禁带火种

禁止启动

修理时禁止转动

运转时禁止加油

禁止跨越

禁止乘车

禁止攀登

禁止饮用

禁止架梯

禁止入内

禁止停留

必须戴防护眼镜

必须戴防毒面具

必须戴安全帽

必须戴护耳器

必须戴防护手套

必须穿防护靴

必须系安全带

必须穿防护服

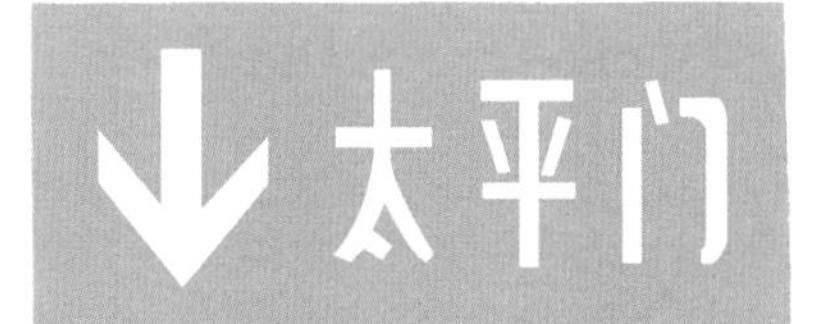

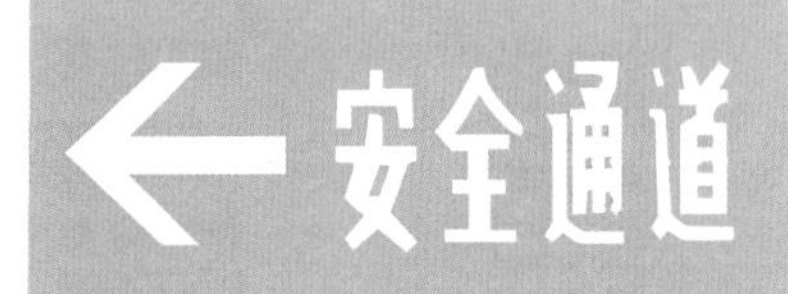

消防警铃

119
火警电话

地下消火栓

地上消火栓

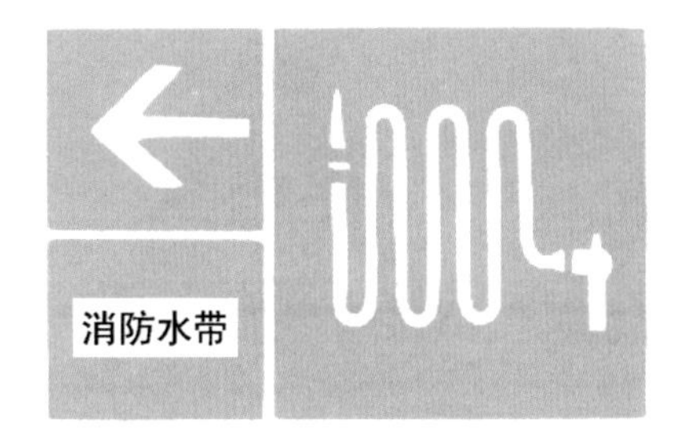
消防水带

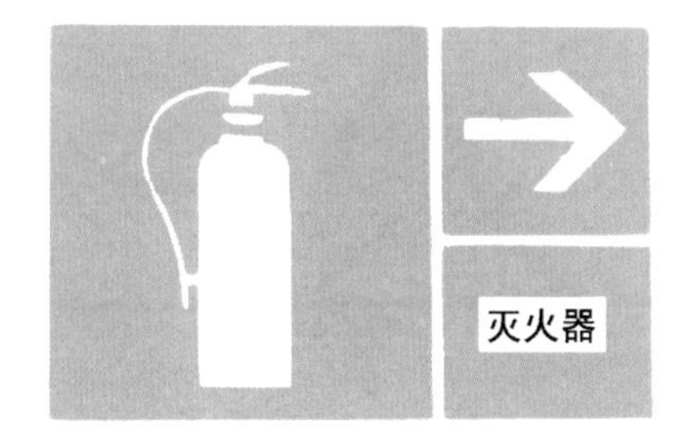
灭火器

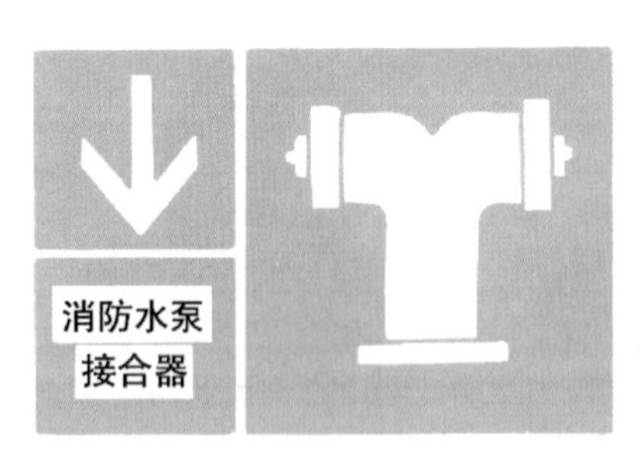
消防水泵
接合器

注 意 安 全

当 心 火 灾

当 心 爆 炸

当 心 腐 蚀

当 心 有 毒

当 心 触 电

当心机械伤人

当 心 伤 手

当 心 吊 物

当 心 扎 脚

当 心 落 物

当 心 坠 落

当心车辆

当心弧光

当心冒顶

当心瓦斯

当心塌方

当心坑洞

当心电离辐射

当心裂变物质

当心激光

当心微波

当心滑跌

二、危险货物包装标志

1. 中国危险货物包装标志

包装标志 1 爆炸品标志 （符号：黑色； 底色：橙红色）	包装标志 2 爆炸品标志 （符号：黑色； 底色：橙红色）	包装标志 3 爆炸品标志 （符号：黑色； 底色：橙红色）	包装标志 4 易燃气体标志 （符号：黑色或白色； 底色：正红色）
包装标志 5 不燃气体标志 （符号：黑色或白色； 底色：绿色）	包装标志 6 有毒气体标志 （符号：黑色； 底色：白色）	包装标志 7 易燃液体标志 （符号：黑色或白色； 底色：正红色）	包装标志 8 易燃固体标志 （符号：黑色； 底色：白色红条）
包装标志 9 自燃物品标志 （符号：黑色； 底色：上白下红）	包装标志 10 遇湿易燃物品标志 （符号：黑色或白色； 底色：蓝色）	包装标志 11 氧化剂标志 （符号：黑色； 底色：柠檬黄色）	包装标志 12 有机过氧化物标志 （符号：黑色； 底色：柠檬黄色）
包装标志 13 剧毒品标志 （符号：黑色； 底色：白色）	包装标志 14 有毒品标志 （符号：黑色； 底色：白色）	包装标志 15 有害品标志 （符号：黑色； 底色：白色）	包装标志 16 感染性物品标志 （符号：黑色； 底色：白色）

续表

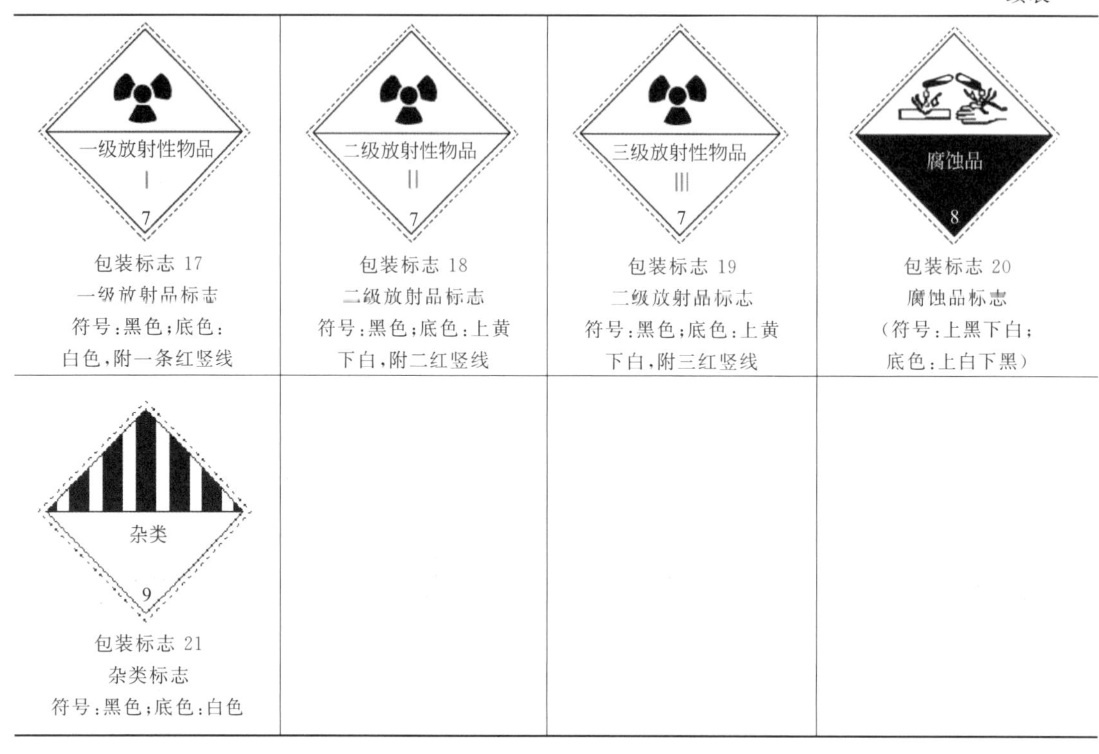

包装标志 17 一级放射品标志 符号：黑色；底色：白色，附一条红竖线	包装标志 18 二级放射品标志 符号：黑色；底色：上黄下白，附二红竖线	包装标志 19 二级放射品标志 符号：黑色；底色：上黄下白，附三红竖线	包装标志 20 腐蚀品标志 （符号：上黑下白；底色：上白下黑）
包装标志 21 杂类标志 符号：黑色；底色：白色			

2. 国际通用的危险货物运输标志

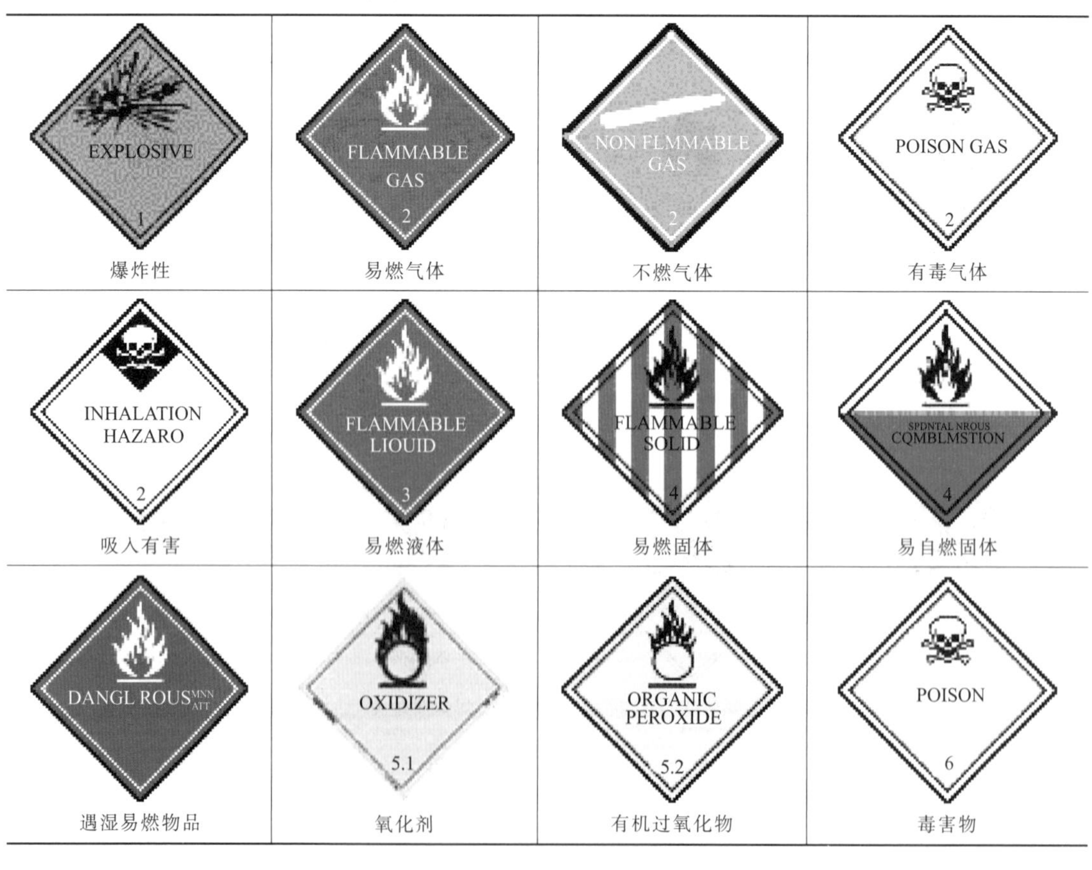

爆炸性	易燃气体	不燃气体	有毒气体
吸入有害	易燃液体	易燃固体	易自燃固体
遇湿易燃物品	氧化剂	有机过氧化物	毒害物

续表

毒害物	易染病毒物质	有害物	Ⅰ级放射性物品
Ⅱ级放射性物品	Ⅲ级放射性物品	腐蚀性物品	其他的有害物件
货机专用:在内容物和一包的内容量上只有货机可能装载物品	不可颠倒	海洋污染物	

参 考 文 献

[1] 许文．化工安全工程概论．北京：化学工业出版社，2002.

[2] 朱宝轩．化工安全技术概论．第2版．北京：化学工业出版社，2005.

[3] 周忠元，陈桂琴．化工安全技术与管理．北京：化学工业出版社，2002.

[4] 谢全安，薛利平．煤化工安全与环保．北京：化学工业出版社，2005.

[5] 蒋军成，虞汉华．危险化学品安全技术与管理．北京：化学工业出版社，2005.

[6] 关荐伊．化工安全技术．北京：高等教育出版社，2006.

[7] 张景林，吕春玲，苟瑞君．危险化学品运输．北京：化学工业出版社，2006.

[8] 陈凤棉．压力容器安全技术．北京：化学工业出版社，2004.

[9] 刘景良．化工安全技术．北京：化学工业出版社，2003.

[10] 张小平．固体废物污染控制工程．北京：化学工业出版社，2004.

[11] 张志宇，段林峰．化工腐蚀与防护．北京：化学工业出版社，2005.

[12] 李彦海，孟庆化，付春杰．化工企业管理、安全和环境保护．北京：化学工业出版社，2000.

[13] 杨永杰．化工环境保护概论．北京：化学工业出版社，2001.

[14] 中国石油和化学工业联合会组织编写．责任关怀实施指南．北京：化学工业出版社，2012.

[15] HG/T 4181—2011. 责任关怀实施准则．